普通高等教育教材

数控机床与编程

李德溥　卜迟武　于兴滨　等　编著

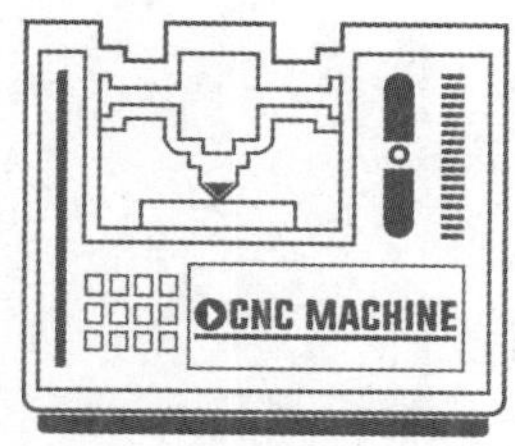

CNC MACHINE TOOLS AND PROGRAMMING

化学工业出版社
·北京·

内容简介

本书以数控机床为主线，结合教学实践中的经验编写而成。全书共分 9 章，分别介绍了数控机床的基础知识、数控机床机械结构、数控装置、伺服驱动系统及检测装置、数控机床编程基础、数控铣床编程、数控车床编程、数控电火花线切割机床编程和 CAD/CAM 系统编程等内容。本书内容全面，重点突出，注重理论联系实际。每章末均附有思考与练习题。

本书可作为高等院校机械工程、机械设计制造及其自动化等相关专业的教材，也可供从事数控机床开发、应用的科研人员及工程技术人员参考。

图书在版编目（CIP）数据

数控机床与编程 / 李德溥等编著. -- 北京 ：化学工业出版社，2026. 3. -- ISBN 978-7-122-49800-7

Ⅰ. TG659.022

中国国家版本馆 CIP 数据核字第 2026UN7824 号

责任编辑：金林茹　　　　文字编辑：张　琳
责任校对：张茜越　　　　装帧设计：王晓宇

出版发行：化学工业出版社
（北京市东城区青年湖南街 13 号　邮政编码 100011）
印　　装：天津千鹤文化传播有限公司
787mm×1092mm　1/16　印张 13¼　字数 313 千字
2026 年 3 月北京第 1 版第 1 次印刷

购书咨询：010-64518888　　　　售后服务：010-64518899
网　　址：http://www.cip.com.cn
凡购买本书，如有缺损质量问题，本社销售中心负责调换。

定　　价：49.00 元

前言
PREFACE

在现代制造业中，数控机床扮演着至关重要的角色，高效率、高精度的数控机床提供了巨大的生产力。随着数控机床的广泛应用，对数控机床相关技术人才的需求也大大增加。

本书是笔者结合对相关理论的研究和教学实践中的经验编写而成的，围绕数控原理、数控机床机械结构、伺服驱动系统、数控加工工艺与程序编写等进行阐述，旨在为高等院校相关专业的师生及数控机床技术开发、应用人员提供一本有价值的参考书。

全书共分 9 章，各章主要内容如下：

第 1 章为概述，主要包括数控机床基本概念，数控机床的组成、特点和分类，数控加工工作过程，数控机床的发展现状与趋势等内容。第 2 章为数控机床机械结构，主要包括数控机床主传动系统、数控机床进给系统、数控机床换刀装置及数控回转工作台等内容。第 3 章为数控装置，主要包括数控装置的软硬件、插补原理、进给速度与加减速控制原理及数控机床的可编程控制器等内容。第 4 章为伺服驱动系统与检测装置，主要包括进给伺服系统、主轴伺服系统及检测装置等内容。第 5 章为数控机床编程基础，主要包括数控加工工艺处理、数控编程基础知识等内容。第 6 章为数控铣床编程，主要包括数控铣床编程特点、数控铣床特殊编程指令、孔加工固定循环指令及数控铣床（加工中心）编程实例等内容。第 7 章为数控车床编程，主要包括数控车床编程特点、车削加工编程的固定循环指令及车削加工编程实例等内容。第 8 章为数控电火花线切割机床编程，主要包括数控电火花线切割加工的基本原理、3B 编程及 ISO 编程指令、数控电火花线切割机床编程实例等内容。第 9 章为 CAD/CAM 系统编程，主要包括 CAD/CAM 系统编程的特点、步骤、常用软件及 Unigraphics NX 编写数控铣削加工程序的实例等内容。

本书配套课件等电子资源，旨在引发读者思考，培养读者的科技自立自强意识、创新精神、工匠精神和责任感，帮助读者树立历史自信、文化自信。

本书第 1、9 章由李德溥编写，第 2、3 章由于兴滨编写，第 4 章由卜迟武编写，第 5、6 章由胡广旭编写，第 7、8 章由巩雪编写。

由于笔者水平有限，书中难免有不妥之处，恳请读者批评指正。

编著者

扫码获取资源

目录

CONTENTS

第1章

概述

思维导图

扫码获取资源

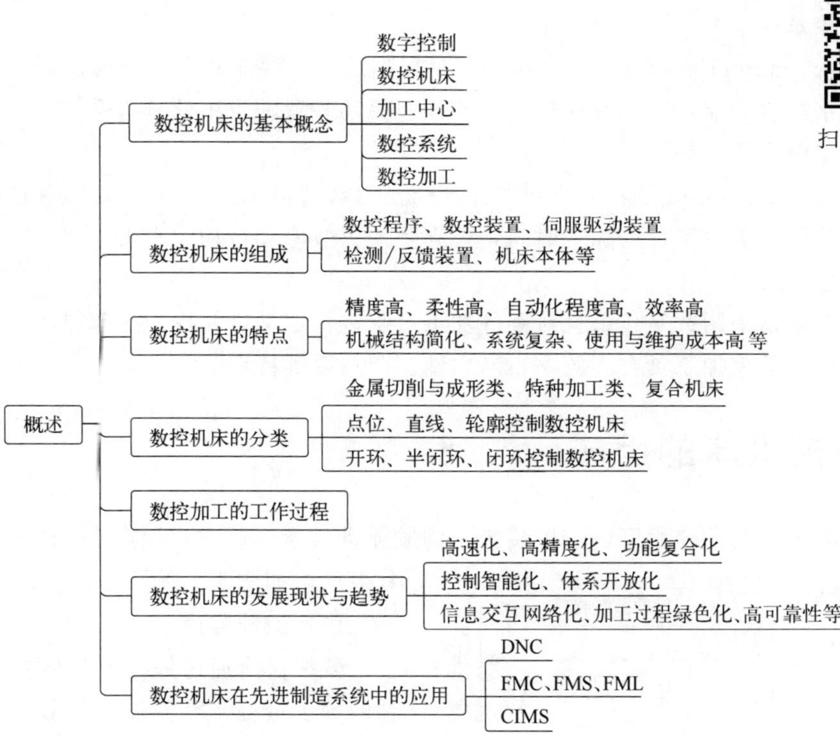

学习目标

- 掌握数控机床的基本概念和数控机床的组成部分。
- 理解数控加工的特点和数控加工的基本过程。
- 了解数控机床的发展现状与发展趋势。
- 了解数控机床在先进制造系统中的应用。

数控机床是用计算机通过数字信息自动控制机械加工的机床。数控机床是集计算机应用技术、自动控制技术、精密测量技术、微电子技术、机械加工技术于一体的高度自动化的机械加工装备，在机械制造领域发挥着重要作用。

1.1 数控机床的基本概念

(1) 数字控制

数字控制（numerical control，NC）是借助于数字、字符和其他符号对某一工作过程进行自动控制的方法。现代数字控制都采用计算机实现，因此也称为计算机数字控制（computur numerical control，CNC）。

(2) 数控机床

数控机床（numerical control machine tool）是采用数字控制技术的机床。数控机床利用数字化信息，即数控加工程序对机床的机械运动及加工过程进行控制。现代数控机床都采用计算机进行控制，因此称为 CNC 机床，以区别于传统的 NC 机床。

(3) 数控系统

数控系统（numerical control system）是根据计算机存储器中存储的控制程序，执行部分或全部数字控制功能，并配有接口电路和伺服驱动装置的专用计算机系统。

(4) 加工中心

加工中心（machining center）是带有自动换刀装置的数控机床。加工中心借助于刀具的自动交换功能，减少了辅助加工时间，提高了加工效率和自动化水平。

(5) 数控加工

数控加工是指采用数字化信息对零件加工过程进行定义，并控制机床自动运行的一种自动化加工方法。数控加工具有高效率、高柔性、高精度等特点。

1.2 数控机床的组成

数控机床主要由数控程序、数控装置、伺服驱动装置、检测/反馈装置和机床本体等部分组成，如图 1-1 所示。

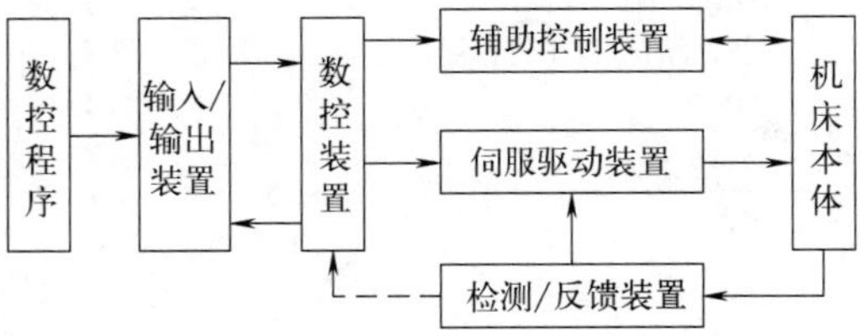

图 1-1 数控机床的组成

(1) 数控程序

数控机床通过编写好的数控程序控制零件的加工过程。零件加工的数控程序中包括刀具和工件之间的相对运动轨迹和运动方式、工艺参数和机床的辅助动作等信息。

(2) 输入/输出装置

输入/输出装置是人机交互工具。输入装置的作用是将数控程序、刀具信息、工件坐标系信息和系统参数等输入数控装置，常用的输入装置有键盘、RS232 接口和 USB（通用串行总线）接口等。输出装置用于显示或输出信息，常用的输出装置有显示器、RS232 接口和 USB 接口等。

(3) 数控装置

数控装置是一个具有输入、输出功能的专用计算机系统。数控装置的主要功能是根据数控程序进行插补运算，并根据插补计算结果向伺服驱动装置发出控制指令。另外，数控装置也具有刀具补偿、自诊断等功能。

(4) 伺服驱动装置

伺服驱动装置是数控机床的重要组成部分，用于实现数控机床的进给伺服控制和主轴伺服控制。伺服驱动装置接收来自数控装置的指令信息，经功率放大、整形处理后，驱动机床执行部件运动。

(5) 检测/反馈装置

在半闭环和闭环控制的数控机床中有检测/反馈装置。检测元件将数控机床各坐标轴的实际位移值检测出来并经反馈装置输入数控装置中，数控装置将反馈回来的实际位移值与指令值进行比较，并向伺服驱动装置输出达到设定值所需的位移量指令。

(6) 辅助控制装置

辅助控制装置以数控系统内部和机床上的各种行程开关、传感器、按钮、继电器的状态信号为条件，按照一定的逻辑顺序，对主轴的启停、冷却液开关、工件的松开和夹紧等进行控制。

(7) 机床本体

机床本体是指数控机床机械结构实体，由传动系统、工作台、床身、底座和立柱等部分组成。

另外，数控机床还可以包括刀具自动交换装置（automatic tool changer，ATC）、工件自动交换装置（automatic pallet changer，APC）、工件夹紧松开机构、回转工作台、液压系统、润滑装置、冷却液装置、排屑装置和过载与限位保护装置等辅助装置。

1.3 数控机床的特点

一般来说，数控机床具有以下特点。

(1) 精度高

① 数控机床具有较高的运动精度。经济型数控机床的脉冲当量可以达到 0.001mm，高档数控机床的运动精度更高。

② 数控机床可以对传动链误差进行自动补偿，减小反向间隙误差及螺距误差对精度的影响。部分数控机床采用智能补偿技术对加工过程中的热变形、刀具磨损等进行补偿，进一步保证了加工精度。

③ 数控加工更容易实现工序集中，一次装夹可完成多个表面、多个工序的加工，避免了工件的重复装夹对加工精度的影响。

④ 数控机床的自动加工方式避免了人为操作误差，零件尺寸的一致性好，加工质量稳定。

⑤ 数控机床的结构特点使其具有较高的刚度和热稳定性，有利于保证加工精度。

(2) 柔性高

数控机床的特点之一是高度柔性。在数控机床上加工零件时，主要取决于加工程序，不需要制造、更换许多夹具，也不需要经常重新调整机床。因此，数控机床应用于单件和小批量生产、新产品开发及产品频繁更换的场合时更具优势，可以缩短生产准备周期，节省工艺设备的费用。

(3) 自动化程度高，劳动强度低

数控机床执行预先编制好的数控程序自动完成零件的加工。一般情况下，操作者除输入加工程序或操作键盘、装卸工件、进行关键工序的中间测量及查看设备的运行情况之外，不需要进行繁琐、重复的手工操作，降低了劳动强度。

(4) 生产效率高

① 数控机床主轴转速和进给量的范围大，可以选择最合适的切削用量，以提高加工效率。

② 加工过程中更换工件时，不需要调整机床，辅助时间大大缩短。

③ 数控机床移动部件的快速移动速度可达到 10m/min 以上，高速数控机床甚至可以达到 100m/min 以上。机床的空行程运动速度高，缩短了刀具定位所用时间。

④ 零件的加工过程自动进行且加工质量稳定，不需要频繁地测量尺寸、调整机床。

(5) 有利于生产管理的现代化

数控机床使用数字信息和标准代码处理、传递信息，为计算机辅助设计、制造及管理一体化奠定了基础。数控机床能准确地计算零件的加工工时，并有效地简化管理工装夹具和半成品的工作。

(6) 机械结构简化、传动链短

数控机床的进给运动和主运动采用伺服电动机驱动，机床的机械结构得到简化，传动链大大缩短。

(7) 数控机床系统复杂，开发成本高

数控机床是高度自动化机床，系统复杂，因而开发困难，成本较高，这也造成用户购买时的投资较高。

(8) 对操作及维修人员的要求高

数控机床的操作者既要有工艺知识、编程知识，还要能够熟练地操作机床。数控机床的维修人员既要熟悉机床的机械结构，又要能排除机床电气故障。所以，数控机床对操作者和维修人员要求较高，一般需要经过专门培训。

1.4 数控机床的分类

数控机床一般有以下几种分类方法。

(1) 按工艺用途分类

数控机床按照工艺用途可以分为以下几类：

① 金属切削类数控机床。金属切削类数控机床包括数控车床、数控铣床、数控磨床、数控钻床及数控镗床等。

② 金属成形类数控机床。金属成形类数控机床是一种采用折、冲、压、拉等成形工艺的数控机床，包括数控折弯机、数控弯管机、数控冲床及数控压力机等。

③ 特种加工类数控机床。特种加工类数控机床包括数控电火花加工机床、数控激光加工机床及数控火焰切割机等。

④ 复合数控机床（复合机床）。复合机床是能够在一台主机上完成或尽可能完成从毛坯至成品的多种要素加工的机床。复合机床一般是数控机床或加工中心，即复合数控机床或复

合加工中心。

复合机床可分为三类：第一类是以车削为主体的复合加工机床，如车铣复合加工中心、小型五轴车铣复合加二中心、车铣复合加工单元等；第二类是以铣削为主体的复合加工机床，如五轴棒料加工中心；第三类为车磨复合加工机床和车磨复合加工中心。

先进的复合机床采用双主轴、双刀架、九轴控制，可实现四至五轴联动，机床可以在一次安装下完成所有车、铣、钻等工序。复合加工使更多的不同加工过程复合在一台机床上，具有减少机床和夹具、免去工序间的搬运和储存、提高工件加工精度、缩短加工周期和节约作业面积等优点。

(2) 按运动轨迹分类

① 点位控制数控机床。点位控制数控机床只控制运动部件的准确定位。在移动过程中不进行加工，对移动速度和轨迹没有严格要求，可以沿多个坐标轴同时移动或沿各个坐标轴先后移动。点位控制数控机床主要包括数控钻床、数控坐标镗床和数控冲床等，适用于点到点的定位加工。

② 直线控制数控机床。直线控制数控机床的特点是除了可以实现点到点的准确定位外，在与机床坐标轴平行或与坐标轴成特定角度的方向上还可以对直线运动速度和轨迹进行控制。

③ 轮廓控制数控机床。轮廓控制数控机床可以对两个或两个以上坐标轴的位移及速度进行连续控制，能够实现坐标轴的联动。通过数控装置的插补运算功能，实现刀具对工件表面的连续切削，能够实现直线、圆弧、曲线轮廓的加工。轮廓控制数控机床主要有数控车床、数控铣床、数控线切割机床等。

按照联动坐标轴的个数，轮廓控制数控机床又可分为以下几种形式：

a. 二轴联动。主要用于数控车床或数控铣床等加工曲线轮廓。

b. 二轴半联动。即以三个直线运动坐标轴中任意两轴做插补运动，第三轴做周期性进给运动。

c. 三轴联动。一般情况下是三个直线运动坐标轴联动，比较多地见于数控铣床、铣削加工中心等，可加工空间曲面轮廓。

d. 四轴联动。同时控制三个直线运动坐标轴与某一旋转运动坐标轴联动，可加工曲面轮廓。

e. 五轴联动。除了控制三个直线运动坐标轴联动外，还同时控制两个旋转运动坐标轴，即同时控制五个坐标轴联动，可加工空间曲面轮廓。

(3) 按伺服控制方式分类

① 开环控制数控机床。开环控制数控机床是一种采用开环进给伺服系统，伺服驱动部件通常为反应式步进电动机或混合式步进电动机的机床。开环控制数控机床没有位置检测和补偿环节，精度和稳定性差。

② 半闭环控制数控机床。半闭环控制数控机床通过位置检测装置测量电动机或丝杠的角位移，间接得出机床运动部件的直线位移，并与伺服机构的指令值进行比较，用差值进行控制。半闭环控制系统可以矫正部分环节造成的误差，精度比开环控制系统高，比较容易实现系统的稳定性。

③ 闭环控制数控机床。闭环控制数控机床是一种按照闭环反馈控制方式工作的数控机

床。它通过配置位置反馈和速度反馈装置，实时检测运动部件的实际位移量，并将其反馈给数控系统中的比较器。经比较器处理后，将检测值与指令值的差值作为伺服驱动的控制信号，驱动移动部件运动以消除位置误差。闭环控制数控机床具有更高的精度和可靠性。

另外，按照数控系统的功能水平把数控机床分为低、中、高三档，如表 1-1 所示。

表 1-1　数控机床档次划分

功能	低档	中档	高档
最小位移量	10μm	1μm	0.1μm
快速移动速度	3～8m/min	10～24m/min	24～100m/min
伺服系统类型	开环	半闭环	闭环
联动轴数	2 轴或 3 轴	2～4 轴	5 轴或 5 轴以上
内装 PLC	无	有	强功能内装 PLC
数控装置	单片机	单微处理器或多微处理器	分布式多微处理器

注：PLC—可编程逻辑控制器。

1.5　数控加工的工作过程

零件的数控加工过程包括工艺设计、程序编写与输入、试切工件等内容，如图 1-2 所示。

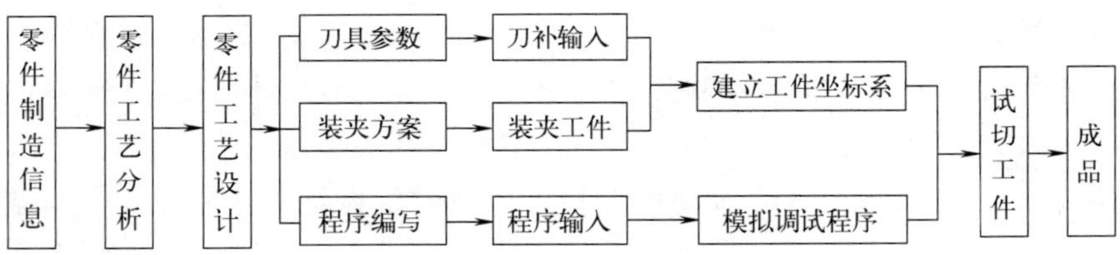

图 1-2　数控加工的工作过程

零件的制造信息包括被加工零件的几何信息、加工精度、材料、批量、热处理方式等，可以从零件图上读取，或者由带有产品制造信息的零件三维模型获得。

零件工艺分析的目的是在明确加工内容与加工要求的基础上，对工件的数控加工工艺性进行分析，并对加工的难易程度及成本等进行评价。

零件数控加工工艺设计包括选择加工方法、安排加工顺序、选择刀具、选择机床、确定走刀路线和确定装夹方案等。

数控加工工艺设计完成后，根据工艺设计的结果按一定的格式编写数控加工程序、安装刀具并测量刀具参数、装夹工件，并将刀具参数及编写的数控加工程序输入数控装置。

安装工件后，需要采用测量或对刀等方法找到编程时使用的工件坐标系的原点在机床坐标系下的坐标值，并将其输入数控装置。数控加工程序中需要用指令指定所使用的工件坐标系，以保证刀具运动轨迹和位置的准确性。

数控加工程序输入数控装置后需要在数控机床上进行模拟、校验，以检查刀具运动轨迹的准确性。

工件试切的目的是检验零件加工精度与加工表面质量是否符合加工要求，如不符合，需要重新进行工艺设计等工作。若加工的零件达到了要求，则继续运行数控加工程序加工其他零件。

1.6 数控机床的发展现状与趋势

1952年，世界上第一台数控机床在美国问世。随着微电子、计算机、自动控制等技术的发展，数控技术也得到了巨大的发展。我国第一台数控机床由北京第一机床厂于1968年研制成功，近年来随着国家加大投入力度，数控机床技术得到了迅速发展，特别是在2010年后，国内数控机末技术取得巨大进步，攻克了数控系统、功能部件的核心技术，高档数控机床的自主开发能力和数控机床的总体技术水平进入世界先进行列，部分产品达到国际领先水平。

目前，数控机床的发展日新月异，高速化、高精度化、功能复合化、控制智能化、体系开放化、驱动并联化、信息交互网络化、极端化等已成为数控机床发展的趋势和方向。

(1) 高速化

① 主轴转速与进给量。目前，电主轴数控机床的主轴最高转速可达200000r/min。机床在脉冲当量为0.01μm时，最大进给量可达240m/min，且能实现复杂型面的精确加工。

② 运算速度。开发出32位、64位的数控系统，频率提高到几百兆赫到上千兆赫。运算速度的极大提高，使得分辨率为0.1μm、0.01μm时仍能获得高达24～240m/min的进给速度。

③ 换刀速度。目前先进数控加工中心的刀具交换时间普遍在1s左右，有的已达0.5s。

(2) 高精度化

对数控机床精度的要求现在已经不局限于静态的几何精度，机床的运动精度、热变形以及对振动的监测和补偿越来越受到重视。

① 提高CNC系统控制精度。采用高速插补技术、高分辨率位置检测装置及前馈控制与非线性控制的位置伺服系统，提高控制精度。

② 采用误差补偿技术。采用反向间隙补偿、丝杠螺距误差补偿、刀具误差补偿、热变形误差补偿和在线误差补偿等技术，可将加工误差降低60%～80%。

(3) 功能复合化

复合机床结合了车、铣或车、磨加工中心的功能，并采用模块化结构，能够完成车削、铣削、钻削、滚齿、磨削、激光加工等多种加工，实现了加工过程的工艺复合或工序复合。如德国Index公司的车削加工中心采用模块化结构，能完成车削、铣削、磨削、滚齿及激光加工等多种工序，可完成复杂零件的全部加工。

(4) 控制智能化

随着人工智能技术的发展，数控机床的智能化程度也在不断提高。数控机床的智能化，主要体现在以下几个方面：

① 加工过程自适应控制技术。通过监测加工过程中的切削力、主轴和进给电机的功率、电流、电压等信息，利用传统的或现代的算法进行识别，以辨识出刀具的受力、磨损、破损状态及机床加工的稳定性状态，并根据这些状态实时调整加工参数（主轴转速、进给速度）和加工指令，使设备处于最佳运行状态，以提高加工精度、降低加工表面粗糙度和提高设备

运行的安全性。

② 加工参数的智能优化与选择。根据工艺专家或技师的经验、零件加工的一般与特殊规律，用现代智能方法，构造基于专家系统或基于模型的“加工参数的智能优化与选择器”，利用它获得优化的加工参数，从而达到提高编程效率和加工工艺水平、缩短生产准备时间的目的。

③ 智能故障自诊断与自修复技术。根据已有的故障信息，应用智能方法实现故障的快速准确定位。

④ 智能故障回放和故障仿真技术。能够完整记录系统的各种信息，对数控机床发生的各种错误和事故进行回放和仿真，用以确定引起错误的原因，找出解决问题的办法，积累生产经验。

⑤ 智能化交流伺服驱动装置。智能主轴交流驱动装置和智能化进给伺服装置能够自动识别负载，并自动调整参数。这种驱动装置能自动识别电机及负载的转动惯量，并自动对控制系统参数进行优化和调整，使驱动系统获得最佳运行状态。

⑥ 智能 4M 数控系统。在制造过程中，加工、检测一体化是实现快速制造、快速检测和快速响应的有效途径，将测量（measurement）、建模（modelling）、加工（manufacturing）和机器操作（manipulator）四者（即 4M）融合在一个系统中，实现信息共享，促进测量、建模、加工、装夹、操作的一体化。

(5) 体系开放化

① 向未来技术开放。由于数控装置软硬件接口都遵循标准协议，只需少量的重新设计和调整，新一代的通用软硬件资源就可能被现有系统所采纳、吸收和兼容，这就意味着系统的开发费用将大大降低，而系统性能与可靠性将不断改善并处于长生命周期。

② 向用户特殊需求开放。更新产品、扩充功能、提供软硬件产品的各种组合以满足特殊应用要求。

③ 数控标准的建立。一种新的 CNC 系统标准——ISO 14649（STEP-NC），能提供一种不依赖于具体系统的中性机制，能够描述产品整个生命周期内的统一数据模型，从而实现整个制造过程乃至各个工业领域产品信息的标准化。

(6) 驱动并联化

并联运动机床（并联机床）是以空间并联机构为基础，充分利用计算机数字控制的优势，以软件取代部分硬件，以电气装置和电子器件取代部分机械结构，使近两个世纪以来以直线位移为基础的机床结构和运动学原理发生了根本变化，克服了传统机床串联机构移动部件质量大、系统刚度低、刀具只能沿固定导轨进给、作业自由度偏低、设备加工灵活性和机动性不够等固有缺陷。图 1-3 为并联机床示意图，其由以机床框架为固定平台的若干杆件组成空间并联机构，主轴部件安装在并联机构的动平台上，通过控制杆件的长度使主轴部件获得相应自由度的运动，按照并联运动学原理形成刀头点的运动轨迹，实现多坐标联动加工。

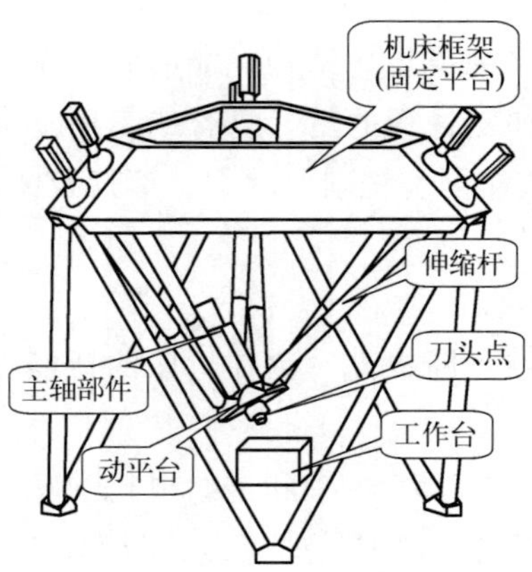

图 1-3　并联机床示意图

(7) 极端化（大型化和微型化）

国防、航空、航天事业的发展和能源等基础产业装备的大型化需要大型且性能良好的数控机床支撑，而超精密加工技术和微纳米技术是21世纪的战略技术，需发展能适应微小型尺寸和微纳米加工精度的新型制造工艺和装备。所以为了满足不同的需求，数控机床有向极端化发展的趋势。

(8) 信息交互网络化

数控机床具有双向、高速的联网通信功能，保证了信息流在车间各个部门间畅通无阻。信息交互网络化既可以实现网络资源共享，又能实现数控机床的远程监视、控制、培训、教学、管理，还可实现数控装备的数字化服务（数控机床故障的远程诊断、维护等）。例如，日本Mazak公司推出的新一代加工中心配备了一个称为信息塔（e-tower）的外部设备，包括计算机、手机、机外和机内摄像头等，能够实现语音、图形、视像和文本形式的通信故障报警显示和在线帮助排除故障等功能。

(9) 新型功能部件的应用

为了提高数控机床各方面的性能，具有高精度和高可靠性的新型功能部件的应用成为必然。具有代表性的新型功能部件包括：

① 高频电主轴。高频电主轴是高频电动机与主轴部件的集成，具有体积小、转速高、可无级调速等一系列优点，在各种新型数控机床中获得了广泛应用。

② 直线电动机。直线电动机的应用简化了机械传动机构，提高了机床的动态性能。

③ 电滚珠丝杠。电滚珠丝杠是伺服电动机与滚珠丝杠的集成，可以大大简化数控机床的结构，具有传动环节少、结构紧凑等一系列优点。

(10) 高可靠性

数控机床的可靠性主要取决于数控系统和伺服系统的可靠性。数控系统通过大量采用高集成度芯片、专用芯片及混合式集成电路，减少了元器件的数量，提高了硬件的质量，降低了功耗，从而提高了系统的可靠性。

(11) 加工过程绿色化

加工过程绿色化使产品在制造过程中不造成环境污染或环境污染最小化，符合环境保护要求，对生态环境无害或危害极少，并可节约资源和能源。近年来，不用或少用冷却液，实现干切削、半干切削的数控机床不断出现，并在不断发展当中。

(12) 多媒体技术的应用

在数控技术领域应用多媒体技术可以实现信息处理综合化、智能化，可以实时监控生产系统和生产过程的参数。

1.7 数控机床在先进制造系统中的应用

随着科学技术的高速发展，制造业产生了根本变化，先后出现了柔性制造系统、计算机集成制造系统等先进制造系统。在这些先进制造系统中，数控技术是基础技术，支撑着先进制造技术不断向前发展。

(1) 计算机直接数控（direct numerical control，DNC）

DNC是将一组NC机床与存储零件程序或机床程序的公用存储器连接起来，并按要求向各台机床分配数据的系统。

DNC 系统的主要组成部分包括中央计算机及外围存储设备、通信接口、数控机床及控制器。由中央计算机进行数据管理，从大容量的存储器中读取零件程序并传递给数控机床，然后在这两个方向上控制信息的流动，在多台计算机间分配信息，使各数控机床控制器能完成各自的操作，最后由中央计算机监控并处理机床反馈。

DNC 的基本功能是下传 NC 程序。随着技术的发展，现代 DNC 还具有制造数据传送（NC 程序上传、NC 程序校正文件下传、刀具指令下传、托盘零点值下传、机器人程序下传、工作站操作指令下传等）、状态数据（机床状态、刀具信息和托盘信息等）采集、刀具管理、生产调度、生产监控、单元控制和 CAD（计算机辅助设计）/CAPP（计算机辅助工艺规划）/CAM（计算机辅助制造）接口等功能。

(2) 柔性制造

① 柔性制造系统（flexible manufacturing system，FMS）。国际生产工程研究协会指出，柔性制造系统是一个自动化的生产制造系统，在最少人的干预下，能够生产任何范围的产品族，系统的柔性通常受到系统设计时所考虑的产品族的限制。中国将柔性制造系统定义为由数控加工设备、物料运储装置和计算机控制系统组成的自动化制造系统，它包括多个柔性制造单元，能根据制造任务或生产环境的变化迅速进行调整，适用于多品种、中小批量生产。

FMS 是以数控机床或加工中心为基础，配以物料传送装置组成的生产系统。FMS 通常包括 4 台或更多台全自动数控机床（铣削加工中心、车削中心等），由集中的控制系统及物料搬运系统连接起来，控制系统控制数控机床和传输系统。原材料和待加工工件在传输系统上装卸，工件在一台机器上加工完毕后传到下一台数控机床。每台数控机床根据接收的指令，能够自动装卸所需工具，可在不停机的情况下实现加工及管理。

FMS 适合加工形状复杂、加工工序多的零件。FMS 的加工和物料传送柔性大，但人员柔性仍然较低。

② 柔性制造单元（flexible manufacturing cell，FMC）。FMC 的问世并在生产中使用比 FMS 晚 6～8 年，FMC 可视为一个规模最小的 FMS，是 FMS 向廉价化及小型化方向发展的一种产物。FMC 是由 1 或 2 台加工中心及工业机器人（或托盘交换系统）构成。FMC 的特点是实现单机柔性化及自动化，具有适应加工多品种产品的灵活性，有较大的设备柔性，但人员和加工柔性低。FMC 适合加工形状复杂、加工工序简单、批量小的零件。

③ 柔性制造线（flexible manufacturing line，FML）。FML 是处于单一或少品种、大批量非柔性自动线与中小批量、多品种 FMS 之间的生产线，是把多台可以调整的机床连接起来，配以自动运送装置组成的生产线。FML 的加工设备可以是通用的加工中心、CNC 机床，也可采用专用机床或 NC 专用机床，对物料搬运系统柔性的要求低于 FMS，但生产率更高。FML 的特点是可实现生产线柔性化及自动化。

FML 可以加工批量较大的不同规格零件。柔性程度低的 FML，在性能上接近大批量生产用的自动生产线；柔性程度高的 FML，则接近于小批量、多品种生产用的柔性制造系统。

(3) 计算机集成制造系统（computer integrated manufacturing system，CIMS）

CIMS 是随着信息技术、网络技术及自动化技术的发展，在数控技术（在机械制造业中体现为数控机床）的基础上，通过计算机技术把分散在产品设计制造过程中各种孤立的自动化子系统有机地集成起来，形成的适用于多品种、小批量生产，集成化和智能化的制造系统。

CIMS 具有集成化和智能化的特征。集成化将系统的空间扩展到产品设计、加工制造、市场预测、管理及售后服务等全部过程；智能化不仅涉及物流自动化，还包括信息流自动化。

CIMS 包括四个功能子系统和两个支撑子系统。功能子系统包括管理信息与决策子系统、设计自动化子系统、制造自动化子系统、质量保证子系统。支撑子系统包括计算机网络子系统和数据库子系统。CIMS 集成技术关系图如图 1-4 所示。

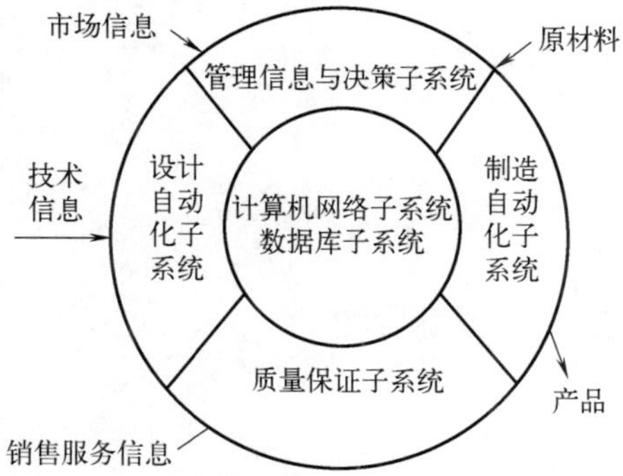

图 1-4　CIMS 集成技术关系图

管理信息与决策子系统包括市场预测、经营管理、生产管理、物料管理、人事管理及财务管理等功能。

设计自动化子系统一般包括 CAD、CAM 和 CAPP 几个部分，借助于计算机技术完成产品设计、数控编程及工艺规程设计等任务。

制造自动化子系统由 NC 机床、加工中心和运输小车等部分组成，完成零件加工及加工过程中的调度等任务。

质量保证子系统具有质量检测、质量决策、质量评价、质量控制与跟踪等功能，保证产品从设计到售后服务全过程的质量。

计算机网络子系统是支持 CIMS 各子系统的开放型网络通信系统。

数据库子系统覆盖企业全部数据信息，支持 CIMS 子系统的数据共享和信息集成。

思考与练习

1. 数字控制、数控机床、数控加工的含义是什么？
2. 简述数控机床的特点与分类。
3. 数控机床组成部分有哪些？各个组成部分的功能是什么？
4. 简述数控机床加工的基本过程。
5. 数控机床有哪些新的发展趋势？
6. 数控机床在先进制造系统中有哪些应用？

拓展内容

先进制造业是制造业中创新最活跃、成果最丰富的领域。加快发展先进制造业，强化创新驱动，推动质量变革才能加快中国制造业的高质量发展。读者可去“全国党员干部现代远程教育”网观看视频《中国制造 强国之路：高档数控机床——工业母机的数字化与智能化》，了解高端数控机床及基础制造装备在先进制造业中的应用、取得的成果及智能制造起到的推动作用。

第2章

数控机床机械结构

思维导图

扫码获取资源

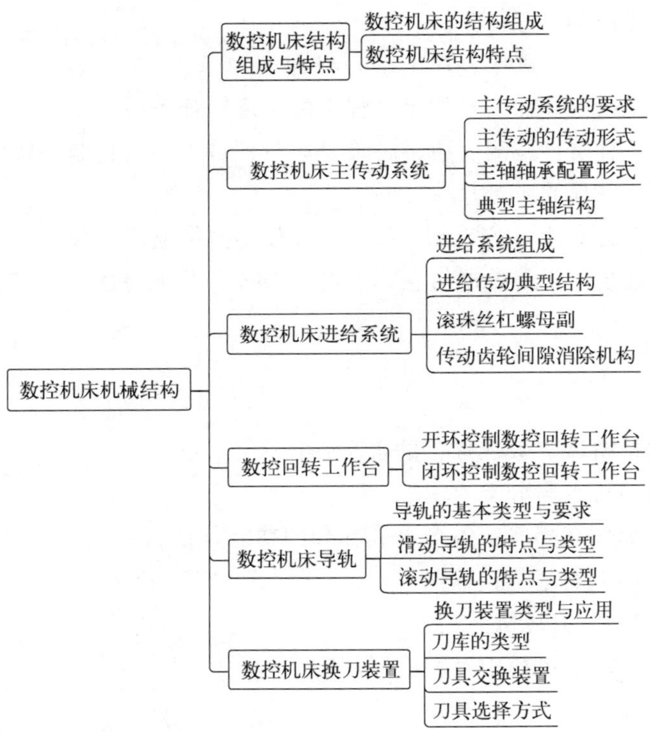

学习目标

- 理解数控机床结构组成与特点。
- 理解数控机床主传动系统组成与典型主轴结构。
- 理解进给系统组成与进给传动典型结构。
- 掌握滚珠丝杠螺母副的工作原理、特点与选用。
- 理解数控机床导轨类型与基本要求。
- 理解数控机床换刀装置类型与应用。

与普通机床一样，数控机床也是一种用切削方法将金属材料加工成各种不同形状零件的加工设备。但数控机床的价格明显高于同类型普通机床，所以其单位时间加工费用也高得多。为获得最佳技术经济效益，必须在保证加工质量的同时，最大限度地减少每件零件的加工工时。新型刀具材料的应用可以使切削速度大为提高，有效减少单件加工工时。同时，为了减小工件多次装夹引入的定位误差，要求工件一次装夹后，在同一台数控机床上完成粗加工和精加工。这就要求机床既要能够承受粗加工时的最大负载，又要保证精加工时的精度。因此，数控机床需要更好的静态刚度与动态刚度、更强的抗振性、更小的热变形，以及更低的滑动面摩擦阻力。与普通机床相比，数控机床的整体布局方式，以及基础大件、主传动系统、进给系统、导轨、刀具系统、辅助功能等部件都发生了很大变化。

2.1　数控机床的结构组成与特点

数控机床的机械结构由如下部分组成：

① 主传动系统。主传动系统主要包括动力源、传动件及主运动执行件（主轴组件）等，功能是将驱动装置的运动和动力传给执行件，实现主切削运动。

② 进给运动系统（进给系统）。包括动力源、传动件及进给运动执行件（如工作台、刀架）等，功能是将伺服驱动装置的运动和动力传给执行件，以实现进给运动。

③ 基础支承件。指床身、立柱、导轨、滑座、工作台等支承机床的主要部件。数控机床常采用整体式的铸造结构，主轴等重要部件直接与床身相连，从而可以满足数控机床对高精度加工的要求。

④ 辅助系统。一般包括带刀库的自动换刀装置、液压或气动系统、冷却润滑装置、自动排屑装置、安全防护装置等部件。高档数控机床还装有自动送料机构、机械手、刀具或工件自动检测设备等辅助单元。

数控机床的机械结构和普通机床相比有明显变化，主要体现在：

① 更短的传动链。采用高性能无级变速主轴及伺服传动系统，机械传动机构被精简，主传动系统、进给系统结构更简单，传动链缩短，引入误差的环节更少，可靠性更高，自动化程度更高。

② 采用刚度和抗振性更好的基础件及结构设计方案。机床刚度是机床受力后抵抗变形的能力。在静载荷下表现的刚度称为静刚度，在交变载荷作用下表现的刚度称为动态刚度。由于数控机床在工作过程中，受力变形产生的定位误差不能人为地调整与补偿，因此必须把各部件产生的弹性变形控制在允许范围内。数控机床的主要部件均需具有较高刚度，例如为了提高数控机床主轴刚度，常采用三支承结构，同时选用刚性好的轴承以减小径向和轴向变形；为了提高机床大件刚度，常采用封闭界面的床身。

③ 良好的抗振性。数控机床在加工时，高速转动的零件往往会产生动态不平衡力，同时较大的切削深度也容易使机床产生振动，而振动会影响被加工零件的精度和表面质量。因此，数控机床必须具备良好的抗振性。

④ 采用多主轴、多刀架结构以及刀具与工件的自动夹紧装置、自动换刀装置和自动排屑、自动润滑、自动冷却装置等，以降低工人劳动强度，提高生产率。

图 2-1 为 JCS-18 立式加工中心，床身 1 和立柱 5 为基础部件，交流变频调速电机通过

主轴箱 9 将运动传递至主轴 12，实现主轴转动。3 个调速直流伺服电机分别经滚珠丝杠螺母副将运动传递至工作台 3、滑座 2，实现 X、Y 方向进给运动，传递至主轴箱 9 使主轴箱沿立柱导轨做 Z 方向运动。刀库 7 可以容纳 16 把刀具，由机械手 8 进行自动换刀。立柱的左后部为数控柜 6，右侧为驱动电控柜 11，左下侧为润滑油箱 4。

该机床可在一次装夹零件后，自动连续完成铣、钻、镗、铰、攻螺纹等加工。由于工序集中，显著提高了加工效率，也有利于保证各加工面间的位置精度。该机床可以实现旋转主运动及 X、Y、Z 三个坐标轴的直线进给运动，还可以实现自动换刀。

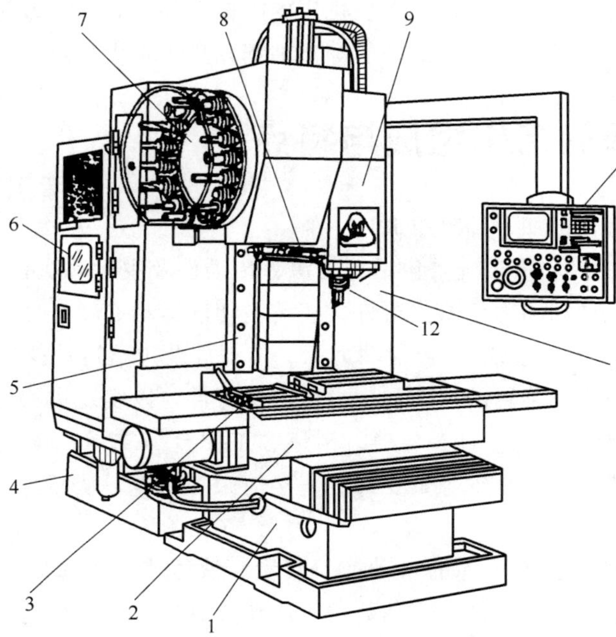

图 2-1　JCS-18 立式加工中心

1—床身；2—滑座；3—工作台；4—润滑油箱；5—立柱；6—数控柜；7—刀库；
8—机械手；9—主轴箱；10—控制面板；11—驱动电控柜；12—主轴

2.2　数控机床主传动系统

现代数控机床的主运动广泛采用无级变速传动，用交流调速电动机或直流调速电动机驱动，能方便地实现无级变速，且传动链短、传动件少，提高了可靠性。数控机床的主轴组件具有较大的刚度和较高的精度，多数数控机床具有自动换刀功能，因此要求主轴具有特殊的刀具安装和夹紧结构。另外，针对不同的机床类型和加工工艺特点，数控机床对其主传动系统还提出如下要求：

① 调速范围广。为了适应不同工件材料及刀具等各种切削工艺要求，主轴必须具有较大的调速范围，以便在各种切削条件下获得最佳切削速度，从而满足切削效率、加工精度和表面质量方面的要求。调速范围的指标主要由各种加工工艺对主轴的最低转速和最高转速的要求来确定。目前，一般标准型数控机床调速范围均在 1∶100 以上。

② 功率要求。主轴应具有足够的驱动功率或输出转矩，能在整个速度范围内提供切削所需功率和转矩，特别是满足机床强力切削时的功率要求。

③ 精度要求。主轴应具有较高的回转精度、足够的刚性和抗振性，以及良好的热稳定性，以满足高精度、高速或强力切削的需要。

④ 动态响应性能。要求升降速时间短，调速时运转平稳。有的机床需要实现正反转切削，则要求换向时可进行自动加减速控制。

2.2.1　主传动系统组成

(1) 主传动的传动形（方）式

在配置方式上，数控机床的主传动系统多采用交流主轴电动机或直流主轴电动机无级调速系统。为了扩大调速范围，适应低速大转矩的要求，也经常应用齿轮有级调速和电动机无级调速相结合的调速方式。数控机床主传动方式主要有 5 种配置方式，如图 2-2 所示。

① 带有变速齿轮的主传动。如图 2-2（a）所示，这是大中型数控机床采用较多的一种变速方式。通过少数几对齿轮降速，扩大输出转矩，以满足主轴低速时对输出转矩特性的要求。数控机床在交流或直流电动机无级变速的基础上配以齿轮变速，使之成为分段无级变速。这种变速方式使变速范围扩大，低速时能满足主轴输出转矩特性的要求，但是齿轮变速机构通常采用液压拨叉或电磁离合器带动齿轮来实现滑移齿轮的移位，造成主轴箱结构复杂，成本增加。另外，这种传动机构容易引起振动和噪声。

② 采用定比传动的主传动。如图 2-2（b）所示，主电动机和主轴采用定比传动的方式连接。定比传动装置常用同步带或 V 带连接电动机与主轴，避免了齿轮传动引起的振动与噪声。这种传动类型主要应用于小型数控机床上。

③ 用两台电机（电动机）分别驱动主轴的主传动。如图 2-2（c）所示，这是上述两种传动方式混合的传动，具有上述两种性能。高速时由一台电动机通过带传动；低速时，由另一台电动机通过齿轮传动，齿轮起到降速和扩大变速范围的作用，这样就使恒功率区增大，扩大了变速范围，避免了低速时转矩不够且电动机功率不能充分利用的问题。但两台电动机不能同时工作，也是一种浪费。

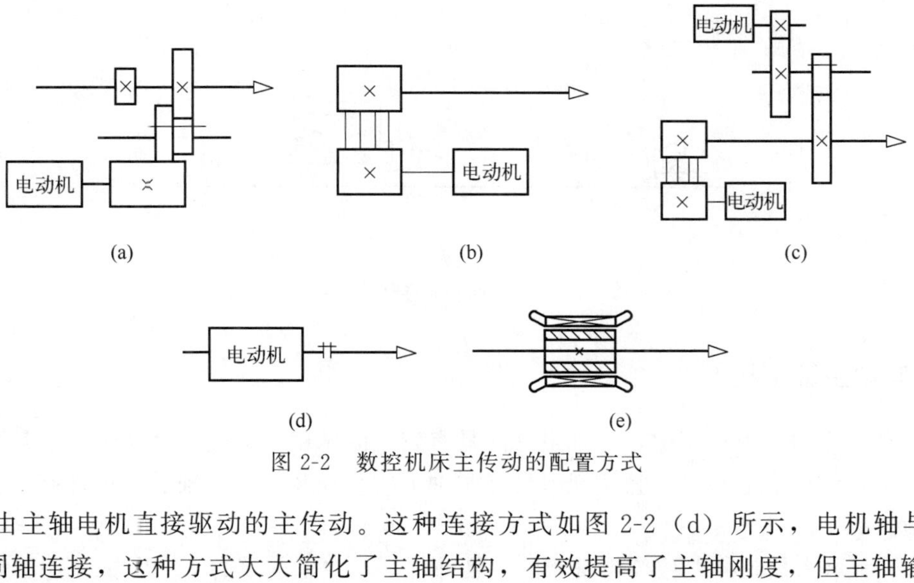

图 2-2　数控机床主传动的配置方式

④ 由主轴电机直接驱动的主传动。这种连接方式如图 2-2（d）所示，电机轴与主轴用联轴器同轴连接，这种方式大大简化了主轴结构，有效提高了主轴刚度，但主轴输出扭矩小，电机发热对主轴精度影响较大。

⑤ 采用电主轴的主传动。这种连接方式如图 2-2（e）所示，主轴和电动机转子装到一起，主轴本身就是电动机的转子。该结构省去了电动机和主轴之间的传动件，主轴只承受扭矩而没有弯矩。优点是主轴部件结构紧凑、质量小、惯性小，可提高启动、停止的响应特性，可用于变速范围不大的高速主轴，但电动机发热对主轴的影响较大，需专门配有主轴冷却装置。

(2) 主轴轴承配置形式

主轴轴承的配置形式主要取决于主轴转速特性的速度因素和对主轴刚度的要求。目前数控机床的主轴轴承配置形式主要有以下三种：

① 前支承采用双列短圆柱滚子轴承和 60°角接触双列向心推力球轴承组合，后支承采用成对向心推力球轴承，如图 2-3（a）所示。这是现代数控机床主轴结构中刚性最好的一种。它使主轴的综合刚度得到大幅度提高，可以满足强力切削的要求，所以目前各类数控机床的主轴普遍采用这种配置形式。

② 前支承采用多个高精度向心推力球轴承，后支承结构有采用角接触球轴承支承的，也有用圆柱滚子轴承支承的，如图 2-3（b）所示。向心推力球轴承有良好的高速性，主轴最高转速可达 10000r/min，但承载能力小，适用于高速、轻载、高精密的数控机床主轴。

③ 前后支承分别采用双列和单列圆锥滚子轴承，如图 2-3（c）所示。径向和轴向刚度高，能承受重载荷，其安装、调整性能好，但限制了主轴转速和精度，因此可用于中等精度、低速、重载的数控机床主轴。

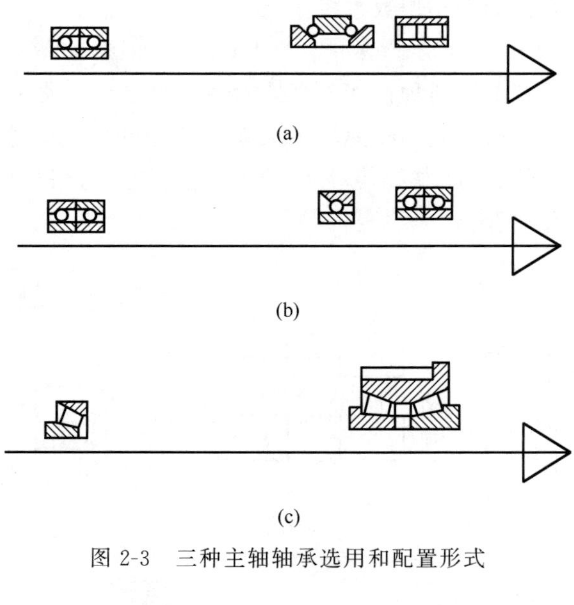

图 2-3　三种主轴轴承选用和配置形式

2.2.2　典型主轴结构

在带有刀库的数控机床中，主轴组件除具有较高的精度和刚度外，还带有刀具自动装卸装置和主轴孔切屑清除装置。为实现刀具在主轴上的自动装卸，主轴必须设计有刀具的自动夹紧机构。

图 2-4 所示为自动换刀数控镗铣床的主轴部件，其主轴前端的 7∶24 锥孔用于装夹锥柄刀具或刀杆。主轴的端面键可用于传递刀具的扭矩，也可用于刀具的周向定位。主轴的前支

承由 B 级精度的 3182120 型锥孔双列圆柱滚子轴承 2 和 2268120 型双列向心推力球轴承 3 组成。为了提高前支承的支承刚度，可以修磨前端的调整半环 1 和轴承 3 的中间调整环 4，待收紧锁紧螺母后，可以消除两个轴承滚道之间的间隙并且进行预紧。后支承采用两个 D 级精度的 46115 型向心推力球轴承 8，修磨中间调整环 9 以进行预紧。

在自动换刀时要求能自动松开和夹紧刀具。图示为刀具的夹紧状态，碟形弹簧 11 通过拉杆 7、双瓣卡爪 5，在套筒 14 的作用下，将刀柄的尾端拉紧。当换刀时，要求松开刀柄，此时，在主轴上端油缸的上腔 A 通过压力油，活塞 12 的端部推动拉杆 7 向下移动，同时压缩碟形弹簧 11，当拉杆 7 下移到使双瓣卡爪 5 的下端移出套筒 14 时，在弹簧 6 的作用下，卡爪张开，喷气头 13 将刀柄顶松，刀具即可由机械手拔出。待机械手将新刀装入后，油缸 10 的下腔通入压力油，活塞 12 向上移，碟形弹簧 11 伸长将拉杆 7 和双瓣卡爪 5 拉着向上，双瓣卡爪 5 重新进入套筒 14，将刀柄拉紧。活塞 12 移动的两个极限位置都有相应的行程开关（LS_1、LS_2）作用，作为刀具松开和夹紧的回答信号。

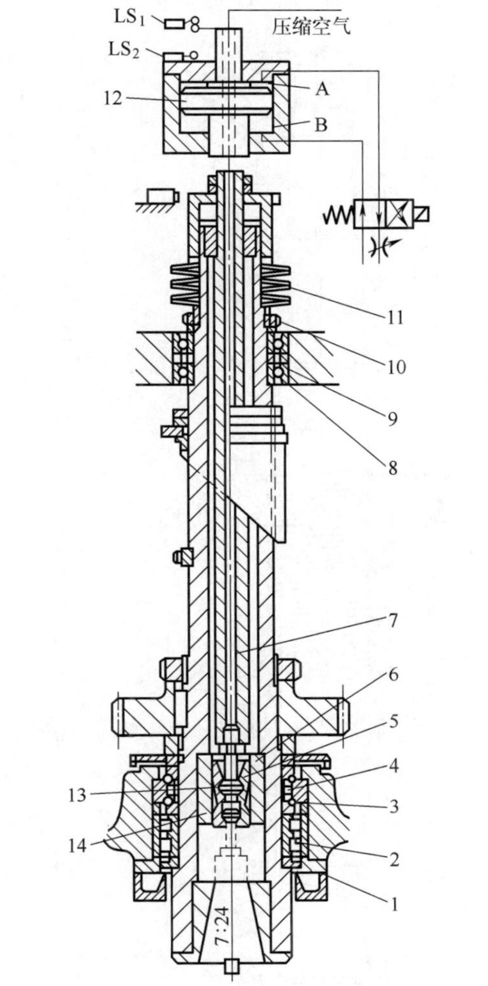

图 2-4　数控镗铣床的主轴部件

1—调整半环；2—3182120 型锥孔双列圆柱滚子轴承；3—2268120 型双列向心推力球轴承；4,9—调整环；5—双瓣卡爪；6—弹簧；7—拉杆；8—46115 型向心推力球轴承；10—油缸；11—碟形弹簧；12—活塞；13—喷气头；14—套筒

主轴孔中切屑和灰尘的自动清除是换刀操作中不容忽视的问题。如果在主轴锥孔中掉进了切屑或其他污物，在拉紧刀杆时，主轴锥孔表面和刀杆的锥柄就会被划伤，甚至使刀杆发生偏斜，破坏刀具的正确定位，影响工件的加工精度，甚至使零件报废。为了保持主轴锥孔的清洁，常用压缩空气吹屑。活塞 12 的中心孔有压缩空气通道，当活塞向左移动时，压缩空气经过活塞中心孔和拉杆中心孔至左端喷气头 13 吹出，将锥孔清理干净。喷气头中的喷气小孔要有合理的喷射角度，并均匀分布，以提高其吹屑效率。

2.3　数控机床进给系统

数控机床的进给系统是伺服系统的主要组成部分，它将伺服电机的旋转运动转变为执行部件的直线移动或回转运动。由于数控机床的进给运动是数字控制的直接对象，被加工工件的最后轮廓精度、位置精度和表面粗糙度都受进给系统定位精度、灵敏度和稳定性的影响。

无论是开环、闭环，还是半闭环伺服进给系统，为了确保系统的定位精度、快速响应特性和稳定性要求，机械传动装置必须满足高刚度、无传动间隙、低摩擦阻力、高灵敏度和较长的寿命等要求。

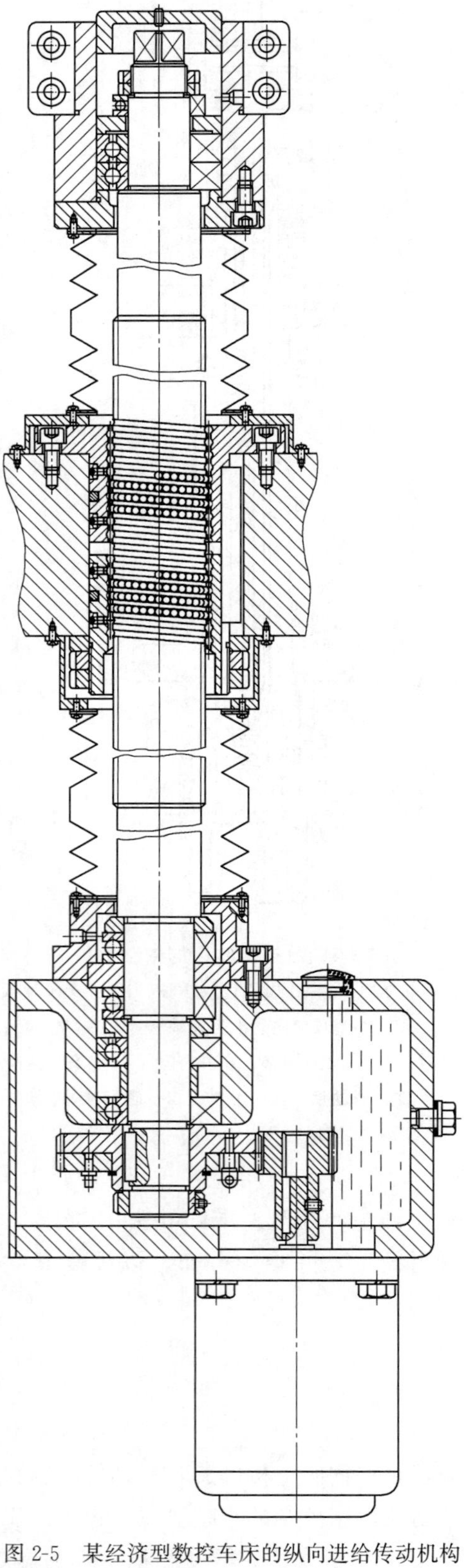

图 2-5　某经济型数控车床的纵向进给传动机构

2.3.1　进给系统组成

数控机床进给系统的机械传动部分包括减速齿轮、联轴器、滚珠丝杠螺母副、丝杠支承、导轨副、传动数控回转工作台的蜗轮蜗杆等机械部件。它们的制造精度、刚度、摩擦阻尼特性等，对执行件每一脉冲的微量移动有重要影响。另外，进给系统的驱动力矩很大，负载变化频繁，所以对刚度也有特殊要求。

2.3.2　进给传动典型结构

经济型数控车床往往采用开环控制伺服系统，由微型计算机控制步进电机进行驱动，通过滚珠丝杠螺母副带动刀架移动，实现纵向和横向进给。步进电机与丝杠的连接方法有两种：一种方法是直接连接，即电机输出轴通过连接套与丝杠直接连接，优点是结构简单，但是运动位移的脉冲当量不是 5 的倍数，给编程计算带来不便；另一种方法是步进电机与丝杠之间通过减速器连接在一起。一般采用第二种连接方法。

图 2-5 所示为某经济型数控车床的纵向进给传动机构，减速箱体靠丝杠左端轴承座的凸台作基准，保证定位可靠。减速齿轮采用消隙结构。

2.3.3　滚珠丝杠螺母副

滚珠丝杠螺母副是一种靠滚珠传递和转换运动的元件，用于实现回转运动与直线运动的相互转换，广泛应用于数控机床。滚珠丝杠螺母副的优点是：摩擦系数小，传动效率高，一般可达 $\eta=0.92\sim0.98$，为普通滑动丝杠螺母副的 2～4 倍，所需传动转矩小；灵敏度高，传动平稳，不易产生爬行，随动精度和定位精度高；磨损小，寿命长，精度保持性好；可通过预紧和间隙消除措施提高轴向刚度和反向精度；运动具有可逆性，不仅可以将旋转运动变为直线运动，也可以将直线运动变为旋转运动。缺点是：制造工艺复杂，成本较高，垂直安装时不能自锁，必须加装制动机构。

(1) 滚珠丝杠螺母副的工作原理

丝杠与螺母上都加工有圆弧形的螺旋槽，将两者对合起来就形成了螺旋滚道，在滚道里面装满滚珠。当丝杠相对于螺母旋转时，丝杠的旋转面经滚珠推动螺母轴向移动，同时滚珠沿螺旋滚道滚动，使丝杠与螺母间的滑动摩擦转变为滚珠与丝杠、螺母之间的滚动摩擦。滚珠沿螺旋槽在丝杠上滚过数圈后，通过回程引导装置，逐个地又滚回到丝杠与螺母之间，构成一个闭合的回路。滚珠循环有内循环和外循环两种方式，滚珠在返回过程中与丝杠脱离接触的为外循环，与丝杠始终接触的为内循环。

① 外循环方式。图 2-6（a）所示为常用的一种外循环滚珠丝杠螺母副。这种结构是在螺母体上轴向相隔 2.5 圈或 3.5 圈螺纹处钻两个与螺旋槽相切的孔作为滚珠的进口与出口，再用弧形铜管插入进口内，形成滚珠返回通道，即回珠管。管道的两端还能起到挡珠的作用，以免滚珠滑出。外循环方式制造工艺简单，应用广泛，但螺母径向尺寸较大，因使用弯管端部作挡珠器，故刚度差、易磨损、噪声较大。

② 内循环方式。内循环采用反向器实现滚珠循环。图 2-6（b）所示为滚珠内循环方式，在螺母上装有回珠器（又称反向器），迫使滚珠在完成接近一圈的滚动后，越过丝杠外径返回前一个相邻的滚道，形成滚珠的单圈循环。为保证足够的承载能力，一个螺母中要保证 3～4 圈滚珠工作。内循环螺母结构紧凑，定位可靠，刚度好，不易磨损，返回滚道短，不易发生滚珠堵塞问题，摩擦损失小。其缺点是结构复杂、制造较困难。

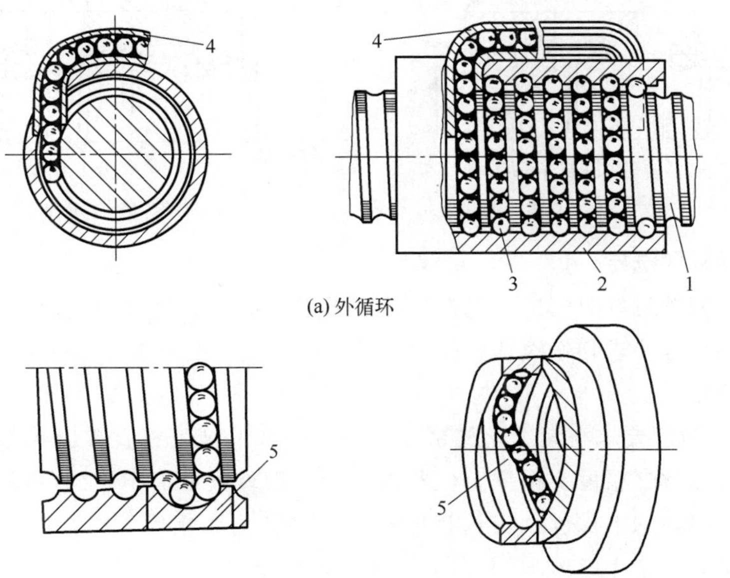

(a) 外循环

(b) 内循环

图 2-6　滚珠循环方式

1—丝杠；2—螺母；3—滚珠；4—回珠管；5—反向器

(2) 滚珠丝杠螺母副轴向间隙的调整

滚珠丝杠螺母副在承受负荷时，其滚珠与滚道面接触点处将产生弹性变形。换向时，其轴向间隙会引起空回（丝杠转动时，螺母停滞不动），这种空回是非连续的，既影响传动精度，又影响系统的动态性能。单螺母丝杠副的间隙消除相当困难。实际应用中，常采用以下几种调整预紧方法：

① 垫片预紧式。如图 2-7 所示，调整垫片 4 厚度，使左右两螺母 1、2 产生轴向位移，即可消除轴向间隙并产生预紧力。这种方法结构简单，刚性好，但调整不便，滚道有磨损时不能随时消除间隙和进行预紧，多用于一般精度的传动。

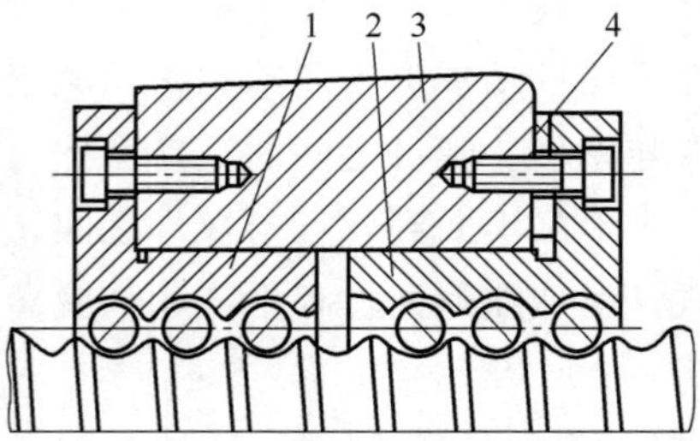

图 2-7 垫片预紧结构

1,2—单螺母；3—螺母座；4—垫片

② 双螺母预紧式。如图 2-8 所示，通常调整端部的圆螺母，使滚珠丝杠螺母副产生轴向位移。其结构简单、紧凑，工作可靠，滚道磨损时可以随时调整，但预紧量不准确，应用也比较普遍。

③ 齿差调隙预紧式。如图 2-9 所示，两个螺母上都有齿轮，分别与紧固在套筒两端的内齿圈相啮合，其齿数分别为 z_1 和 z_2，并相差一个齿，两个螺母向相同方向转动一个齿，对于导程为 P 的丝杠，调整的轴向位移为 $S=\frac{P}{z_1 z_2}$。其调整方便，能精确地调整预紧量，但结构较复杂，多用于高精度传动。

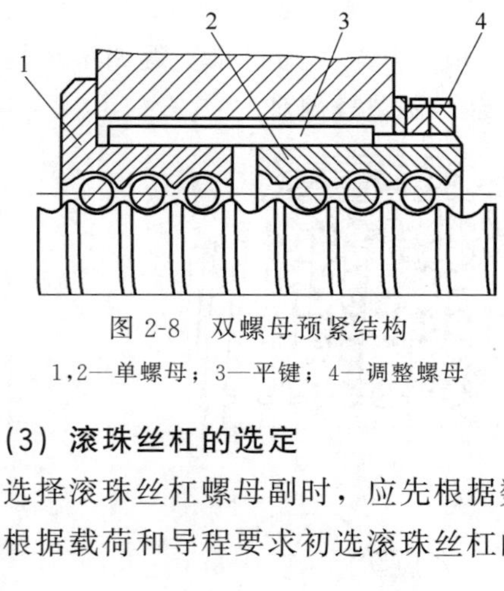

图 2-8 双螺母预紧结构

1,2—单螺母；3—平键；4—调整螺母

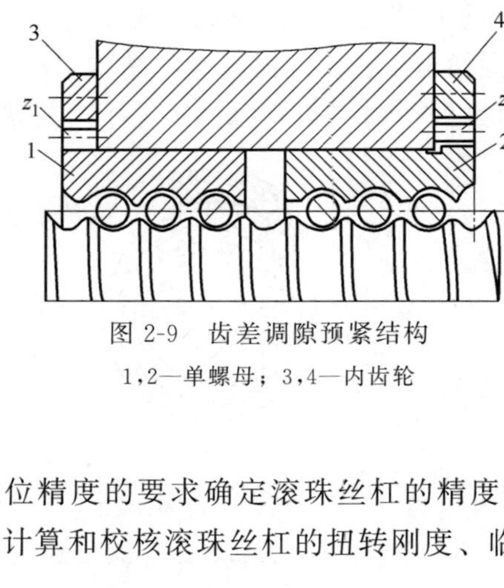

图 2-9 齿差调隙预紧结构

1,2—单螺母；3,4—内齿轮

(3) 滚珠丝杠的选定

选择滚珠丝杠螺母副时，应先根据数控机床定位精度的要求确定滚珠丝杠的精度等级，然后根据载荷和导程要求初选滚珠丝杠的型号，并计算和校核滚珠丝杠的扭转刚度、临界转速等。

① 机床定位精度要求与滚珠丝杠精度。滚珠丝杠的精度将直接影响数控机床各坐标轴的定位精度，滚珠丝杠精度要根据定位精度选择。滚珠丝杠有 P 和 T 两种类型，数控机床中用于精密定位传动的滚珠丝杠应选择 P 类，其共有七个精度等级，即 P1、P2、P3、P4、P5、P7、P10 级，其中 P1 级精度最高，其余精度依次降低。滚珠丝杠的精度等级标准分为三种情况：旋转一周的运行精度；整根滚珠丝杠的运行精度；任意 300mm 的运行精度。一般情况下，滚珠丝杠精度是指任意 300mm 的精度。

表 2-1 为不同精度等级的 P 类滚珠丝杠任意 300mm 的精度值。

表 2-1 不同精度等级的 P 类滚珠丝杠任意 300mm 的精度值

精度等级	P1	P2	P3	P4	P5	P7	P10
任意 300mm 精度/μm	6	8	1.2	1.6	2.3	5.2	21

② 丝杠导程 P_h。丝杠导程 P_h 可按式（2-1）计算：

$$P_h = \frac{v_{max}}{n_{max}} \tag{2-1}$$

式中，v_{max} 为运动件最高速度，mm/min；n_{max} 为丝杠最高转速，r/min。

③ 滚珠丝杠副的寿命计算。滚珠丝杠副的寿命主要是指疲劳寿命。寿命按式（2-2）计算：

$$L = (C_a / F_a f_w)^2 \times 10^6$$
$$L_t = L / 60n \tag{2-2}$$

式中，L 为疲劳寿命，r；C_a 为动载荷，N；F_a 为轴向载荷，N；L_t 为丝杠时间寿命，h，应保证总时间寿命 L_t 不小于 20000h，如果不能满足这一条件，而且轴向载荷已由工作要求所决定不能减小，则要选取较大直径的丝杠，以保证 L_t 不小于 20000h；n 为丝杠转速，r/min；f_w 为运行条件系数（无冲击时，f_w 取 1.0～1.2；一般运转条件时，f_w 取 1.2～1.5；有冲击振动时，f_w 取 1.5～3.0）。

丝杠的轴向载荷和转速可取轴向平均载荷 F_m 和平均转速 n_m，即

$$F_m = \frac{2F_{max} + F_{min}}{3}$$
$$n_m = \frac{2n_{max} + n_{min}}{3} \tag{2-3}$$

式中，F_{max}、F_{min} 为丝杠承受的最大、最小轴向载荷，N；n_{max}、n_{min} 为丝杠运行的最高、最低转速，r/min。

根据导程 P_h 及动载荷 C_a 在滚珠丝杠产品样本中初选滚珠丝杠螺母副型号，初选时要求滚珠丝杠的额定动载荷 $C_{am} \geqslant C_a$。

选择滚珠丝杠螺母副型号之后，可以从产品目录中获得滚珠直径、滚珠列数、丝杠名义直径、滚珠丝杠螺母副的相关结构参数、刚度等数据。根据滚珠丝杠螺母副的参数、扭矩、扭矩作用点之间的距离、材料参数、丝杠支承方式等数据，计算方向目标值、扭转角及临界转速等数据。

④ 方向目标值。滚珠丝杠精度中的导程误差对机床定位精度影响最明显。而滚珠丝杠在运转中温升导致的丝杠伸长，将直接影响机床的定位精度。通常需要把导程值预先设置成负值，这个负值是该滚珠丝杠的方向目标值。用户在订购滚珠丝杠时，必须提出滚珠丝杠的方向目标值。

滚珠丝杠温升引起的变形量 ΔL 为：

$$\Delta L = \alpha L \Delta t \tag{2-4}$$

式中，α 为滚珠丝杠线胀系数，$\alpha = 1.1 \times 10^{-5}$ ℃$^{-1}$；L 为滚珠丝杠长度，mm；Δt 为滚珠丝杠与床身之间的温差，一般取 2～3℃。

⑤ 滚珠丝杠的扭转刚度及扭转变形量。滚珠丝杠的扭转刚度：

$$K_{S2} = 9.8 \times \frac{\pi d_r^4 G}{32 L_2} \tag{2-5}$$

式中，L_2 为扭矩作用点之间的距离，cm，对加工中心的丝杠，是指从滚珠丝杠端部装联轴器处到螺母（螺母处于全行程中离联轴器最远处时）中央之间的距离；G 为剪切模量，MPa，一般取 $G = 8.1 \times 10^4$ MPa；d_r 为滚珠丝杠的底径，mm。

扭矩引起滚珠丝杠的扭转变形量按式（2-6）计算：

$$\theta=7.21\times10^{-2}\ \frac{TL_2}{d_r^4} \tag{2-6}$$

式中，θ 为扭转角，(°)；T 为扭矩，N·mm。

⑥ 滚珠丝杠副的临界转速 n_c。对于数控机床来说，滚珠丝杠的最高转速不超过临界转速就可以。临界转速一般以丝杠轴的转速与丝杠自身的自振频率是否接近来进行校核。如果很接近，会导致强迫共振，影响机床正常工作。

通过自振频率校核丝杠的临界转速为

$$n_c=\frac{60\lambda^2}{2\pi L_2^2}\sqrt{\frac{EIg}{\gamma A}} \tag{2-7}$$

式中，n_c 为临界转速，r/min；g 为重力加速度，mm/s^2；γ 为丝杠材料的密度，g/mm^3；A 为丝杠底径的截面积，mm^2，$A=\pi d_r^4$；E 为丝杠材料的弹性模量，MPa；I 为丝杠底径的惯性矩，mm^4，$I=\pi d_r/64$；L_2 为支承间距离，mm；λ 为与丝杠支承有关的系数，丝杠采用一端固定、一端自由的支承方式时 $\lambda=1.875$，丝杠采用一端固定、一端游动的支承方式时 $\lambda=3.972$，丝杠采用两端固定的支承方式时 $\lambda=4.730$。最高允许转速 $n_{max}\leqslant 0.8n_c$。如果不能满足此条件，则应增大 d_r，或减小 L_2。

2.3.4 传动齿轮间隙消除机构

数控机床进给系统中的减速齿轮除了本身要求很高的运动精度和工作平稳性以外，还需尽可能消除传动齿轮副间的传动间隙。否则，齿侧间隙会造成进给系统的每次反向运动滞后于指令信号，丢失指令脉冲并产生反向死区，对加工精度影响很大。因此，必须采取措施减小或消除齿轮传动间隙。

(1) 直齿圆柱齿轮传动间隙的调整

① 偏心套调整。如图 2-10 所示，电动机 1 通过偏心套 2 装到壳体上，通过转动偏心套就能够方便地调整两齿轮的中心距，从而消除齿侧间隙。

② 垫片调整。如图 2-11 所示，在加工相互啮合的两个齿轮 1、2 时，将分度圆柱面制成

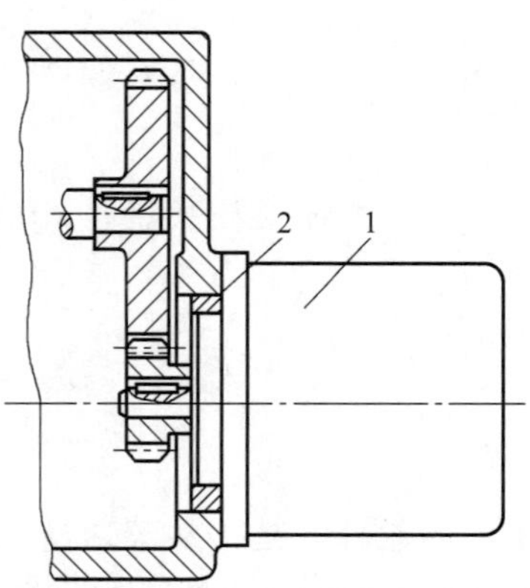

图 2-10 偏心套消除间隙

1—电动机；2—偏心套

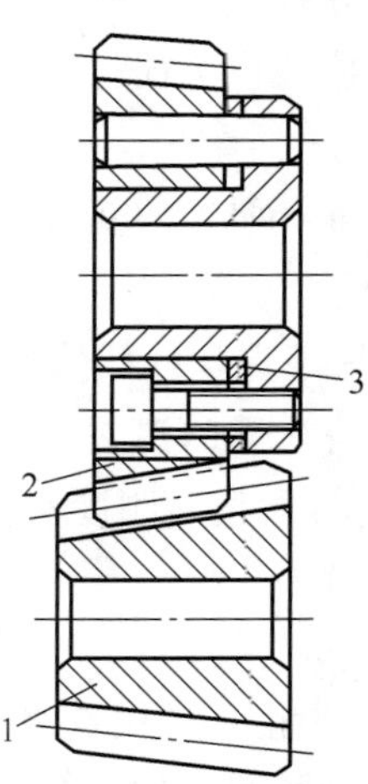

图 2-11 垫片调整消除间隙

1,2—齿轮；3—垫片

带有小锥度的圆锥面，使齿轮齿厚在轴向稍有变化，装配时只需改变垫片 3 的厚度，使齿轮 2 做轴向移动，调整两齿轮在轴向的相对位置即可消除齿侧间隙。

上述两种方法的特点是结构比较简单，传动刚度好，能传递较大的动力，但齿轮磨损后齿侧间隙不能自动补偿，因此加工时对齿轮的齿厚及齿距公差要求较严，否则传动灵活性将受到影响。

③ 双齿轮错齿调整。如图 2-12 所示，两个齿数相同的薄片齿轮 1、2 与另外一个宽齿轮啮合。薄片齿轮 1、2 的槽内分别装有用于挂弹簧的凸耳 4 和 8，由于弹簧 3 的作用使薄片齿轮 1、2 错位，分别与宽齿轮的齿槽左右侧贴紧，消除齿侧间隙。无论正向或反向旋转，两个转向上都分别只有一个薄片齿轮承受转矩，因此承载能力受到限制，设计时需计算弹簧 3 的拉力，使它能克服最大转矩。这种调整方法结构较复杂，传动刚度低，不宜传递大转矩，对齿轮的齿厚和齿距要求较低，可始终保持齿轮啮合无间隙，尤其适用于检测装置。

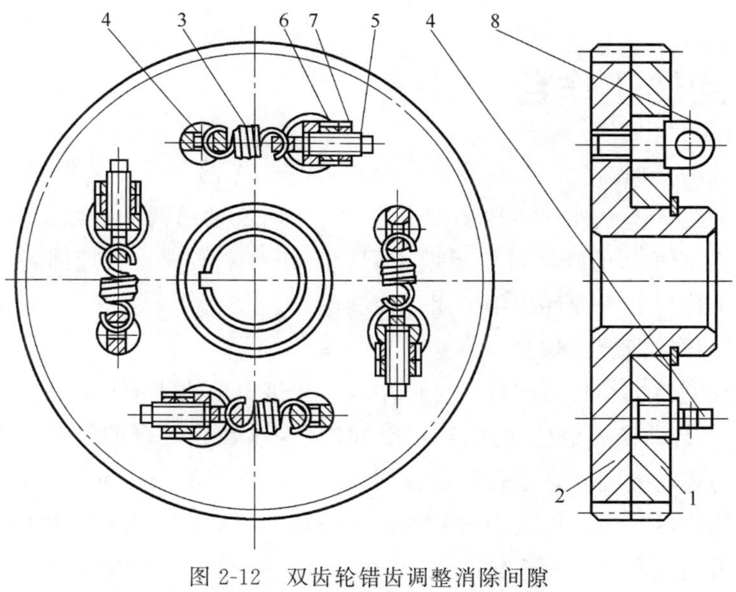

图 2-12　双齿轮错齿调整消除间隙

1,2—薄片齿轮；3—弹簧；4,8—凸耳；5—调节螺钉；6,7—螺母

(2) 斜齿圆柱齿轮传动间隙的消除

① 垫片调整。如图 2-13 所示，宽齿轮 4 同时与两个相同齿数的薄片斜齿轮 1 和 2 啮合，薄片斜齿轮经平键与轴相连，互相间无相对回转。薄片斜齿轮 1 和 2 间加厚度为 t' 的垫片，用螺母拧紧，使两薄片斜齿轮 1 和 2 的螺旋线产生错位，前后两齿面分别与宽齿轮 4 的齿面贴紧以消除间隙。

② 轴向压簧调整。如图 2-14 所示，薄片斜齿轮 1 和 2 用键滑套在轴上，互相间无相对转动。薄片斜齿轮 1 和 2 同时与宽齿轮 5 啮合，螺母 3 调节弹簧 4 使薄片斜齿轮 1 和 2 的齿侧分别贴紧宽齿轮 5 的齿槽左右两侧，从而消除间隙。弹簧压力大小的调整应适当，压力过小起不到消隙的作用，压力过大会使齿轮磨损加快，缩短使用寿命。齿轮内孔应有较长的导向长度，因而轴向尺寸较大，结构不紧凑，优点是可以自动补偿间隙。

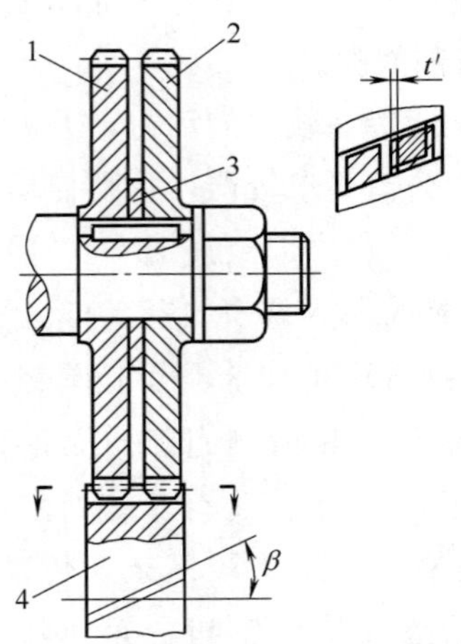

图 2-13　垫片调整消除斜齿轮间隙

1,2—薄片斜齿轮；3—垫片；4—宽齿轮

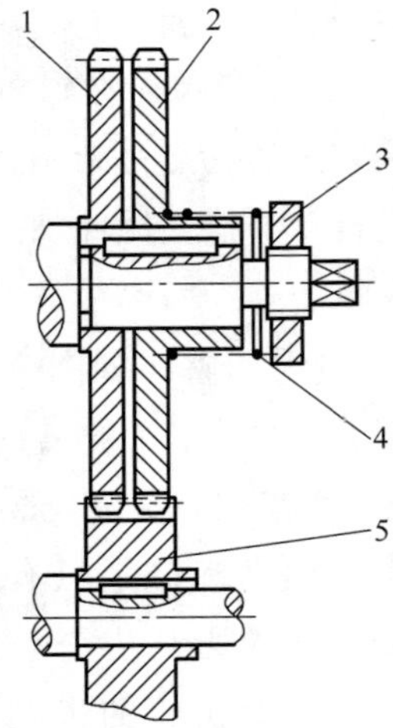

图 2-14　轴向压簧调整消除斜齿轮间隙

1,2—薄片斜齿轮；3—螺母；4—弹簧；5—宽齿轮

2.4　数控回转工作台

为扩大工艺范围、提高生产效率及适应某些零件加工的需要，数控机床除了沿 X、Y、Z 三个坐标轴的直线运动之外，往往还带有绕 X、Y、Z 轴的圆周进给运动（分别称为 A、B、C 轴）。通常数控机床的圆周进给运动由回转工作台来实现，数控回转工作台又称数控转台。数控回转工作台分为开环控制和闭环控制两种。

(1) 开环控制数控回转工作台

开环控制数控回转工作台（转台）可以用功率步进电动机来驱动。

图 2-15 所示为自动换刀数控立式镗铣床的开环控制数控转台的结构。步进电动机 3 的输出轴上齿轮 2 与齿轮 6 啮合，啮合间隙由调整偏心环 1 来消除。齿轮 6 与蜗杆 4 用花键连接，花键连接间隙应尽量小，以减小对分度精度的影响。蜗杆 4 为双导程蜗杆，可以用轴向移动蜗杆的办法来消除蜗杆 4 和蜗轮 15 的啮合间隙。调整时，只要将调整环 7 的厚度尺寸改变，便可使蜗杆沿轴向移动。

蜗杆 4 的两端装有滚针轴承，左端为自由端，可以伸缩，右端装有两个角接触球轴承，承受蜗杆的轴向力。蜗轮 15 下部的内、外两面装有夹紧瓦 18 和 19，数控回转工作台底座 21 上的固定支座 24 内均布 6 个液压缸 14。液压缸 14 上端进液压油时，柱塞 16 下行，通过钢球 17 推动夹紧瓦 18 和 19 将蜗轮夹紧，从而将数控转台夹紧，实现精确分度定位。当数控转台进行圆周进给运动时，控制系统首先发出指令，使液压缸 14 上腔的油液流回油箱，在弹簧 20 的作用下把钢球 17 抬起，夹紧瓦 18 和 19 就松开蜗轮 15，柱塞 16 到上位发出信号，功率步进电动机启动并按指令脉冲的要求，驱动数控转台实现圆周进给运动。当转台做圆周分度运动时，先分度回转再夹紧蜗轮，以保证定位的可靠性，并提高数控转台承受负载的能力。

数控转台设有零点，当它做回零控制时，先快速回转运动至挡块 11 压合微动开关 10，发出“快速回转”变为“慢速回转”的信号；再由挡块 9 压合微动开关 8，发出从“慢速回

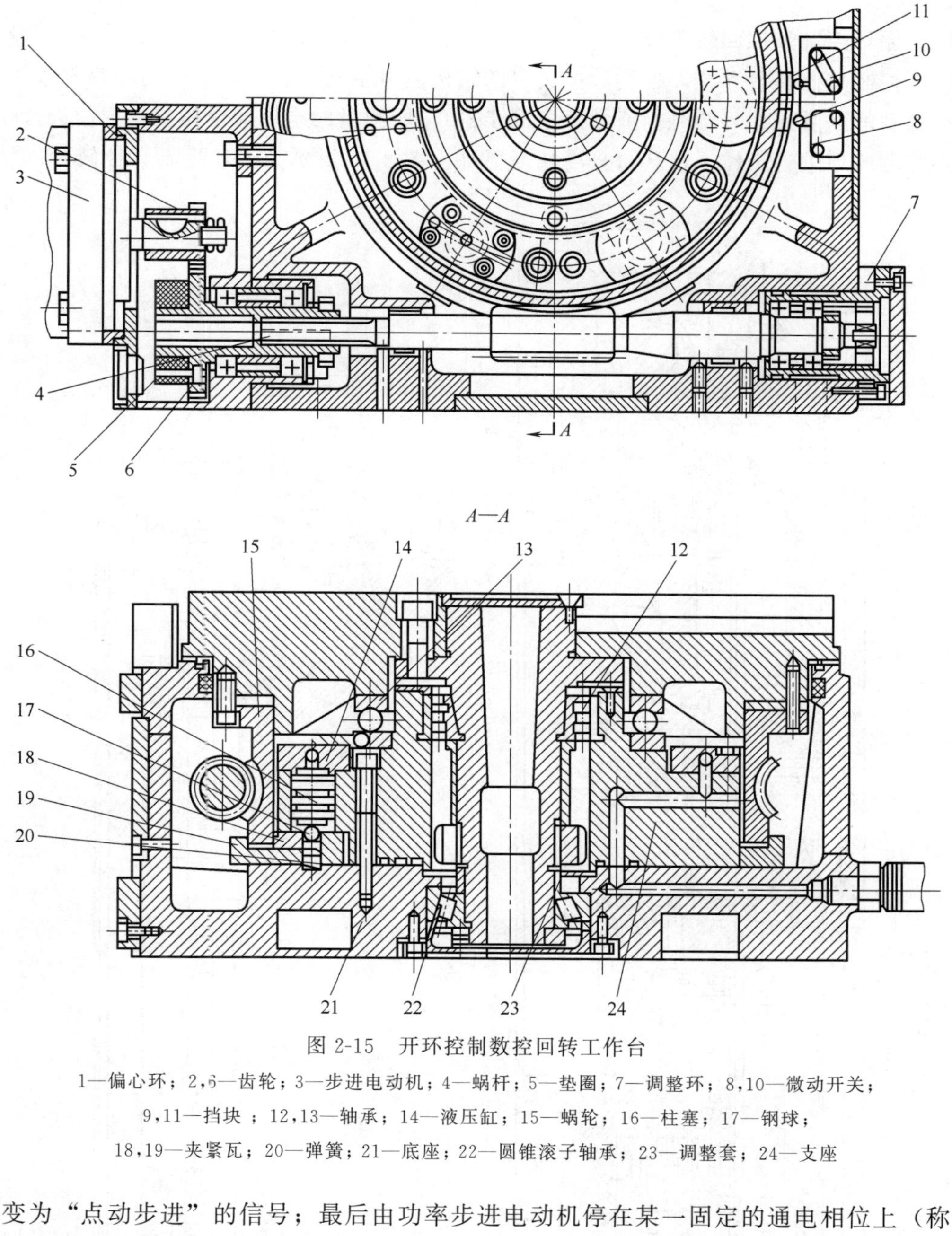

图 2-15　开环控制数控回转工作台

1—偏心环；2,6—齿轮；3—步进电动机；4—蜗杆；5—垫圈；7—调整环；8,10—微动开关；9,11—挡块；12,13—轴承；14—液压缸；15—蜗轮；16—柱塞；17—钢球；18,19—夹紧瓦；20—弹簧；21—底座；22—圆锥滚子轴承；23—调整套；24—支座

转”变为“点动步进”的信号；最后由功率步进电动机停在某一固定的通电相位上（称为锁相），从而使转台准确地停在零点位置上。

数控转台的圆形导轨采用大型推力球轴承 13，回转灵活。径向导轨由圆柱滚子轴承 12 及圆锥滚子轴承 22 保证回转精度和定心精度。调整轴承 12 预紧力，可以消除回转轴的径向间隙。调整轴承 22 的调整套 23 的厚度，可以使圆锥滚子轴承上有适当的预紧力，保证导轨有一定的接触刚度。这种数控转台可以做成标准部件，回转轴可以水平安装也可以垂直安装，以适应不同工件的加工要求。

数控转台脉冲当量是每个指令脉冲对应的工作台所回转的角度，现有的数控转台的脉冲当量一般在 0.001 (°)/脉冲～2 (′)/脉冲之间，使用时根据加工精度要求和数控转台直径大小来选定。

(2) 闭环控制数控回转工作台

闭环控制数控转台和开环控制数控转台的结构基本相同，其区别在于闭环控制数控转台有转动角度的测量元件（圆光栅或圆感应同步器），所测量的结果经反馈与指令值进行比较，按闭环控制原理进行工作，使转台分度精度更高。图 2-16 所示为闭环控制数控转台的结构。

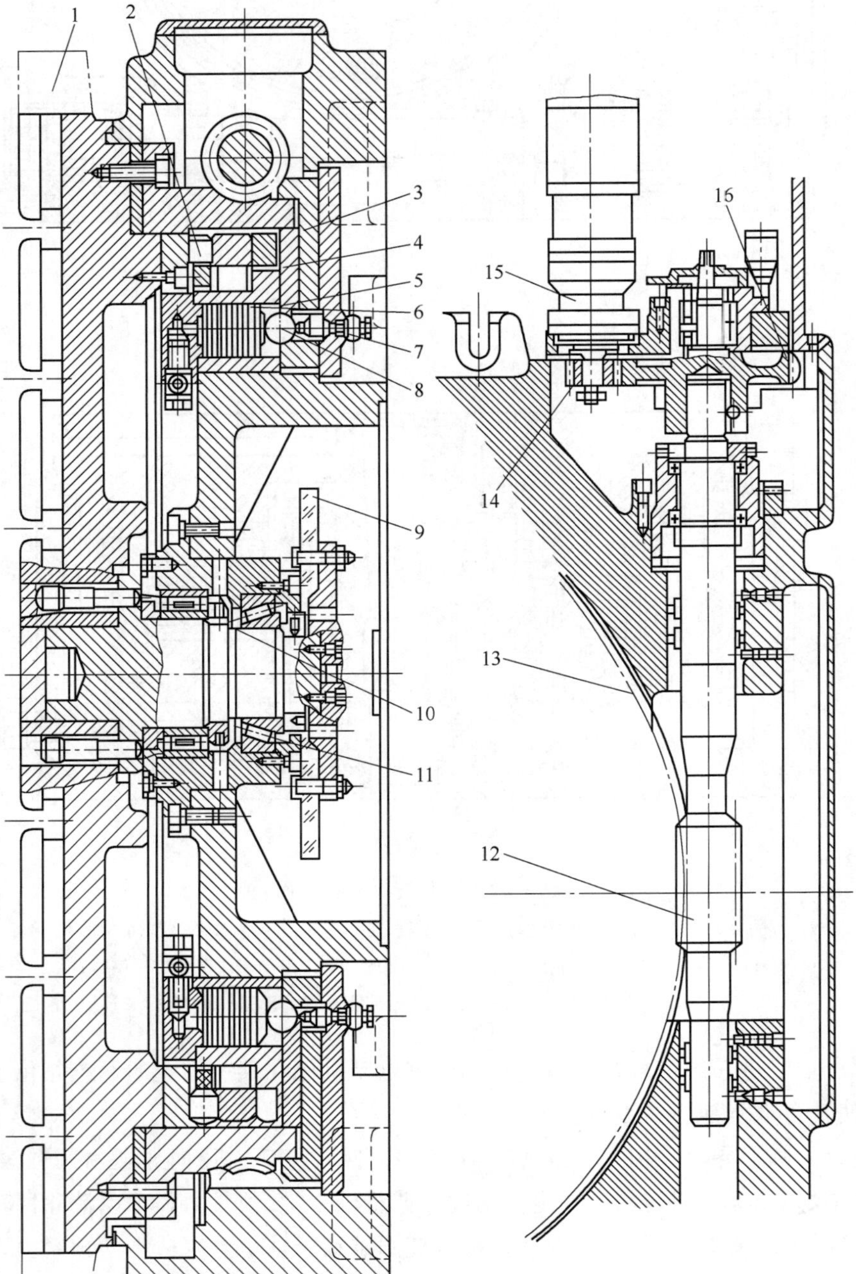

图 2-16 闭环控制数控回转工作台

1—工作台；2—镶钢滚柱导轨；3,4—夹紧瓦；5—液压缸；6—弹簧；7—活塞；8—钢球；9—圆光栅；10,11—轴承；12—蜗杆；13—蜗轮；14,16—齿轮；15—直流伺服电动机

直流伺服电动机 15 通过减速齿轮 14、16 及蜗杆 12、蜗轮 13 带动工作台 1 回转，工作台的转角位置用圆光栅 9 测量。将测量结果与数控装置发出的指令信号进行比较，若有偏差，经放大后控制伺服电动机朝消除偏差的方向转动，使工作台精确运转或定位。当工作台静止时，必须处于锁紧状态。台面的锁紧用均布的八个小液压缸 5 来完成。当控制系统发出锁紧指令时，液压缸上腔进液压油，活塞 7 下移，通过钢球 8 推开夹紧瓦 3 及 4，从而把蜗轮 13 夹紧。当工作台回转时，控制系统发出指令，液压缸 5 上腔的液压油流回油箱，在弹簧 6 的作用下，钢球 8 抬起，夹紧瓦松开，不再夹紧蜗轮 13。然后按数控系统的指令，由直流伺服电动机 15，通过传动装置实现工作台的分度转位、定位、夹紧或连续回转运动。

数控转台的中心回转轴采用圆锥滚子轴承 11 及双列圆柱滚子轴承 10，并预紧消除其径向和轴向间隙，以提高工作台的刚度和回转精度。工作台支承在镶钢滚柱导轨 2 上，运动平稳且耐磨。

2.5　数控机床导轨

导轨的功能是导向和支承，即保证运动部件在外力作用下准确地沿预定方向运动。在导轨副中，与运动部件连成一体的运动一方叫作动导轨，与支承件连成一体的固定不动的一方为支承导轨，动导轨相对于支承导轨通常做只有一个自由度的直线运动或回转运动。

(1) 导轨的基本类型

导轨按运动轨迹可分为直线运动导轨和圆周运动导轨；按摩擦性质可分为滑动导轨和滚动导轨。其中滑动导轨又分为普通滑动导轨、液体动压导轨、液体静压导轨。滚动导轨按滚动体的形状可分为滚珠导轨和滚柱导轨。滚动导轨在进给运动中使用较多。

(2) 对导轨的基本要求

① 导向精度。导向精度是指运动部件沿导轨运动轨迹的直线度（对直线运动导轨）或圆度（对圆周运动导轨）。影响导向精度的主要因素有：导轨的几何精度、导轨的接触精度及导轨的结构形式、导轨和基础件的结构刚度和热变形、动压导轨和静压导轨的油膜刚度，以及导轨的装配质量等。

② 耐磨性。导轨的不均匀磨损会破坏导轨的导向精度，进而影响机床的加工精度。影响导轨耐磨性的主要因素有：导轨的材料、导轨面的摩擦性质、导轨受力情况及两导轨相对运动精度。

③ 刚度。导轨受力变形会影响部件之间的相对位置和导向精度，因此导轨的刚度是机床工作质量的重要指标。导轨变形包括导轨受力后的接触变形、扭转变形、弯曲变形，以及由导轨支承件的变形引起的导轨变形。导轨变形主要的影响因素有：导轨的形式、尺寸及与支承件的连接方式与受力情况等。

④ 低速运动平稳性。运动部件低速移动时易产生爬行现象。进给运动时出现爬行，会使工艺系统产生振动，增大被加工表面的粗糙度；定位运动时出现爬行，会降低定位精度，故要求导轨低速运动平稳。影响导轨低速运动平稳性的因素有：静、动摩擦系数的差值，传动系统的刚度，运动部件的质量及导轨的结构和润滑状况等。

(3) 滑动导轨

滑动导轨是基本导轨，由于其结构简单，工艺性好，便于保证精度、刚度，故被广泛应用于对低速均匀性及定位精度要求不高的机床中。

① 直线滑动导轨。

a. 直线滑动导轨的截面形状。直线滑动导轨面一般由若干个平面组成，为了便于制造、装配和检验，平面的数量应尽可能少。直线滑动导轨的基本截面形状如图 2-17 所示。

• 矩形导轨。矩形导轨制造简单，刚度和承载能力大，水平方向和竖直方向上的位移互不影响，因此安装和调整都比较方便。M 面既是保证垂直面内直线移动精度的导向面，又是承受载荷的主要支承面；N 面是保证水平面内直线移动精度的导向面。因 N 面磨损后不能自动补偿间隙，所以需要有间隙调整装置。

• 三角形导轨。山形导轨及 V 形导轨均称为三角形导轨，当其水平布置时，在竖直载荷作用下，导轨磨损后能自动补偿，不会产生间隙，因此导向性好，但压板面仍需要有间隙调整装置。其导向性能与顶角有关，顶角 α 越小，导向性越好；α 增大，承载能力增强。支承导轨为凸三角形时，不易积存较大切屑，也不易积存润滑油。

• 燕尾形导轨。燕尾形导轨可视为三角形导轨的变形，磨损后不能自动补偿间隙，需用镶条调整。两燕尾面起压板面作用，用一根镶条就可调整水平、竖直方向的间隙。这种导轨制造、检验和修理都比较复杂，摩擦阻力大。当承受竖直作用力时，它以支承平面为主要工作面，其刚度与矩形导轨相近；当承受倾覆力矩时，其斜面为主要工作面，其刚度较低。燕尾形导轨一般用于高度小的多层移动部件，两个导轨面间的夹角 $\beta=55°$。

• 圆柱形导轨。圆柱形导轨制造简单，内孔可以珩磨，外圆经过磨削可达到精密配合，但磨损后调整间隙困难。为了防止转动，可以在圆柱面上开键槽或加工出平面，但不能承受大的转矩。圆柱形导轨主要用于受轴向载荷的场合，适用于同时做直线运动和转动的场合，如拉床、珩磨机及机械手等。

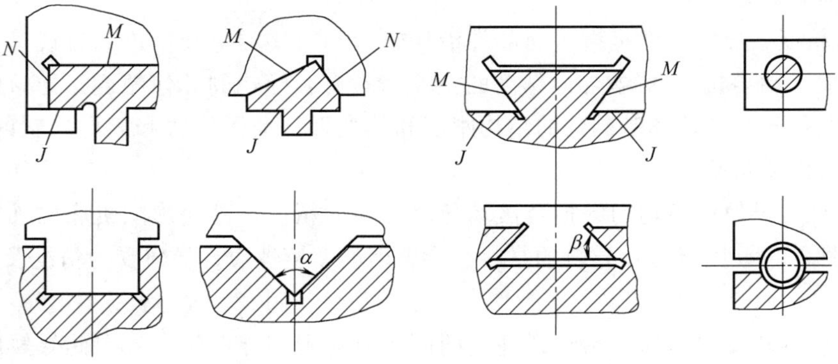

(a) 矩形　(b) 三角形　(c) 燕尾形　(d) 圆柱形

图 2-17　直线滑动导轨的截面形状

b. 直线滑动导轨的组合形式。机床一般都采用两条导轨来承受载荷和进行导向。重型机床根据其受载荷情况，可用 3 条或 4 条导轨。如图 2-18 所示为常用的导轨组合形式。

• 双三角形组合。如图 2-18（a）所示，这种导轨同时起支承、导向作用，磨损后相对位置不变，能自行补偿竖直方向和水平方向的磨损，导向精度高。但要求四个表面刮削或磨削后接触，工艺性较差，床身与运动部件热变形不一样时，不易保证四个表面同时接触。这种导轨常用于龙门刨床与高精度机床。

• V 形-平导轨组合。如图 2-18（b）所示，这种导轨不需要用镶条调整间隙，导向精度高，加工装配也比较方便，温度变化不会改变导轨面的接触情况，但热变形会使移动部件水平偏移，常用于磨床、精密镗床。

• 双矩形组合。如图 2-18（c）所示，这种导轨主要承受与主支承面相垂直的作用力。此外，侧导向面要用镶条调整间隙，接触刚度低，承载能力大，导向性差。其制造简单、调整简单，常用于普通精度机床，如升降台铣床、龙门铣床等。

• 三角形-矩形组合。如图 2-18（d）所示，这种导轨兼有导向性好、制造方便等优点，应用最为广泛，常用于车床、磨床、精密镗床、滚齿机等机床。三角形导轨作主要导向面，其导向性比双矩形导轨好。缺点是三角形导轨磨损后不能调整，对位置精度有影响。

• 平-平-三角形组合。如图 2-18（e）所示，当龙门铣床工作台宽度大于 3000mm、龙门刨床工作台宽度大于 5000mm 时，为了不使工作台中间挠度过大，可用三根导轨的组合导轨。三角形导轨主要起导向作用，平导轨主要起承载作用，不需要用镶条调整间隙。

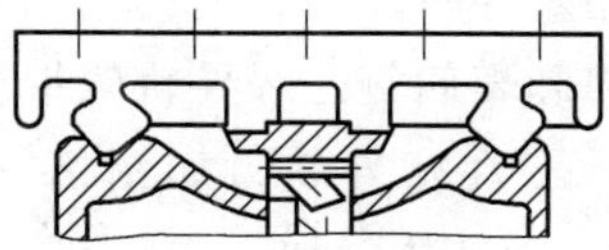

(a) 双三角形组合

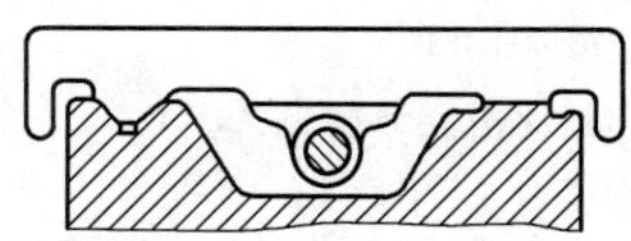

(b) V形-平导轨组合

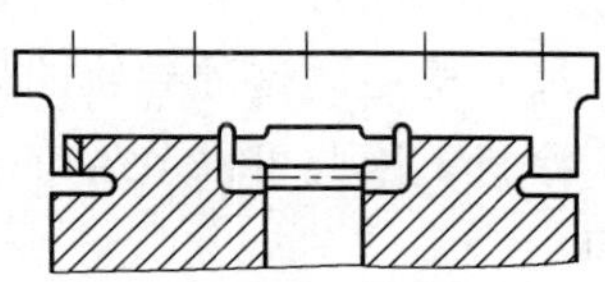

(c) 双矩形组合

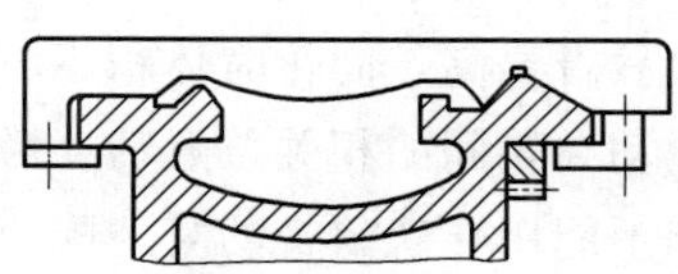

(d) 三角形-矩形组合

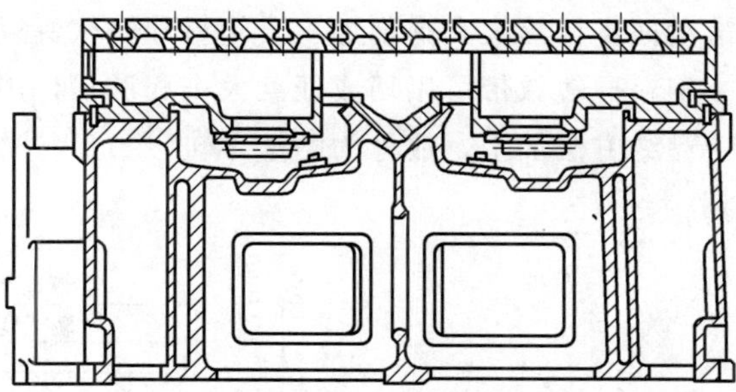

(e) 平-平-三角形组合

图 2-18　导轨的组合

② 圆周滑动导轨。这种导轨主要用于圆形工作台、转盘和转塔等旋转运动部件，常用的圆周滑动导轨有平面圆环导轨、锥形圆环导轨和 V 形圆环导轨。

a. 平面圆环导轨。如图 2-19（a）所示，这种导轨容易制造，热变形后仍能接触，适用于大直径的工作台或转盘，便于镶装耐磨材料及采用动压、静压导轨，减少摩擦。但它只能承受轴向力，不能单独承受径向力，需要与带径向滚动轴承的主轴相配合来承受径向力。此种导轨摩擦损失小，精度高，目前使用较多，如用于滚齿机、立式车床等。

b. 锥形圆环导轨。如图 2-19（b）所示，这种导轨能承受轴向力与较大的径向力，但不能承受较大的倾覆力矩，热变形也不影响导轨接触，其导向性比平面圆环导轨好。但要保持

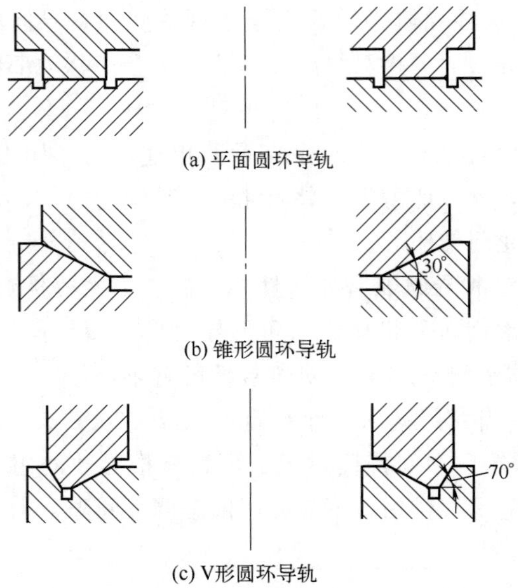

图 2-19 圆周滑动导轨截面

锥面和主轴的同轴度较难，母线倾斜角一般为30°，常用于径向力较大的机床。

c. V 形圆环导轨。如图 2-19（c）所示，这种导轨能承受较大的轴向力、径向力和倾覆力矩，能保持良好的润滑，但制造较复杂，需保证两个 V 形锥面和主轴同心。V 形一般用于非对称形状。当床身的热变形量和工作台热变形量不同时，两导轨面将不同时接触。

③ 塑料滑动导轨。塑料滑动导轨常用在导轨副的运动导轨上，与之相配的金属导轨采用铸铁或钢质材料，构成铸铁-塑料滑动导轨和钢-塑料滑动导轨。塑料滑动导轨分为注塑导轨和贴塑导轨，导轨上的塑料常用环氧树脂耐磨涂料和聚四氟乙烯导轨软带。

a. 注塑导轨。如图 2-20 所示，导轨注塑的材料或耐磨涂料的材料是以环氧树脂和二硫化钼为基体，加入增塑剂，混合成膏状为一组分，固化剂为另一组分的双组分塑料。这种塑料附着力强，具有良好的可加工性，可经车削、铣削、刨削、钻削、磨削和刮削加工，也有良好的摩擦特性和耐磨性，而且其抗压强度比聚四氟乙烯导轨软带要高，固化时体积不收缩，尺寸稳定。这种导轨的另一特性是可在调整好固定导轨和运动导轨间的相关位置精度后注入涂料，因此可以节省许多加工工时，特别适用于重型机床和不能用导轨软带的复杂配合型面。

b. 贴塑导轨。如图 2-21 所示，这种导轨是在导轨滑动面上贴一层耐磨的塑料导轨软带，对与之相配的导轨滑动面进行淬火和磨削加工。塑料导轨软带以聚四氟乙烯为基材，添加合金粉和氧化物制成。塑料导轨软带可以切成任意大小和形状，用胶黏剂黏结在导轨基面上。由于这类导轨软带用黏结方法加工，故称为贴塑导轨。

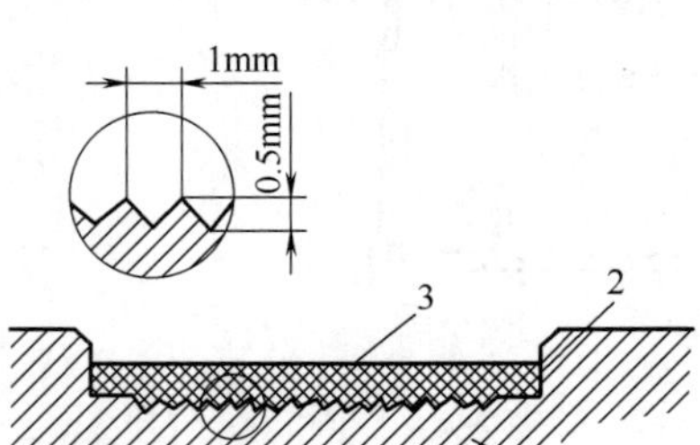

图 2-20 注塑导轨

1—滑座；2—胶条；3—注塑层

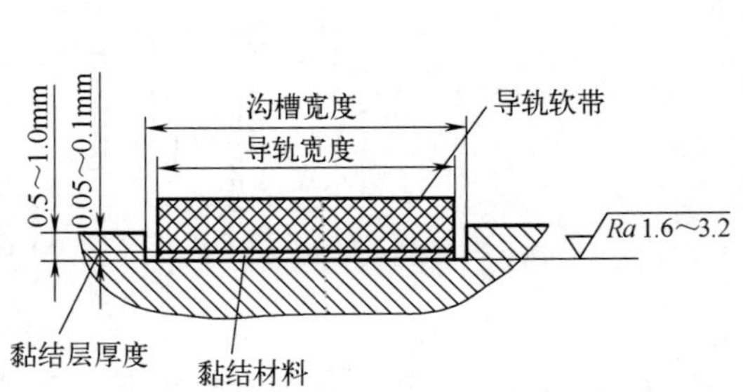

图 2-21 贴塑导轨

(4) 滚动导轨

在两导轨面之间放置滚珠、滚柱或滚针等滚动体，使导轨面之间的摩擦具有滚动摩擦性质，这种导轨称为滚动导轨。与普通滑动导轨相比，滚动导轨具有以下特点：

① 运动灵敏度高。滚动导轨的摩擦系数为 0.0025～0.005，远小于滑动导轨的摩擦系数（静摩擦系数为 0.2～0.4，动摩擦系数为 0.1～0.2）。不论做高速运动还是低速运动，滚动

导轨的摩擦系数基本上不变，故滚动导轨在低速移动时，一般没有爬行现象。

② 定位精度高。一般滚动导轨的重复定位误差为 0.1～0.2μm。普通滑动导轨一般为 10～20μm，在采用防爬行措施（如液压卸荷）后可达 2～5μm。

③ 牵引力小，移动轻便。

④ 磨损小，精度保持性好。

⑤ 润滑系统简单，维修方便。

滚动导轨的缺点是抗振性较差，对防护要求高。由于滚动体与导轨间无油膜存在，滚动体与导轨是点接触或线接触，接触应力较大，故一般滚动体和导轨需用淬火钢制成。另外，滚动体直径的不一致或导轨面不平，都会使运动部件倾斜或高度发生变化，影响导向精度，因此对滚动体的精度和导轨平面度的要求高。与普通滑动导轨相比，滚动导轨的结构复杂，制造困难，成本较高。目前，滚动导轨用于实现微量进给和精密定位，常用于对运动灵敏度要求高的数控机床。

根据滚动体形式不同，滚动导轨可分为滚珠导轨、滚柱或滚针导轨等类型。

① 滚珠导轨。如图 2-22 所示，这种导轨的结构特点为滚珠与导轨之间点接触，摩擦阻力小，承载能力较差，刚度低，其结构紧凑、制造容易、成本较低。通过合理设计滚道圆弧可以大幅度降低接触应力，提高承载能力。滚珠导轨一般适用于运动部件质量小于 200kg、切削力矩和倾覆力矩较小的机床。

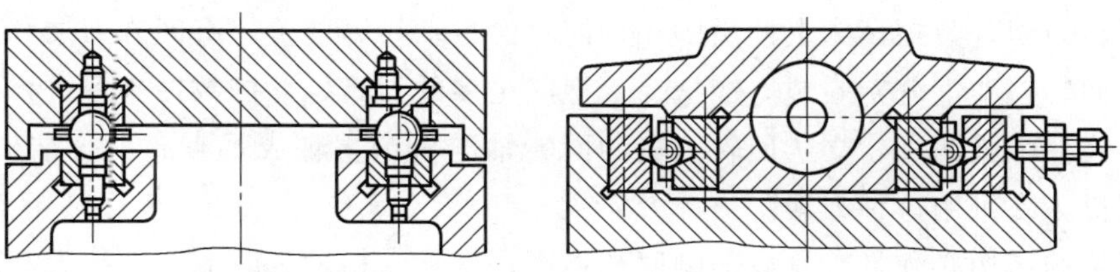

(a)　　(b)

图 2-22　滚珠导轨

② 滚柱导轨。如图 2-23 所示，这种导轨的结构特点为滚动体与导轨之间是线接触，承载能力较同规格滚珠导轨高一个数量级，刚度高。滚柱导轨对导轨面的平面度敏感，制造精度要求比滚珠导轨高，适用于载荷较大的机床。

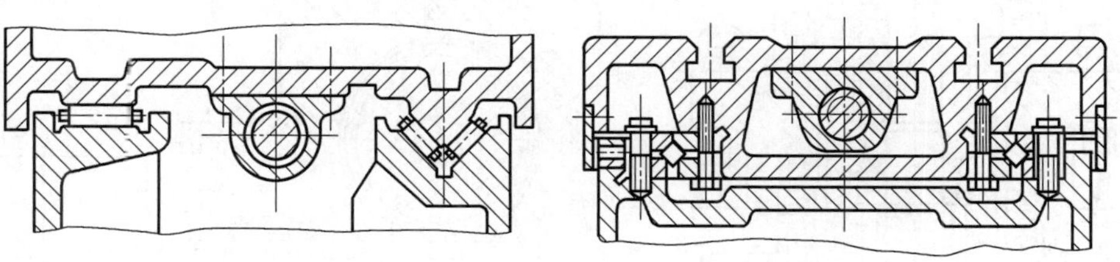

(a)　　(b)

图 2-23　滚柱导轨

2.6　数控机床换刀装置

为了能在工件一次装夹中完成多道加工工序，缩短辅助时间，减少多次安装工件引起的误差，数控机床必须带有自动换刀装置。自动换刀装置应当满足换刀时间短、刀具重复定位精度高、刀具存储量足够、刀库占地面积小、换刀过程安全可靠等基本要求。

2.6.1 换刀装置类型与应用

数控机床自动换刀装置的主要类型、特点及适用范围如表 2-2 所示。

表 2-2 自动换刀装置的主要类型、特点及适用范围

<table>
<tr><th colspan="2">类型</th><th>特点</th><th>适用范围</th></tr>
<tr><td rowspan="2">转塔刀架</td><td>回转刀架</td><td>多为顺序换刀,换刀时间短、结构简单紧凑、容纳刀具较少</td><td>各种数控车床、车削加工中心</td></tr>
<tr><td>转塔头</td><td>顺序换刀,换刀时间短,刀具主轴都集中在转塔头上,结构紧凑。但刚性较差,刀具主轴数受限制</td><td>数控钻、镗、铣床</td></tr>
<tr><td rowspan="2">刀库式</td><td>刀具与主轴之间直接换刀</td><td>换刀运动集中,运动部件少,但刀库容量受限</td><td rowspan="2">各种类型的自动换刀数控机床,尤其是使用回转类刀具的数控镗、铣床及立式、卧式加工中心机床
要根据工艺范围和机床特点,确定刀库容量和自动换刀装置类型</td></tr>
<tr><td>用机械手配合刀库进行换刀</td><td>刀库只有选刀运动,机械手进行换刀运动,刀库容量大</td></tr>
</table>

(1) 自动回转刀架

自动回转刀架是数控车床上使用的一种简单的自动换刀装置，有四方刀架和六角刀架等多种形式，回转刀架上分别安装有四把、六把或更多的刀具，并按数控指令进行换刀。回转刀架又有立式和卧式两种，立式回转刀架的回转轴与机床主轴成垂直布置，结构比较简单，经济型数控机床多采用这种刀架。

回转刀架的结构必须具有良好的刚度和强度，以承受粗加工时的切削抗力和减少刀架在切削力作用下的变形，提高加工精度。回转刀架还要选择可靠的定位方案和合理的定位结构，以保证回转刀架在每次转位后具有较高的重复定位精度（一般为 0.001～0.005mm）。图 2-24 为螺旋升降式四方刀架，它的换刀过程如下：

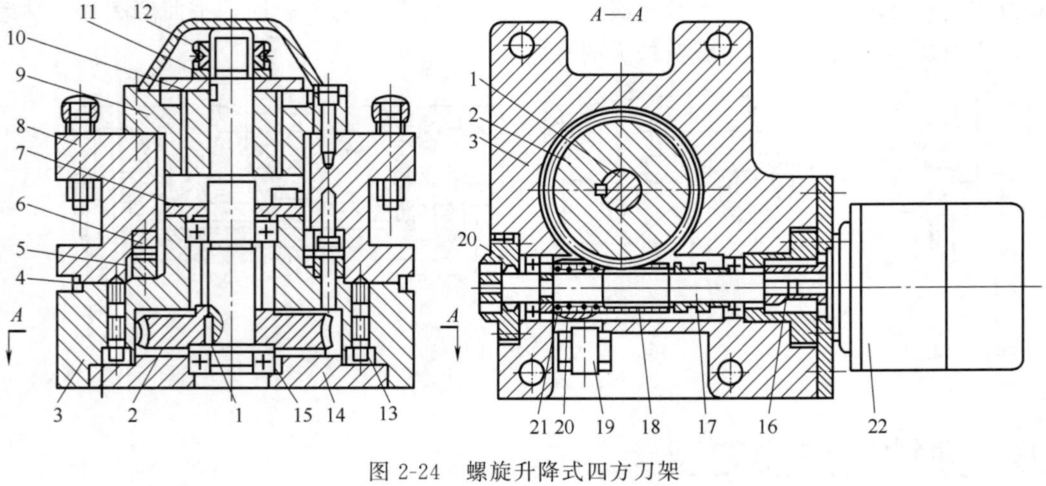

图 2-24 螺旋升降式四方刀架

1,17—轴；2—蜗轮；3—刀；4—密封圈；5,6—齿盘；7—压盖；8—刀架；9,20—套筒；10—轴套；11—垫圈；12—螺母；13—销；14—底盘；15—轴承；16—联轴套；18—蜗杆；19—微动开关；21—压缩弹簧；22—电机

① 刀架抬起。当数控装置发出换刀指令后，电机 22 正转，并经联轴套 16、轴 17，由花键带动蜗杆 18、蜗轮 2、轴 1、轴套 10 转动。轴套 10 的外圆上有两处凸起，可在套筒 9 内孔中的螺旋槽内滑动，从而抬起与套筒 9 相连的刀架 8 及上端齿盘 6，使 6 与下端齿盘 5 分开，完成刀架抬起动作。

② 刀架转位。刀架抬起后，轴套 10 仍在继续转动，同时带动刀架 8 转过 90°、180°、270°、360°，并由微动开关 19 发出信号给数控装置。具体转过的角度由数控装置的控制信号确定，刀架上的刀具位置一般采用编码盘来确定。

③ 刀架压紧。刀架转位后，由微动开关发出的信号使电机 22 反转，销 13 使刀架 8 定位而不随轴套 10 回转，于是刀架 8 向下移动，上下端齿盘 5、6 合拢压紧。蜗杆 18 继续转动则产生轴向位移，压缩弹簧 21、套筒 20 的外圆曲面压下微动开关 19，使电机 22 停止旋转，从而完成一次转位。

(2) 转塔头式换刀装置

带有旋转刀具的数控机床常采用转塔头式换刀装置，如数控钻镗床的多轴转塔头等。转塔头上装有几个主轴，每个主轴上均装有一把刀具，加工过程中转塔头可自动转位实现自动换刀。主轴转塔头就相当于一个转塔刀库，其优点是结构简单，换刀时间短，仅为 2s 左右。由于空间位置的限制，主轴数目不能太多，主轴部件结构不能设计得十分坚实，影响了主轴系统的刚度，通常只适用于工序较少、精度要求不高的机床，如数控钻床、数控铣床等。近年来出现了一种用机械手和转塔头配合刀库进行换刀的自动换刀装置，如图 2-25 所示，它实际上是转塔头换刀装置和刀库式换刀装置的结合。工作原理如下：

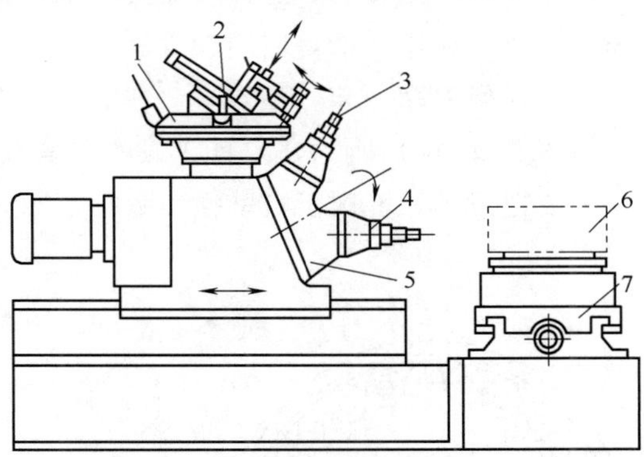

图 2-25　机械手和转塔头配合刀库换刀的自动换刀装置

1—刀库；2—机械手；3,5—刀具主轴；4—转塔头；6—工件；7—工作台

转塔头 4 上有两个刀具主轴 3 和 5，当用刀具主轴 5 上的刀具进行加工时，可由机械手 2 将下一步需用的刀具换至不工作的刀具主轴 3 上，待本工序完成后，转塔头回转 180°，完成换刀。因其换刀时间大部分和加工时间重合，真正换刀时间为转塔头转位时间。这种换刀方式主要用于数控钻床和数控镗铣床。

(3) 带刀库的自动换刀系统

由于回转刀架、转塔头式换刀装置容纳的刀具数量不能太多，不能满足复杂零件的加工需要，因此，自动换刀数控机床多采用带刀库的自动换刀装置（系统）。带刀库的自动换刀装置由刀库和换刀机构组成，换刀过程较为复杂。首先要把加工过程中使用的全部刀具分别安装在标准刀柄上，在机外进行尺寸预调整后，按一定方式放入刀库。换刀时，先在刀库中选刀，再由换刀机构从刀库或主轴上取出刀具进行交换，将新刀装入主轴，旧刀放回刀库。刀库具有较大的容量，可安装在主轴箱的侧面或上方。由于带刀库的自动换刀装置的数控机床的主轴箱内只有一根主轴，主轴部件的刚度要高，以满足精密加工要求。

另外，刀库内刀具数量较大，因此能够完成复杂零件的多工序加工，大大提高了机床适应性和加工效率。带刀库的自动换刀系统适用于数控钻削中心和加工中心等。

2.6.2 刀库的类型

刀库是自动换刀装置中的主要部件之一，其容量及具体结构对数控机床的设计有很大影响。根据刀库所需要的容量、选刀及取刀方式，可以将刀库设计成多种形式。

(1) 圆盘式刀库

如图 2-26（a）所示，圆盘式刀库是最常用的一种形式，每一刀座可存放一把刀具。圆盘式刀库的储存量一般为 15～40 把。

(2) 链式刀库

如图 2-26（b）、（c）所示，这种刀库的结构是在环形链条上装有很多刀座，其结构有较大的灵活性，存放刀具的数量也较多，选刀和取刀动作十分简单。当链条较长时，可以增加支承链轮的数目，使链条折叠回绕，提高空间利用率。一般刀具数量为 30～120 把。

(3) 箱型刀库

如图 2-26（d）所示，其结构是纵横排列得十分整齐的很多格子，每个格子中均有一个刀座，可储存一把刀具。这种刀库可单独安置于机床外，由机械手进行选刀及换刀。这种刀库选刀及取刀动作复杂，应用较少。

(4) 线型刀库

如图 2-26（e）所示，刀具在刀库中呈直线排列，结构简单，刀库容量小，一般可以容纳 8～12 把刀具，多用于自动换刀数控车床。

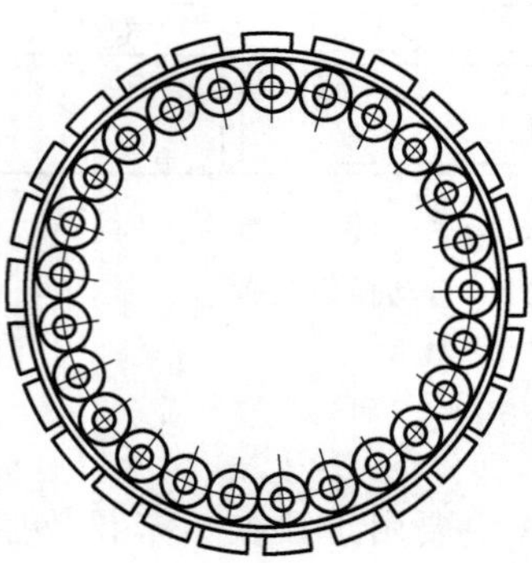

(a) 圆盘式刀库

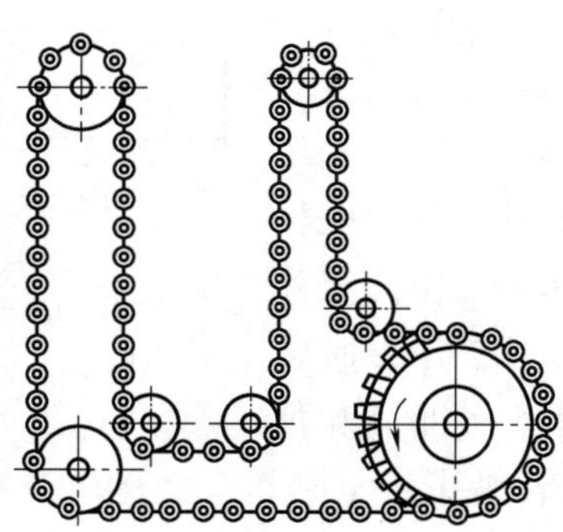

(b) 单环链式刀库

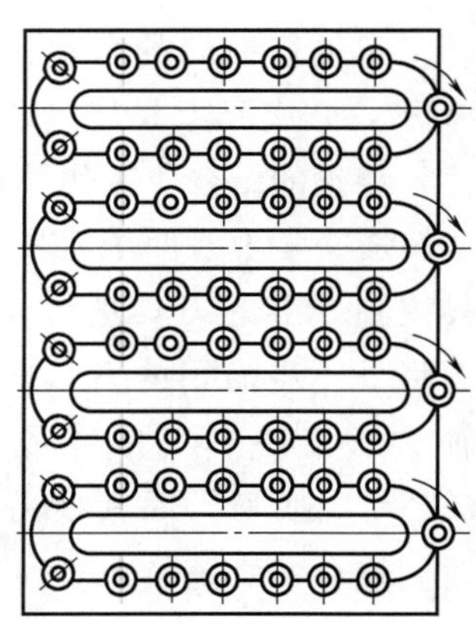

(c) 多环链式刀库

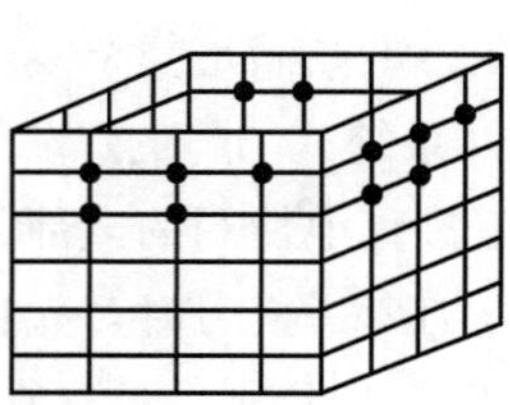

(d) 箱型刀库

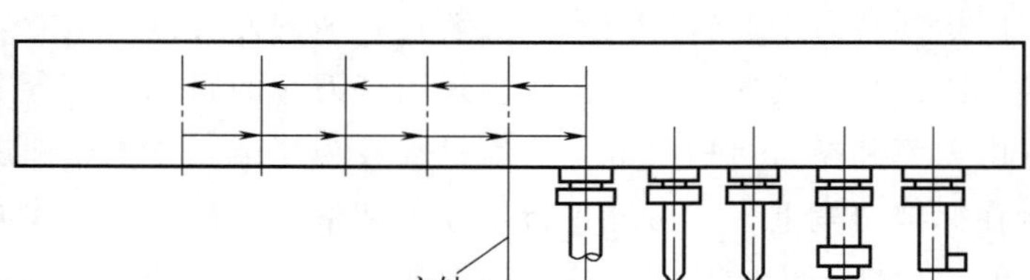

(e) 线型刀库

图 2-26 各种不同形式的刀库

在设计多工序自动换刀数控机床时，应当合理地确定刀库的容量。根据对车床、铣床和钻床所需刀具数的统计，绘制了如图 2-27 所示的曲线。曲线表明，在加工过程中经常使用的刀具数目并不多。对于钻削加工，用 14 把刀具就能完成约 80％的工件，即使要求完成 90％的工件，用 20 把刀具已经足够。对于铣削加工，需要的刀具数量很少，用 4 把铣刀就能完成约 90％的工件。如果不从实际加工需要出发，盲目加大刀库容量，将会使刀库的利用率很低，结构过于复杂，造成很大浪费。从使用角度来看，刀库的容量一般取 10～60 把，但随着加工工艺的发展，目前刀库的容量似乎有进一步增大的趋势。

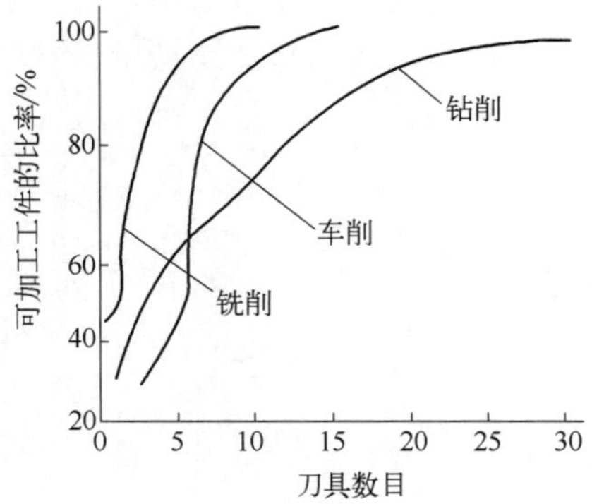

图 2-27　刀库刀具数与可加工工件比率的关系曲线

2.6.3　刀具交换装置

数控机床的自动换刀装置中，实现刀库与机床主轴之间的传递和装卸刀具的装置称为刀具交换装置。刀具的交换方式通常分为由刀库与机床主轴的相对运动实现刀具交换和采用机械手交换刀具两类。刀具的交换方式和它们的具体结构对机床的生产效率和工作可靠性有直接影响。

由刀库与机床主轴的相对运动实现刀具交换的装置，在换刀时必须首先将用过的刀具送回刀库，然后再从刀库中取出新刀具，这两个动作不可能同时进行，因此换刀时间较长。图 2-28 所示的数控立式镗铣床采用的就是这类刀具交换方式。由图可见，该机床刀库的结构极为简单，然而换刀过程却较为复杂。它的选刀由三个坐标轴的数控定位系统来完成，因而每交换一次刀具，工作台和主轴箱就必须沿着三个坐标轴做两次来回运动，因而增加了换刀时间。另外由于刀库置于工作台上，减少了工作台的有效使用面积。

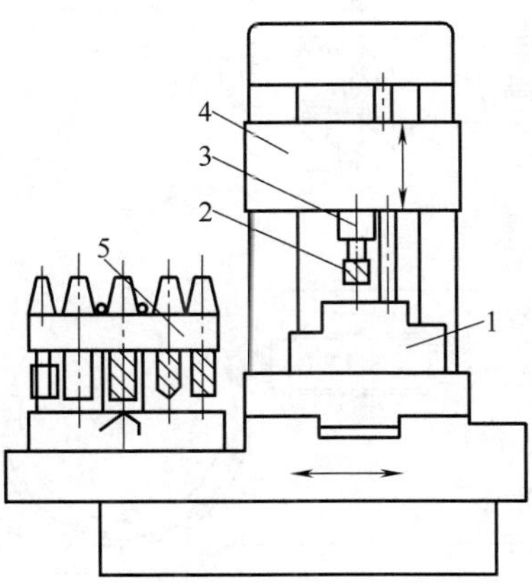

图 2-28　立式镗铣床换刀

1—工件；2—刀具；3—主轴；4—主轴箱；5—刀库

采用机械手进行刀具交换的方式应用得最为广泛，这是因为机械手换刀有很大的灵活性，而且可以减少换刀时间。根据刀库与主轴的相对位置及结构的不同，机械手也有多种形式，如单臂式、双臂式、回转式和轨道式等。单臂、双臂指的是机械手具有一个还是两个刀具夹持器。在各种类型的机械手中，双臂机械手集中地体现了以上的优点。在刀库与远离机床主轴的换刀装置中，除了机械手以外，还必须带有中间搬运装置。

双臂机械手中最常用的几种结构如图 2-29 所示，它们分别是钩手［图 2-29（a）］、抱手［图 2-29（b）］、伸缩手［图 2-29（c）］和扠手［图 2-29（d）］。这几种机械手能够完成抓刀、拔刀、回转、插刀以及返回等全部动作。进行换刀操作时，一臂从刀库中拔出待换上的刀具，另一臂从主轴上拔出待换下的刀具，两者交换位置，分别把待装的刀具插入主轴，把换下的刀具插入刀库。为了防止刀具掉落，各机械手的活动爪都必须带有自锁机构。由于双臂机械手的动作都比较简单，而且能够同时抓取和装卸机床主轴和刀库中的刀具，因此换刀时间可以进一步缩短。机械手手臂、手爪的结构如图 2-30 所示。

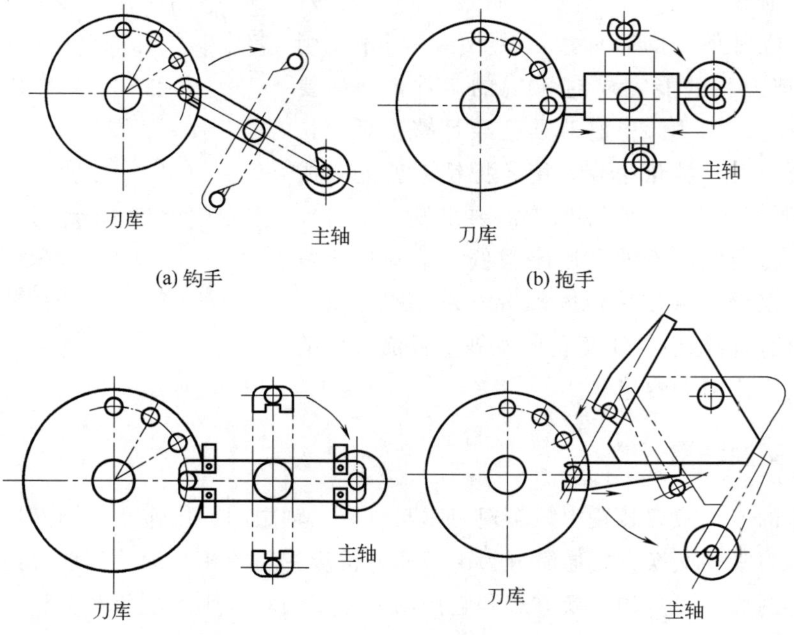

图 2-29　双臂机械手常用结构

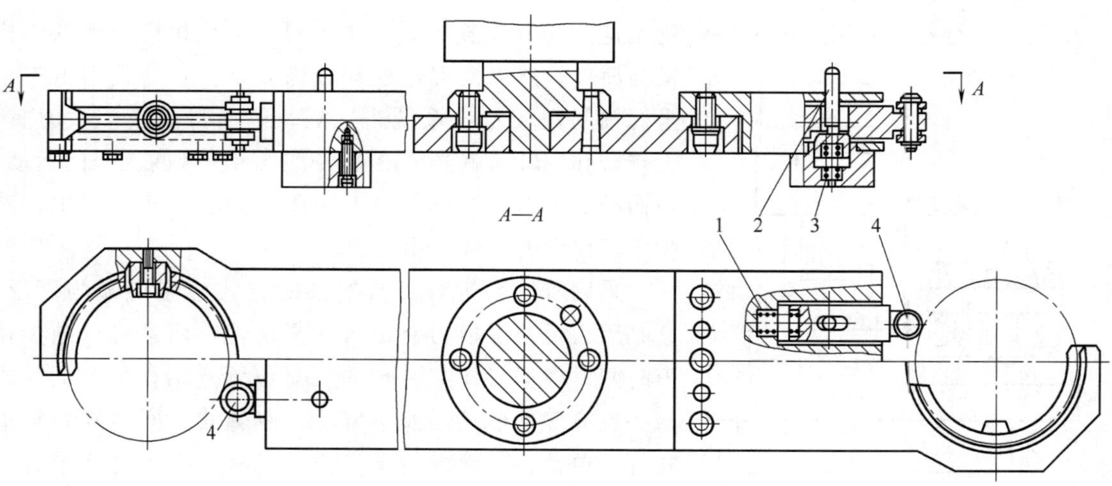

图 2-30　机械手手臂、手爪结构

1—弹簧；2—锁紧销；3—活动销；4—手爪

另外还有一种双刀库机械手换刀装置，其特点是两个刀库和两个单臂机械手进行工作，因而机械手的工作行程大为缩短，有效地节省了换刀时间，同时刀库分设两处使布局较为合理。

2.6.4 刀具选择方式

按数控装置的刀具选择指令，从刀库中挑选各工序所需刀具的操作称为自动选刀。目前刀具的选择方式主要有以下三种。

(1) 顺序选择方式

刀具的顺序选择方式是将刀具按加工工序的顺序，依次放入刀库的每一个刀座内，每次换刀时，刀库按顺序转动一个刀座的位置，并取出所需刀具。已使用过的刀具则放回原来的刀座内，也可按顺序放入下一个刀座内。采用这种方式的刀库，不需要刀具识别装置，而且驱动控制也较简单，可以直接由刀库的分度结构来实现。因此，刀具的顺序选择方式具有结构简单、工作可靠等优点。但是由于刀库中的刀具在不同的工序中不能重复使用，因此，必须增加刀具的数量和刀库的容量，这样就降低了刀具和刀库的利用率。此外，人工装刀必须非常谨慎，一旦刀具在刀库中顺序错误，将会造成严重事故。

(2) 刀具编码选择方式

刀具编码选择方式采用了一种特殊的刀柄结构，并对每把刀具进行编码。换刀时通过编码识别装置，根据加工程序中的换刀指令，在刀库中找出所需要的刀具。由于每把刀具都有自己的代码（编码），因而，刀具可以放入刀库中的任何一个刀座内，这样不仅刀库中的刀具可以在不同工序中多次重复使用，而且换下来的刀具也不必放回原来的刀座，这对装刀和选刀都十分有利，刀库的容量也可以相应减小，并且还可以避免由于刀具顺序的差错所造成的事故。图 2-31 所示为编码刀柄的示意图。在刀柄尾部的拉紧螺杆 3 上套装一组等间隙编码环 1，并由锁紧螺母 2 将它们固定。编码环的外径有大小两种不同的规格，每个编码环的高低分别表示二进制数“1”或“0”。通过对两种编码环进行排序，可以得到一系列代码。例如，7 个编码环，可构成 7 位二进制编码，能够区别 127 种（2^7-1）刀具。通常全部为 0 的代码是不允许使用的，避免与刀座中没有刀具的状态相混淆。

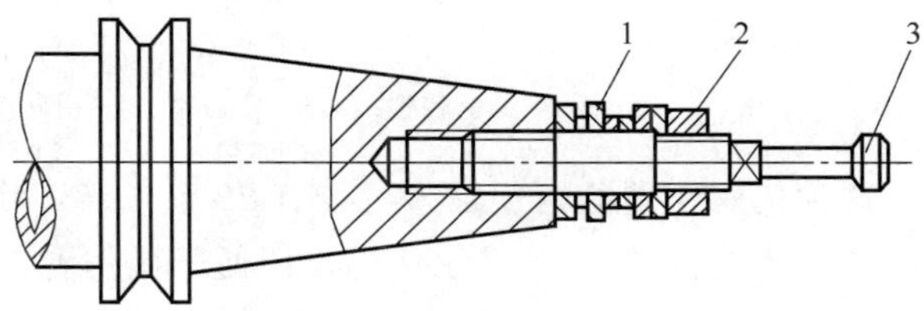

图 2-31　编码刀柄示意图

1—编码环；2—锁紧螺母；3—拉紧螺杆

采用刀具编码选择方式时，刀库设有编码识别装置，当刀库中带有编码环的刀具依次通过编码识别装置时，编码环的高低就能使相应的传感器读出每一把刀具的代码。如果读出的代码与加工程序中选择刀具的代码一致，便发出信号使刀库停止回转。这时加工所需要的刀具就准确地停留在取刀位置上，然后由机械手从刀库中将刀具取出。

编码识别装置有机械接触式，其结构简单，但可靠性较差，寿命较短，而且不能快速选刀，目前更多采用非接触式的磁性或光电识别方法。

(3) 刀座编码选择方式

刀座编码选择方式是对刀库的刀座进行编码，并将与刀座编码对应的刀具一一放入指定的刀座中，然后根据刀座的编码选取刀具。这种编码选择方式取消了刀柄中的编码环，使刀柄的结构大为简化。因此，刀具识别装置的结构不仅不受刀柄尺寸的限制，而且可以放置在较为合理的位置。刀座编码选择方式的缺点是，当操作者把刀具误放在与编码不符的刀座内时，依然会造成事故，而且在刀具自动交换过程中必须将用过的刀具放回原来的刀座内，增加了刀库动作的复杂性。与顺序选择方式相比较，刀座编码选择方式最突出的优点是刀具可以在加工过程中重复多次使用。

刀座编码方式可以分为两种。一种是永久性编码，一般情况下，永久性编码是将一种与刀座编号相对应的刀座编码板安装在每个刀座的侧面，它的编码是固定不变的。另一种是临时性编码，也称为钥匙编码，采用一种专用的代码钥匙［图 2-32（a)]，编码时先按加工程序的规定给每一把刀具系上表示该刀具号码的代码钥匙，在刀具放在任意刀座的同时，将对应的代码钥匙插入该刀座旁的钥匙孔内。通过钥匙把刀具的代码转记到该刀座上，从而给刀座编上代码。

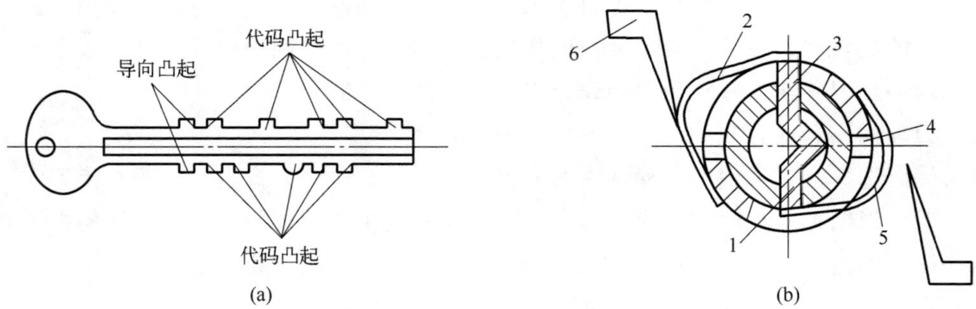

图 2-32　钥匙编码示意图

1—钥匙；2,5—接触片；3—钥匙齿部；4—槽；6—炭刷

这种代码钥匙的两边最多可带有 22 个方齿，除导向用的两个方齿外，其余的 20 个方齿组成了一个五位的二-十进制代码，以便于操作者识别。这种代码钥匙可以给出 1～99999 之间的任何一个号码，并将对应的号码打印在钥匙的正面。采用这种方法可以给大量刀具进行编号。只要钥匙插入刀座，就发出信号表示刀座已编上了代码。编码（代码）钥匙孔座的结构如图 2-32（b）所示，钥匙 1 对准键槽和水平方向的槽 4 插入钥匙孔座，然后顺时针方向旋转 90°，处于钥匙齿部 3 的接触片 2 被撑起，表示代码“1”，处于无齿部分的接触片 5 保持原状，表示代码“0”。刀库上装有数码读取装置，它由两排成 180°分布的炭刷组成。当刀库转动选刀时，钥匙孔座的两排接触片依次通过炭刷 6，一次读出刀座的代码，直到寻找到所需要的刀具。

这种编码方式称为临时性的编码，是因为在更换加工对象，取出刀库中的刀具之后，刀座原来的编码随着编码钥匙的取出而消失。因此，这种方式具有更大的灵活性，各个工厂可以对大量刀具中的同一种用统一的固定编码，对程序编制和刀具管理都十分有利。而且在刀具放入刀库时，不容易发生人为的差错。但这种编码方式仍然必须把用过的刀具放回原来的刀座，这是它的主要缺点。

思考与练习

1. 数控机床的机械部分由哪些部分组成？它们有哪些特点？
2. 数控机床的主传动系统由哪些部分组成？它们有哪些特点？
3. 主轴轴承有几种支承形式？它们各自适用于哪种工作状况？
4. 数控机床对进给系统的机械传动部分的要求是什么？如何实现这些要求？
5. 滚珠丝杠螺母副有哪些滚珠循环方式？它们各有什么特点？
6. 数控机床导轨有哪些基本要求？

7. 数控机床滑动导轨和滚动导轨各有什么特点？

8. 数控机床自动换刀装置有哪些主要类型？它们的特点及适用范围是什么？

9. 自动回转刀架换刀时需要完成哪些动作？如何完成？

10. 自动换刀装置的刀库有哪些类型？它们各有什么特点？

拓展内容

读者可去“全国党员干部现代远程教育”网观看视频《我爱中国造 第五集 自主创新（上）》和《我爱中国造 第五集 自主创新（下）》，了解国产盾构机等重大装备的创新之路，理解创新在中国从制造大国走向制造强国、从中国制造走向中国创造道路上的作用与意义。

第3章

数控装置

思维导图

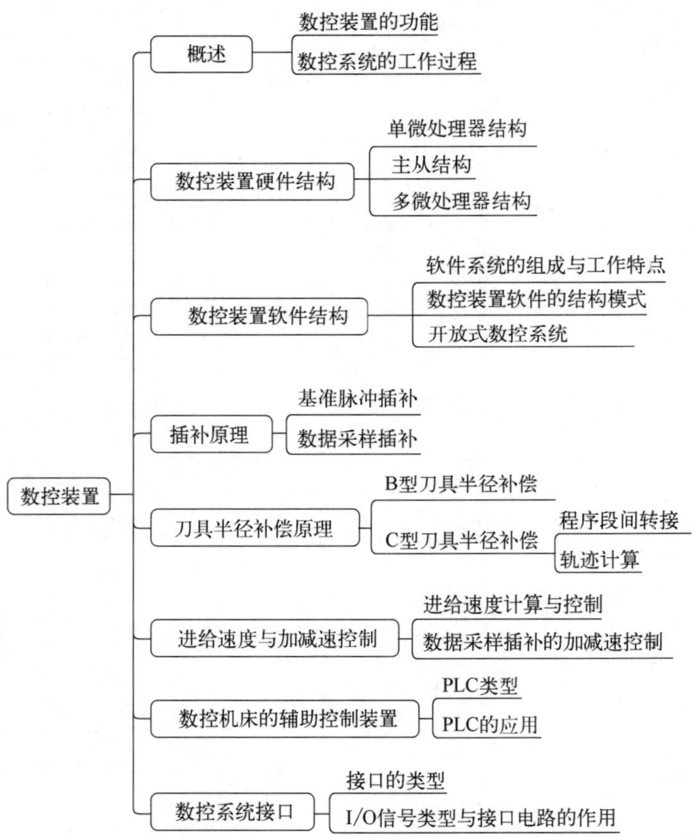

扫码获取资源

学习目标

- 了解数控装置软件、硬件组成及其功能。
- 理解刀具半径补偿原理。
- 理解逐点比较法及数据采样插补的基本原理。
- 理解速度控制与加减速控制的作用与原理。
- 了解辅助控制装置在数控机床中的作用。
- 了解数控机床接口类型及其功能。

数控装置是数控机床控制系统的核心。数控装置具有插补运算、坐标轴速度和位置控制、刀具补偿、人机对话及自诊断等功能。本章介绍数控装置的组成与功能、轮廓加工插补原理、进给速度和加减速控制原理等内容。

3.1　概述

数控系统是数控机床实现自动加工的核心，由除机床本体以外的输入/输出设备、数控装置、辅助控制装置、伺服驱动系统和检测反馈装置等组成。数控系统根据零件的加工程序，对加工过程进行控制，其所控制的对象为位置、角度、速度等机械量和开关量。

3.1.1　数控装置的功能

数控系统的核心是数控装置。数控装置的功能包括基本功能和选择功能。基本功能是数控机床必备的功能，选择功能是用户根据需要选用的功能。

一般来说，数控装置具有以下功能：

(1) 控制功能

控制功能是指能控制的轴数以及能同时控制（即联动）的轴数，是数控机床的主要性能指标之一。控制轴数越多，特别是联动轴数越多，数控装置的功能越强。

(2) 准备功能

准备功能是衡量数控机床性能的一个主要指标，用于指定机床下一步要执行的动作，如指定运动方式、坐标平面等。准备功能也称为 G 功能，用相应的准备功能字实现。

(3) 辅助功能

辅助功能也叫 M 功能，用于控制机床的辅助动作，如控制程序暂停、冷却液开/关、自动换刀等。

(4) 刀具管理功能

刀具管理功能是指数控装置对刀具的管理及控制功能，包括刀号管理、存储和修改刀具参数等。

(5) 主轴功能

主轴功能是指数控装置对主轴运动的控制功能，包括以下几种：

① 指定主轴转速。指定主轴的旋转速度。

② 恒线速度控制。调整主轴转速，使刀具切削点的速度不变，用于精车直径不同的外圆及端面，以保证表面质量。

③ 主轴定向准停。加工中心自动换刀时，主轴定向准停功能使主轴在周向（径向）某一位置准确定位。

④ 调整切削倍率。通过机床操控面板上的主轴转速倍率调整按钮（旋钮）调整主轴旋转速度。

(6) 进给功能

进给功能是指数控装置对进给速度控制的功能，包括以下几种：

① 指定进给速度。指定刀具相对于工件的运动速度。

② 同步进给速度。指定主轴每转一转时，刀具相对于工件的进给量。

③ 加快进给速度。控制机床以最大速度运动。

④ 调整进给倍率。通过机床操控面板上的进给速度倍率调整按钮（旋钮）调整进给速度。

(7) 插补功能

数控装置能够按照一定的插补算法计算出刀具所经过路线上各点的坐标值，然后控制刀具经过这些位置，实现轮廓加工。

(8) 固定循环功能

钻（镗）孔及车削外圆（内孔）等加工过程中，刀具的动作组成及动作顺序具有一定的规律性，而且多次重复进行。数控机床编写子程序处理这些典型的刀具运动过程，并用 G 代码表示。

(9) 补偿功能

补偿功能包括以下方面：

① 刀具补偿。包括刀具长度补偿、刀具半径补偿和刀具位置补偿。

② 传动链误差补偿。包括螺距误差补偿和反向间隙补偿。预先测量出丝杠的螺距误差和传动系统的反向间隙误差并输入数控装置，数控装置控制坐标轴运动时补偿螺距误差，在改变进给运动方向时进行反向间隙补偿。

③ 智能误差补偿。采用专家系统等人工智能方法建立误差补偿模型，对热变形、刀具磨损等带来的误差进行实时补偿。

(10) 人机对话功能

通过数控装置的操作界面进行机床参数设置、刀具参数输入、工件坐标系原点坐标值输入、程序输入与编辑及信息显示等操作。

(11) 自诊断功能

自诊断功能是指由数控装置对机床状态进行检查，出现异常时立即报警，并显示报警错误信息，以便人工检查和维修。

(12) 通信功能

通信功能是指数控装置与外界进行信息传输的功能。多数数控机床配有 RS232 接口，可以和上级计算机进行通信。有的数控机床配有 DNC（分布式数字控制）接口，可实现直接控制。一些高档数控机床可以和 MAP（自动化制造协议）相连，以适应柔性制造系统、集成制造系统等先进制造系统的要求。

3.1.2 数控系统的工作过程

在零件的加工过程中，数控系统需要进行数据处理、插补计算和伺服控制等工作，工作过程如下。

(1) 正常工作前的准备工作

接通电源，数控装置将对数控系统及数控机床的各组成部分的工作状态进行检查和诊断，并设置初始状态。

(2) 零件加工控制信息的输入

数控机床具备正常工作条件后，可以输入零件加工程序、刀具参数等。

(3) 数据处理

数据处理包括数控加工程序的译码和预处理。

译码是指将程序段中的工件轮廓信息、进给速度等工艺信息和辅助信息翻译成计算机能够识别的数据形式，并按一定格式存放在指定的内存专用区域。译码过程中对程序段进行语法错误检查和逻辑错误检查，发现错误立即报警。

预处理包括刀补处理及速度处理等。刀补处理的主要工作包括：根据 G90/G91 指令计算走刀路线的终点坐标值；根据半径补偿值和 G41/G42 指令计算本段程序的刀具中心轨迹终点坐标值；根据本段程序与前段程序之间的连接关系，进行段间连接处理。速度处理是根据程序中给定的进给速度计算各运动坐标轴的分速度。对于开环控制系统，通过控制步进电动机输出脉冲的频率来实现，速度计算的方法是根据编程的 F 值[1]确定进给脉冲的频率值；对于半闭环和闭环控制系统，采用数据采样算法进行插补处理，速度计算的任务是根据编程的 F 值将轮廓曲线分割为对应采样周期的轮廓步长。

(4) 插补计算

一个程序段的加工控制信息预处理完毕后，开始进行插补处理（计算）。插补处理根据进给速度的要求，在一段走刀轨迹的起点和终点之间，计算出若干个中间点，分别向各个坐标轴发出运动序列指令。

(5) 伺服控制

各个坐标轴的伺服驱动装置将插补结果作为各个坐标轴位置调节器的指令值，经变换和放大后控制伺服驱动电机的转动，带动机床运动部件运动。对于闭环和半闭环数控机床，机床上位置检测元件测得的位移作为实际位置值，位置调节器将指令值和实际测量值进行比较，经过调节，输出相应的位置和速度控制信号，控制伺服系统驱动机床坐标轴运动，通过各个坐标轴运动的合成，加工出数控加工程序所要求的工件轮廓尺寸。

(6) 管理程序

当一个程序段开始插补时，管理程序着手进行下一个或几个程序段的读入、译码、预处理。由管理程序调用各个功能子程序，且保证在一个程序段的加工过程中完成下一个程序段的加工准备工作。当前程序段执行完成后，即开始下一个程序段的插补计算。

零件的加工就是在这样周而复始的过程中完成的。

3.2 数控装置的硬件结构

数控装置也称为计算机数控装置，其本质是一个专用计算机系统，由硬件和软件组成。数控装置的硬件结构按其所使用 CPU（中央处理器）的数量及 CPU 对系统的控制权，可以分为单微处理器结构、主从结构和多微处理器结构。

(1) 单微处理器结构

单微处理器结构的数控装置只有一个 CPU，优点在于投资少、结构简单、易于实现，但功能受到运算速度等的限制。单微处理器数控装置的硬件包括 CPU 和总线、I/O（输入/输出）接口、存储器、串行接口等。其中，有些模块也称为接口，如 CRT/MDI（显示器/

[1] F 值指在数控程字中由地址符 F 指定的速度值。

手动数据输入）接口。数控装置中CPU通过总线与各个接口相连接。单微处理器数控装置的硬件结构如图3-1所示。

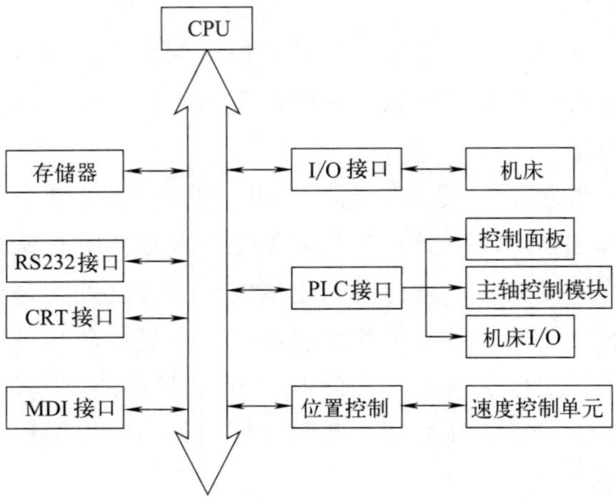

图3-1 单微处理器数控装置的硬件结构

① CPU和总线。CPU是数控装置的核心，集中控制和管理系统资源，通过分时处理的方式实现各种数控功能。总线用于传送数据和控制信号。

② I/O接口。数控装置和机床之间的信号一般不直接连接，需要通过I/O接口电路连接。接口电路的主要作用有两个：一是进行必要的电气隔离，防止干扰信号引起误动作，主要用光电耦合器或继电器将数控装置和机床之间的信号在电气上加以隔离；二是进行电平转换和功率放大，数控装置的信号一般是TTL（晶体管-晶体管逻辑）电平，而机床的控制信号通常不是TTL电平，需进行必要的信号电平转换和功率放大。

③ MDI/CRT接口。MDI（手动数据输入）接口通过数控机床操控面板上的按键进行操作。当扫描到有键按下时，将数据传入移位寄存器，经数据处理判别该键的属性及其有效性，并进行相关的监控处理。

CRT接口（显示器接口）在数控装置软件的控制下，在单色或彩色显示器上对数控程序、坐标值等进行显示。

④ 位置控制模块。数控装置中的位置控制模块又称为位置控制单元。位置控制模块的主要功能是对数控机床进给坐标轴的位置进行控制。

⑤ 可编程逻辑控制器。可编程逻辑控制器（programmable logic controller，PLC）的功能是代替传统机床的继电器逻辑控制来实现数控机床主轴停止/旋转等各种开关量的控制。

(2) 主从结构

主从结构的数控装置有两个或两个以上CPU，但只有一个CPU（称为主CPU）对系统资源有控制和使用权，其他带CPU的功能部件（称为从CPU）只能接收主CPU的控制命令或数据，或向主CPU发出请求信息以获得所需的数据。

从硬件的体系结构上看，主从结构与单微处理器结构相似，主从结构的从CPU模块与单微处理器结构的相应模块在功能上是等价的，只是功能上更强大。

(3) 多微处理器结构

多微处理器结构的数控装置中有两个或两个以上的CPU，有多个CPU可以使用系统资源。按照解决系统资源争用问题方法的不同，分为共享总线结构和共享存储器结构两种类型。

① 共享总线结构。将系统中各个功能模块划分为主模块和从模块，主模块带有CPU或DMA（直接存储器访问）器件，从模块不带有CPU和DMA器件。主、从模块通过系统总线连接在一起，图3-2为共享总线数控装置结构框图。各个主模块对系统资源都有控制和使用权，当有多个主模块要同时占用系统总线时，需通过总线仲裁器按照事先确定的优先权的

高低顺序解决总线争用问题。系统中设有公共（全局）存储器，用于模块之间交换信息。

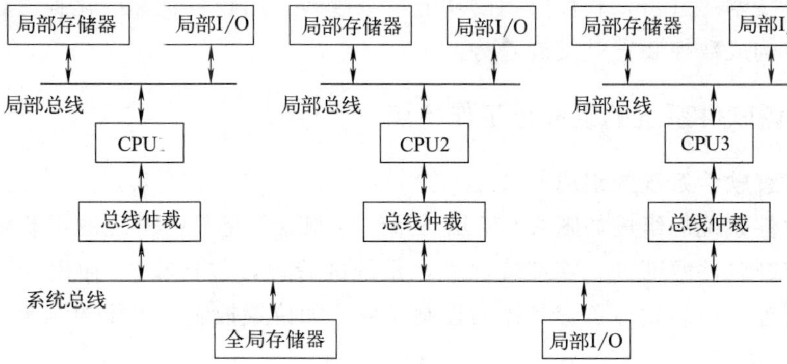

图 3-2　共享总线结构

② 共享存储器结构。系统中有公共存储器，各功能模块通过公共存储器耦合在一起，由专门的逻辑电路解决访问冲突问题。

图 3-3 为 GE 公司的 MTCI CNC 装置的共享存储器数控装置结构框图，其中 CPU1 和 CPU2 共用 512 字节的存储器，CPU1 和 CPU3 也共用 512 字节的存储器，各功能模块通过共用存储器耦合在一起。

CPU1 是主处理器，其任务是处理数控加工程序、刀具和机床参数输入等。此外，CPU1 还控制 CPU2 和 CPU3，并与之交换信息。CPU2 的任务是进行显示处理，CPU3 的作用是进行插补计算。CPU1 向 CPU2 或 CPU3 发送请求保持信号后才能占用数控装置中的公共存储器，此时 CPU2、CPU3 处于保持状态，CPU1 与公共存储器进行信息交换。信息交换结束后，CPU1 撤销请求保持信号，CPU2、CPU3 恢复对公共存储器的控制权。

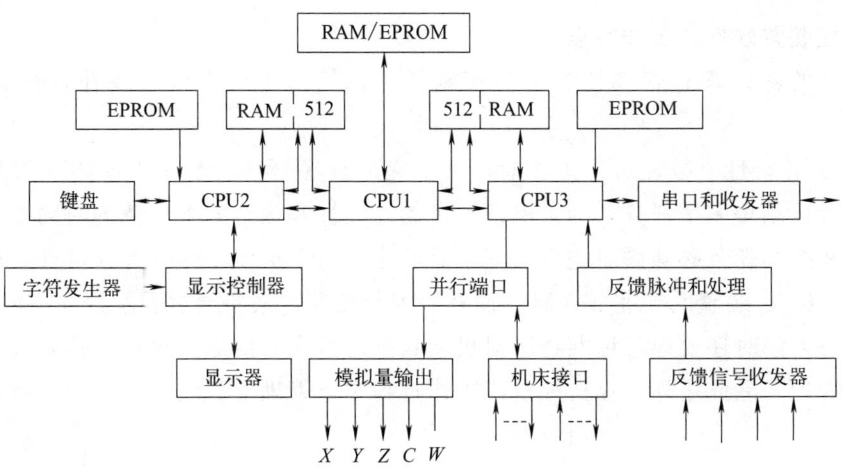

图 3-3　共享存储器结构

RAM—随机存储器；EPROM—可擦可编程只读存储器

3.3　数控装置的软件结构

数控装置的软件是为了完成数控机床的各种功能而设计的专用系统。数控装置的功能多由软件完成，例如插补计算、刀具补偿、程序的译码和加减速处理等。

随着计算机技术的进步，软件实现的功能越来越多，用较少且标准化程度较高的硬件和功能丰富的软件构成数控装置是发展趋势。

3.3.1 数控装置软件系统的组成与工作特点

(1) 数控装置软件系统的组成

数控装置软件系统的组成如图 3-4 所示。系统控制软件是软件系统的主要组成部分，包括管理软件与控制软件两部分。管理软件负责系统的管理，包括输入/输出控制、显示控制和系统诊断控制等；控制软件负责具体的控制任务，如位置控制、速度控制等。

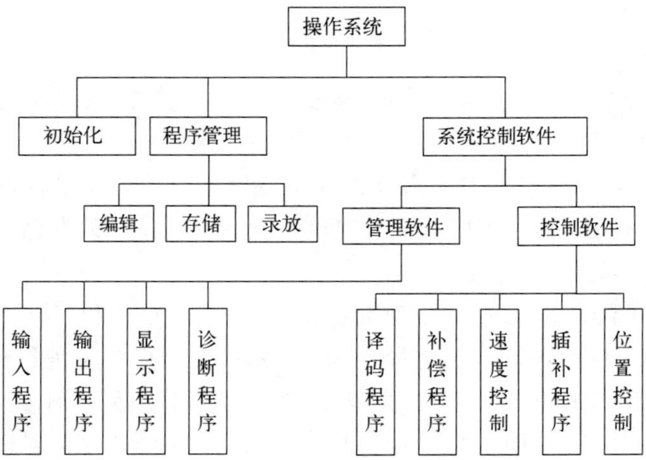

图 3-4 数控装置软件系统的组成

(2) 数控装置软件的工作特点

数控装置的软件既有管理任务又有控制任务，其工作具有多任务并行性和实时性的特点。

① 多任务并行性。数控机床工作时，需要完成程序管理、显示、译码、刀具补偿、插补计算和位置控制等多个任务，为了保证加工的连续性和执行各个任务的时间配合要求，要求这些管理和控制任务必须同时进行，而不是顺序进行，这就是多任务并行性。例如，零件加工过程中，CNC 装置既要完成译码、插补等控制任务，又要通过显示程序在 CRT 上实时显示加工状态，同时还要通过诊断程序对机床状态进行实时诊断，也就是控制任务与管理任务需要并行处理。除此之外，在数控机床工作过程中，管理任务之间、控制任务之间也需要并行执行。

数控装置多任务并行处理关系如图 3-5 所示。

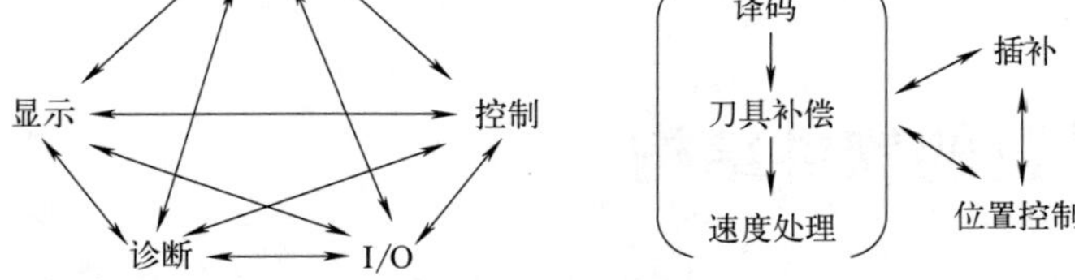

图 3-5 数控装置多任务并行处理关系

② 实时性。数控装置需要完成的任务具有实时性。例如插补计算、位置控制等任务需要在一定的实时周期内完成；急停、硬件限位等需要即时完成；显示、程序管理等实时性较弱的任务需要在规定的一段时间内完成。

(3) 多任务并行处理方法

数控装置主要采用两种方法实现多任务并行处理，即资源重复的并行处理方法和资源分时共享的并行处理方法。

① 资源重复的并行处理方法。对于多微处理器数控装置，不同的任务可以分配给不同的 CPU 执行。各个 CPU 同时独立工作，能够实现多个任务的并行处理。这种并行处理建立在资源重复配置（多个 CPU）的基础上，所以称为资源重复的并行处理。

在多微处理器的数控装置中，根据任务间是否有严格的时序关系，可以采用并发处理或流水处理两种方式实现多任务并行处理。

当任务间关联程度不高时，对这些任务分别安排一个 CPU，让其同时执行，实现并发处理。

当任务之间关联程度高，一个任务的输出是另一个任务的输入，这时需要采用流水处理的方式实现任务的并行处理。流水处理就是将一个大任务分解为一系列子任务，子任务之间彼此关联，按照一定的顺序进行流水作业。

例如，数控机床处于自动加工方式时，将对坐标轴运动的控制分为译码、刀补处理、插补计算、位置控制四个子任务，每个子任务的处理时间分别为 Δt_1、Δt_2、Δt_3、Δt_4，则从译码开始，到发出控制指令，需要的时间 t 为 $\Delta t_1+\Delta t_2+\Delta t_3+\Delta t_4$。若采用顺序处理的方式，意味着两个连续程序段的位置控制信号输出时间间隔为 t，如图 3-6（a）所示。这种时间间隔反映在进给运动上就是刀具时走时停，这种情况在加工过程中是不允许的。

流水处理就是利用重复的资源，在同一个时间段内执行多个相互关联的子任务。为上述位置控制问题中的每个子任务分配一个 CPU（如 CPU1 进行译码、CPU2 进行刀补处理、CPU3 进行插补计算、CPU4 执行位置控制），4 个 CPU 组成流水线采用流水处理的方式完成位置控制任务。如图 3-6（b）所示，在 Δt_1 时间段内 CPU1 完成第一个程序段的译码；在 Δt_2 时间段内 CPU2 完成第一个程序段的刀补处理，CPU1 完成第二个程序段的译码；在 Δt_3 时间段内 CPU3 完成第一个程序段的插补计算，CPU2 完成第二个程序段的刀补处理，CPU1 完成第三个程序段的译码；在 Δt_4 时间段内 CPU4 完成第一个程序段的位置控制并输出控制指令，CPU1 完成第四个程序段的译码，CPU2 完成第三个程序段的刀补处理，CPU3 完成第二个程序段的插补计算。这样就保证了控制指令的连续输出，克服了刀具时走时停的现象。

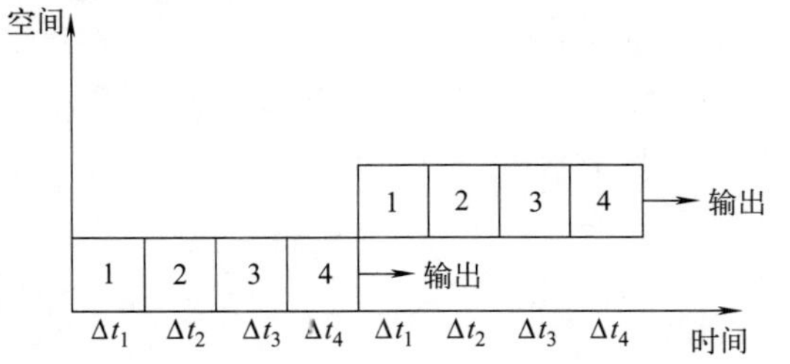

(a) 顺序处理

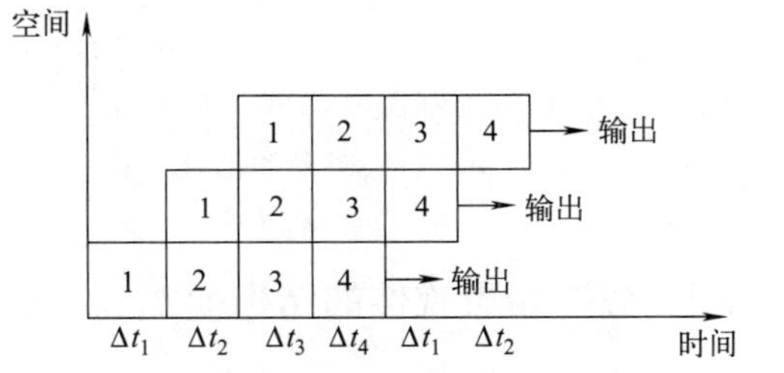

(b) 流水处理

图 3-6　顺序处理和流水处理方式示意图

可以看出，在资源重复的流水处理过程中，多个任务是并行完成的。流水处理的关键是时间重叠，是以资源的重叠为代价来达到时间上的重叠。

② 资源分时共享的并行处理方法。单微处理器的数控装置采用资源分时共享的方式实现多任务并行处理。在规定的时间长度（时间片）内，根据各任务实时性的要求，规定它们占用 CPU 的时间，使之分时共享系统的资源。资源分时共享的关键是要确定各任务何时占用 CPU，即各任务的优先级分配问题，以及各任务占用 CPU 的时间长度，即时间片的分配问题。

一般地，在单微处理器的数控装置中，采用循环调度和中断优先相结合的方法解决上述问题。图 3-7 为循环调度和中断优先示意图，系统在完成初始化后自动进入背景程序，按照时间分配，在环中轮流执行各任务，而环外的任务可以随时中断环内任务的执行，环外优先级高的任务也可以随时中断环外优先级低的任务。

假定 CNC 软件功能仅分为三个任务：位置控制、插补计算（运算）和背景程序。任务的优先级为：位置控制优先级最高，插补计算优先级其次，背景程序优先级最低。系统规定：位置控制每 4ms 执行一次，插补运算每 8ms 执行一次，两个任务都由定时中断激活，当位置控制和插补运算都不执行时便执行背景程序。

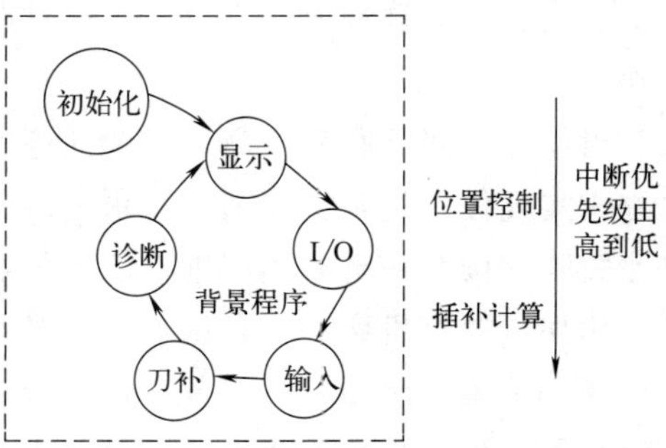

图 3-7　循环调度和中断优先示意图

各个任务在运行过程中资源分时共享并行处理的示意图如图 3-8 所示。从图中可以看出：

a. 在任意一个时刻只有一个任务占用 CPU。

b. 从一个时间片（如 8ms 或 16ms）来看，CPU 并行执行了三个任务。

因此，这里的资源分时共享的并行处理只具有宏观上的意义，从微观上看，各个任务仍然是顺序执行的。

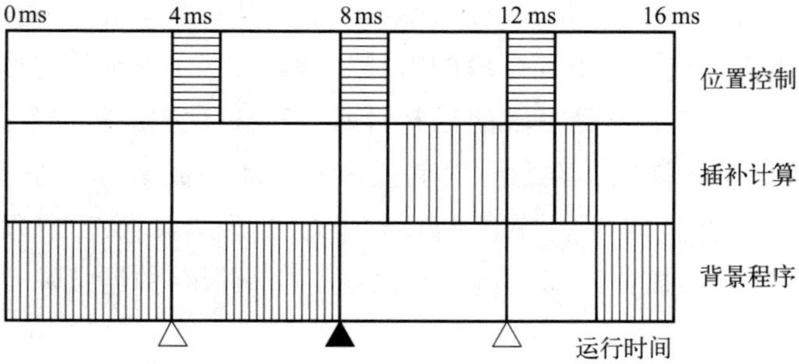

图 3-8　资源分时共享并行处理示意图

≡—位置控制占用 CPU 时间；△—位置控制中断请求；||||—插补计算占月 CPU 时间；

▲—位置控制和插补计算同时中断请求；||||—背景程序占用 CPU 时间

3.3.2　数控装置软件的结构模式

数控装置软件的结构模式是指软件的组织管理方式，即任务的划分方式、任务调度机制、任务间的信息交换机制以及系统集成方法等。

数控装置软件的结构模式主要有前、后台型结构模式，中断型结构模式和基于实时操作系统的结构模式三种。

(1) 前、后台型结构模式

前、后台型结构模式一般适用于控制功能较简单的系统，早期的数控系统大多采用这种结构。前、后台型结构模式将数控装置软件划分成两部分，即前台程序和后台程序。前、后台程序运行关系如图 3-9 所示。

前台程序主要完成插补运算、位置控制等实时性强的任务，是一个实时中断服务程序。后台程序也称背景程序，完成显示、零件加工程序的编辑管理、系统的输入/输出、插补预处理（译码、速度预处理）等弱实时性的任务，是一个循环运行的程序，其在运行过程中，不断地被前台程序打断。

前、后台型结构模式的特点：

① 采用优先抢占调度和循环调度方式进行任务调度。前台程序的调度是优先抢占式的，前台和后台程序内部各子任务采用的是循环调度。

② 信息交换通过缓冲区完成。

③ 实时性差。

(2) 中断型结构模式

中断型软件系统结构如图 3-10 所示。

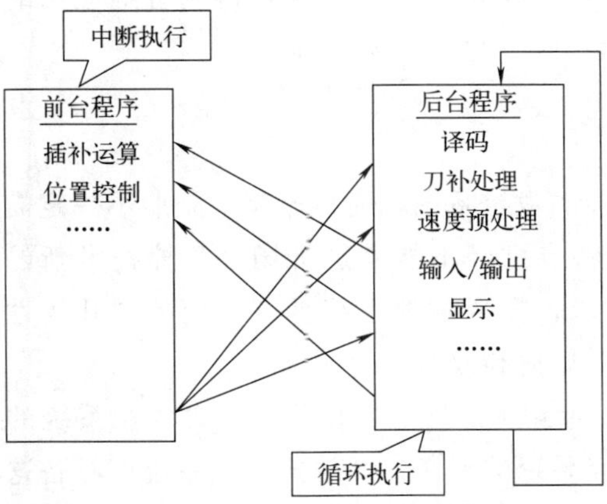

图 3-9　前、后台程序运行关系

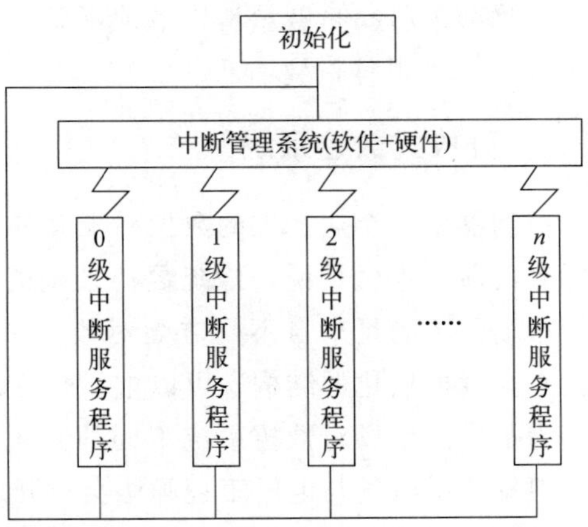

图 3-10　中断型软件系统结构

中断型结构模式是将除了初始化程序之外的整个系统软件的各个任务模块分别安排在不同级别的中断服务程序中，然后由中断管理系统（由硬件和软件组成）对各级中断服务程序实施调度管理，整个软件就是一个大的中断管理系统。

中断型结构模式的特点：

① 采用抢占式优先调度方式进行任务调度。

② 信息交换通过缓冲区进行。

③ 实时性好。由于中断级别较多，强实时性任务可安排在优先级较高的中断服务程序中。

④ 模块间的关系复杂，耦合度大，不利于系统的维护和扩充。

(3) 基于实时操作系统的结构模式

实时操作系统（real time operating system，RTOS）是操作系统的一个重要分支，数控系统软件完全可以在实时操作系统的基础上进行开发。它除了具有通用操作系统的功能外，还具有任务管理、多种实时任务调度（如优先级抢占调度、时间片轮转调度等）、任务间的通信（如邮箱、消息队列、信号灯等）等功能。基于实时操作系统的软件结构如图 3-11 所示。

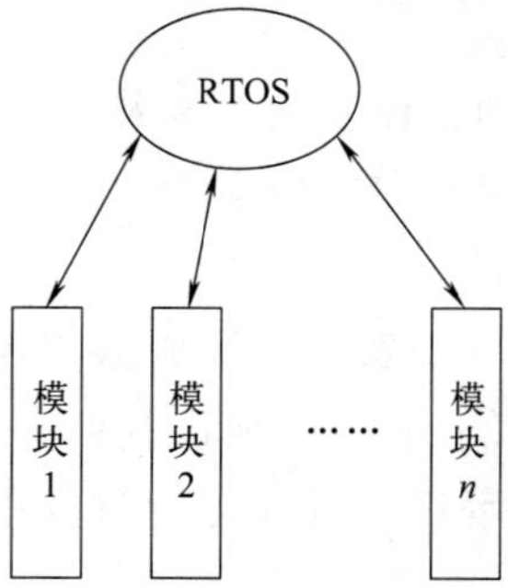

图 3-11 基于实时操作系统的软件结构

基于实时操作系统的结构模式的特点：

① 弱化功能模块间的耦合关系。数控装置各功能模块之间在逻辑上存在着耦合关系，在时间上存在着时序配合关系。在基于实时操作系统的结构模式下，只需考虑模块自身功能的实现，然后按规则挂到实时操作系统上，而模块间的调用、信息交换等都由实时操作系统来实现，从而弱化了模块间的耦合关系。

② 系统的开放性和可维护性好。系统功能的扩充或修改，只需将编写好的任务模块挂到实时操作系统上即可。因而，数控装置软件具有良好的开放性和可维护性。

③ 减少系统开发的工作量。以现有的实时操作系统为内核，可大大减少系统开发的工作量和缩短开发周期。可以在商品化的实时操作系统下开发数控装置软件，国外有些著名数控系统厂家采用了这种方式。另外，也可以将通用 PC（个人计算机）操作系统（如 Windows 操作系统）扩充成实时操作系统，然后在此基础上开发数控装置软件，目前国内有些数控系统的生产厂家就是采用这种方法。其优点在于 Windows 等系统是得到普遍应用的操作系统，扩充相对容易。

3.3.3 开放式数控系统

控制器生产企业提供的数控系统大多是全功能的数控系统，而机床制造企业不一定需要其所有功能，也就是说，传统数控系统的全功能特点已经不能满足市场对数控技术新的要求。市场需要满足来自不同方面对数控系统的要求，需要数控系统具有一定的“开放性”，即具有高度模块化的结构，可以重新配置、修改、扩充和改装。

为了满足市场对数控系统不同的需求，在 20 世纪 80 年代提出了开放式数控系统的概念。根据美国电气与电子工程师协会对开放式数控系统的定义，开放式数控系统应具备这样的能力：来自不同厂商的、在不同操作平台上运行的应用程序都能够在系统上实现，并且该系统能够和其他应用系统协调工作。简单地说，开放式数控系统应该具有可移植性、可互操作性和一致性。

(1) 开放式数控系统特点

根据开放式数控系统的定义，开放式数控系统应具有以下基本特征：

① 开放性。提供标准化环境的基础平台，允许不同功能和不同开发商的软、硬件模块接入。

② 可移植性。一方面，不同的应用程序模块可以运行于不同供应商提供的系统平台之上；另一方面，系统的平台可运行于不同类型、不同性能的硬件平台之上。

③ 可扩展性。增添或减少系统的功能仅表现为特定功能模块的装载或卸载。

④ 相互替代性。不同性能、不同可靠性和不同能力的功能模块可以相互替代，而不影响系统的协调运行。

(2) 传统数控系统与开放式数控系统比较

传统数控系统与开放式数控系统的比较如表 3-1 所示。

表 3-1　传统数控系统与开放式数控系统比较

比较项	传统数控系统	开放式数控系统
系统构建的灵活性	硬件与软件专用，系统相对固定	硬件基于 PC，软件基于通用操作系统。可以根据需要构建系统
系统可维护性	随着技术进步，需要开发专用硬件	系统容易升级
软件开发难度	软件为数控系统制造商独占，用户难以进行二次开发	使用开放式软件平台，用户可以根据需要开发自己的软件
专用系统开发	专用系统开发不容易，需要大量时间	利用开放软件平台及计算机语言，容易开发
联网性	须用专用硬件，联网成本高	与 PC 联网技术相同
PLC 软件	须用制造商专用语言，难移植	可移植性强，容易开发
接口	使用专用接口，使用特定制造商产品	使用标准化接口

(3) 开放式数控系统实现途径

如何使传统的专用型封闭式数控系统走向开放，不同的系统开发商及研究机构对此提出了一些解决方案。按开放层次的不同可分为三种途径，它们难度不等，获得的开放效果也相差很大。

① 开放人机接口。开发商或用户可以构造或集成自己的模块到人机接口（man-machine interface，MMI）。这一手段提供了灵活制定适用于各自特殊要求的操作界面和操作步骤的途径，一般用于基于 PC 的图形化人机界面系统中。

② 开放系统核心接口。此方式除了提供上述方式的开放性能外，用户还可以通过开放的系统核心接口，根据需要将自己特有的控制软件模块添加到系统预先留出的内核接口上。

③ 开放体系结构。开放体系结构的解决方案是一种更彻底的开放方案，提供从软件到硬件、从人机界面到底层控制内核的全方位开放。可以在一系列规范的指导下，按需配置功能可繁可简、性能可高可低的总成系统。

3.4　插补原理

进行轮廓加工时，数控系统需要根据加工程序中有限的轮廓信息，控制刀具按照一定的轨迹运动，实现这一任务的关键就是插补。

插补的任务就是根据给定的进给速度和轮廓线形的要求，在程序中给定的已知点之间，依据一定的计算方法确定一些中间点，即实现“数据点的密化”。数控机床根据插补计算的结果控制刀具经过这些中间点，完成轮廓加工。

插补通过一定的计算方法实现，这种计算方法称为插补算法。插补算法包括基准脉冲插补和数据采样插补两种类型。

3.4.1　基准脉冲插补

基准脉冲插补又称脉冲增量插补，其特点是数控装置在每次插补结束时只向一个运动坐标轴输出一个控制脉冲，仅一个坐标轴产生一个单位的行程增量，即脉冲当量。脉冲的数量代表了刀具或工件的位移量，脉冲序列的频率代表了刀具或工件运动的速度。基准脉冲插补应用于开环控制的数控机床。

由于基准脉冲插补每次插补计算只输出一个进给脉冲，控制一个坐标轴做进给运动，所以加工时是用折线替代直线和圆弧轮廓。

基准脉冲插补包括逐点比较法、数字积分法等，本书只介绍逐点比较法。

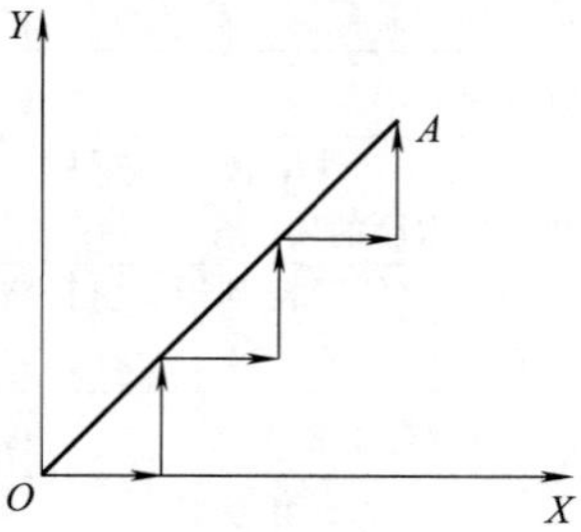

图 3-12　直线轮廓插补示意图

(1) 逐点比较法基本原理

逐点比较法是基准脉冲插补算法的典型代表。所谓逐点比较法，就是进给坐标轴每走一步都要和给定轨迹进行比较，根据比较的结果确定下一步进给方向，控制刀具向减小偏差的方向并趋向终点移动。

如图 3-12 所示的直线轮廓 OA，如果刀具起始点为 O，让刀具先从 O 点沿 $+X$ 方向走一步，刀具处在直线下方；为使刀具逼近直线，同时又向终点移动，需沿 $+Y$ 方向走一步，刀具到达直线上（或直线上方）；再沿 $+X$ 方向走一步，到达直线下方；然后再沿 $+Y$ 方向走一步，如此继续移动，直至到达终点 A。

可以看出，逐点比较法是用折线逼近直线或圆弧曲线轮廓。折线与直线轮廓之间的最大误差不超过一个脉冲当量，因此，只要将脉冲当量取得足够小，就能满足加工精度要求。

(2) 逐点比较法插补计算过程

逐点比较法插补计算一般按照图 3-13 所示流程进行。首先进行偏差判别，识别动点当前位置与直线之间的位置关系，识别的依据是偏差计算的结果，然后根据偏差判别的结果确定进给方向，到达新的位置后需要重新进行偏差计算并进行终点判别。

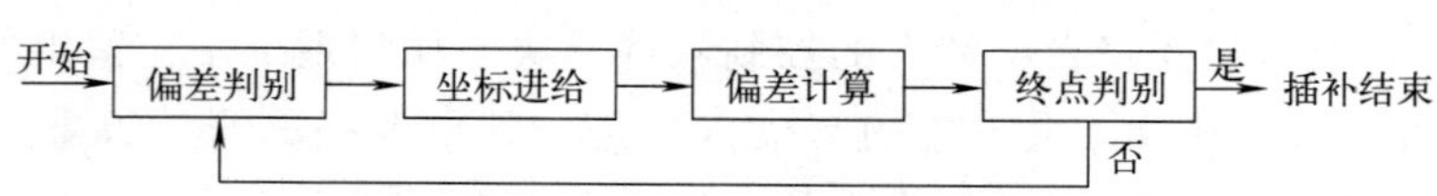

图 3-13　逐点比较法插补计算的流程

(3) 逐点比较法直线插补计算

下面以第一象限内直线为例，说明逐点比较法直线插补算法。

① 偏差判别函数。偏差判别函数用于判断动点与直线之间的位置关系。直线插补的偏差判别函数为

$$F=X_{\mathrm{e}}Y_i-X_iY_{\mathrm{e}} \tag{3-1}$$

式中，$(X_{\mathrm{e}}, Y_{\mathrm{e}})$ 为直线终点坐标；(X_i, Y_i) 为动点坐标。

如图 3-14 所示，点 P_1 在直线上方，则 $F>0$；点 P_2 位于直线下方，则 $F<0$；点 P_3 位于直线上，则 $F=0$。可见，偏差判别函数的计算结果反映了动点与直线之间的位置关系，根据其计算结果就可以确定需要做进给运动的坐标轴及其进给方向。

② 进给运动。对于第一象限内的直线，当 $F \geqslant 0$ 时，规定向 X 坐标轴正方向运动一步；当 $F<0$ 时，规定向 Y 轴正方向运动一步。

③ 偏差判别函数的递推计算。当 $F \geqslant 0$ 时，应向 $+X$ 发出一进给脉冲，刀具从现加工点 (X_i, Y_i) 向 $+X$ 方向前进一步，到达新加工点 (X_{i+1}, Y_i)，则新加工点的偏差判别函数为

$$F_{i+1}=X_eY_i-(X_i+1)Y_e=X_eY_i-X_iY_e-Y_e=F_i-Y_e \quad (3\text{-}2)$$

当 $F<0$ 时，应向 $+Y$ 发出一进给脉冲，刀具从现加工点（X_i，Y_i）向 $+Y$ 方向前进一步，到达新加工点（X_i，Y_{i+1}），则新加工点的偏差判别函数值为

$$F_{i+1}=X_eY_{i+1}-X_iY_e=X_e(Y_i+1)-X_iY_e=X_eY_i-X_iY_e+X_e=F_i+X_e \quad (3\text{-}3)$$

利用上述递推公式进行偏差判别函数的计算，可以提高计算速度。

④ 终点判别方法。可以设置一个计数器，计数值为 $|X_e|+|Y_e|$，每进给一次计数值减 1。当计数值为 0 时，本程序段的插补计算结束。

⑤ 象限处理。上述为第一象限内直线插补计算方法，对于其他象限内的直线，可以根据偏差判别函数的计算结果分别规定做进给运动的坐标轴及进给运动的方向，如图 3-15 所示。

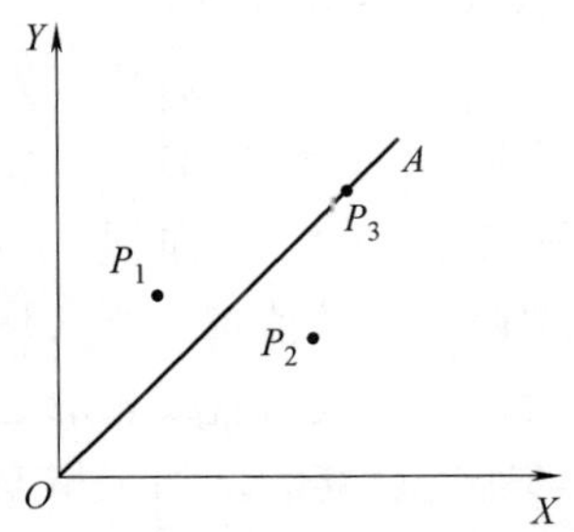

图 3-14 逐点比较法第一象限直线插补

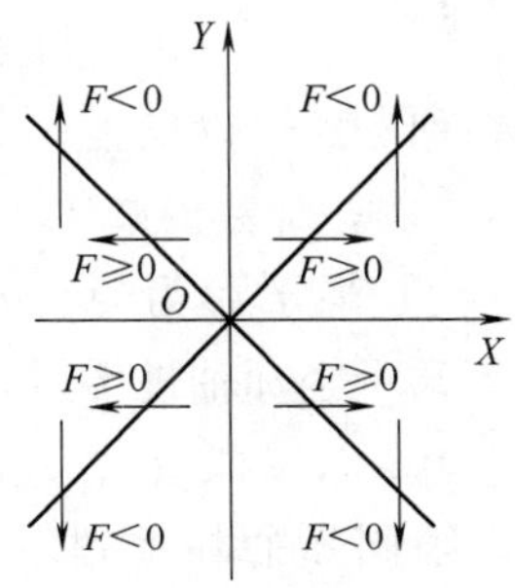

图 3-15 逐点比较法直线插补象限处理

例 3-1：第一象限直线 OA，起点为坐标原点（0，0），终点为 A（3，5），写出该直线的逐点比较法插补运算过程。

解：依据逐点比较法直线插补计算的原理进行计算，插补运算过程见表 3-2。

表 3-2 逐点比较法插补运算过程

步数	偏差判别	进给运动	判别计算	终点判别
0			$F_0=0$	$\Sigma=8$
1	$F_0=0$	$+X$	$F_1=F_0-5=-5$	$\Sigma=7$
2	$F_1<0$	$+Y$	$F_2=F_1+3=-2$	$\Sigma=6$
3	$F_2<0$	$+Y$	$F_3=F_2+3=1$	$\Sigma=5$
4	$F_3>0$	$+X$	$F_4=F_3-5=-4$	$\Sigma=4$
5	$F_4<0$	$+Y$	$F_5=F_4+3=-1$	$\Sigma=3$
6	$F_5<0$	$+Y$	$F_6=F_5+3=2$	$\Sigma=2$
7	$F_6>0$	$+X$	$F_7=F_6-5=-3$	$\Sigma=1$
8	$F_7<0$	$+Y$	$F_8=F_7+3=0$	$\Sigma=0$

(4) 逐点比较法圆弧插补计算

以第一象限内顺时针圆弧为例，说明逐点比较法圆弧插补算法。

① 偏差判别函数。假设圆弧半径为 R，对于动点 $P_i(X_i，Y_i)$，偏差判别函数为

$$F_i=X_i^2+Y_i^2-R^2 \quad (3\text{-}4)$$

式中，（X_i，Y_i）为动点坐标。

如图 3-16 所示的圆弧，若加工点位于圆上，则 $F_i=0$；若加工点位于圆外，则 $F_i>0$；

若加工点位于圆内，则 $F_i<0$。

② 坐标进给。若 $F_i \geqslant 0$，规定向 $-Y$ 方向走一步；若 $F_i<0$，规定向 $+X$ 方向走一步。

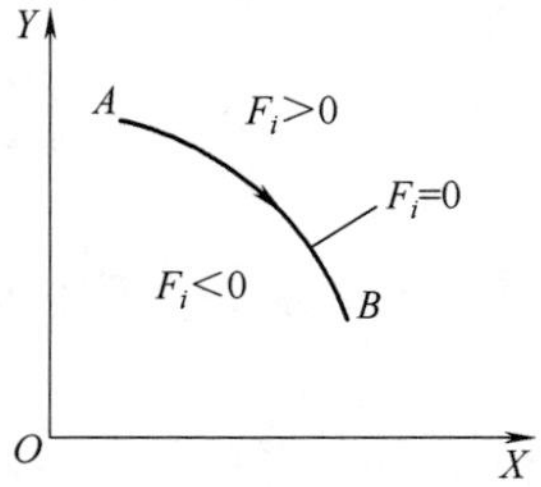

图 3-16　第一象限内顺时针圆弧逐点比较法插补

③ 偏差判别函数的递推计算。当动点向 $-Y$ 方向运动一步后，在新的位置偏差判别函数值可按式（3-5）计算：

$$F_{i+1}=X_i^2+(Y_i-1)^2-R^2=F_i-2Y_i+1 \tag{3-5}$$

当动点向 $+X$ 方向运动一步后，在新的位置，偏差判别函数值可按式（3-6）计算：

$$F_{i+1}=(X_i+1)^2+Y_i^2-R^2=F_i+2X_i+1 \tag{3-6}$$

需要注意的是，由于圆弧插补的偏差判别函数计算公式中含有动点坐标，故在进行偏差判别函数计算的同时还要计算动点坐标，以便为下一点的偏差判别函数计算做好准备。

④ 终点判别法。可以设置一个计数器，将总的进给步数 $|X_a-X_b|+|Y_a-Y_b|$ 作为计数值，每进给一次，计数值减 1，计数值为 0 时，本程序段的插补计算结束。也可以设置两个计数器，计数值分别为 X 方向进给的总步数 $|X_a-X_b|$ 和 Y 方向进给的总步数 $|Y_a-Y_b|$，当某个坐标轴进给时，对应的计数值减 1，直到两个计数值都为 0，本段程序插补计算结束。

⑤ 其他象限圆弧插补处理。上述为第一象限内顺时针圆弧插补计算方法。对于第一象限内的逆时针圆弧，以及其他象限内的顺、逆时针圆弧，可以根据动点与圆弧之间的位置关系，即根据偏差判别函数的计算结果分别规定做进给运动的坐标轴及其进给运动的方向，如图 3-17 所示。

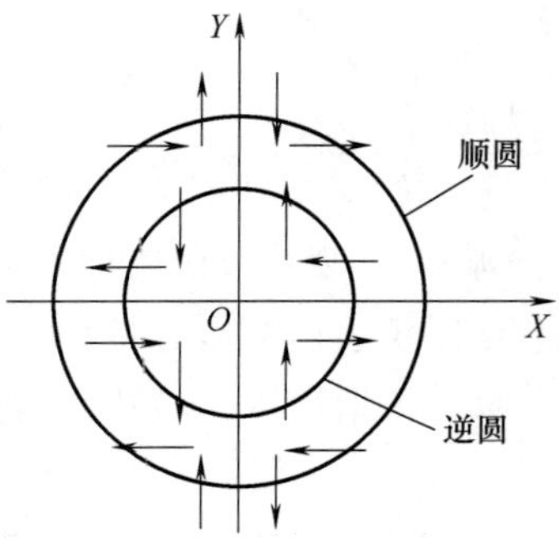

图 3-17　逐点比较法圆弧插补象限处理

例 3-2：第一象限内逆时针圆弧的起点和终点坐标分别为（3，0）和（0，3），写出使用逐点比较法对其进行插补计算的过程。

解：将圆心作为坐标原点，插补运算过程见表 3-3。

表 3-3　逐点比较法圆弧插补运算过程

步数	偏差判别	进给运动	偏差计算	坐标计算	终点判别
0			$F_0=0$	$X_0=3, Y_0=0$	$\Sigma=6$
1	$F_0=0$	$-X$	$F_1=F_0-2X_0+1=-5$	$X_1=2, Y_1=0$	$\Sigma=5$
2	$F_1<0$	$+Y$	$F_2=F_1+2Y_1+1=-4$	$X_2=2, Y_2=1$	$\Sigma=4$
3	$F_2<0$	$+Y$	$F_3=F_2+2Y_2+1=-1$	$X_3=2, Y_3=2$	$\Sigma=3$
4	$F_3<0$	$+Y$	$F_4=F_3+2Y_3+1=4$	$X_4=2, Y_4=3$	$\Sigma=2$
5	$F_4>0$	$-X$	$F_5=F_4-2X_4+1=1$	$X_5=1, Y_5=3$	$\Sigma=1$
6	$F_5>0$	$-X$	$F_6=F_5-2X_5+1=0$	$X_6=0, Y_6=3$	$\Sigma=0$

3.4.2　数据采样插补

数据采样插补又称作数字增量插补，应用于闭环和半闭环数控机床。

(1) 数据采样插补原理

数据采样插补是根据程序中设定的进给速度，将给定轮廓曲线分割为每一插补周期内的轮廓步长。每一个插补周期执行一次插补运算，计算出下一个插补周期内各个坐标轴的进给量。数控系统按采样周期对坐标轴的实际位置进行采样，并将采样数据与指令位置进行比较，得出位置误差，据此对伺服系统进行控制。

数据采样插补主要有时间分割法、双 DDA（数字积分器）法等，本书只介绍时间分割法。

① 时间分割法插补算法的基本原理。时间分割法插补是典型的数据采样插补计算方法，其用插补周期作为时间单位，将加工过程分割成多个单位时间内的进给过程。插补计算的主要任务是计算出下一个插补周期内各个坐标轴的进给量，从而得到下一个插补点的坐标。

② 时间分割法直线插补算法。以第一象限内的直线为例，说明时间分割法直线插补的原理。

图 3-18 为应用时间分割法对 XY 平面内直线进行插补计算的示意图。首先要根据进给速度和插补周期计算出一个插补周期内的进给量 ΔL（进给步长），然后才能进行插补点的计算。

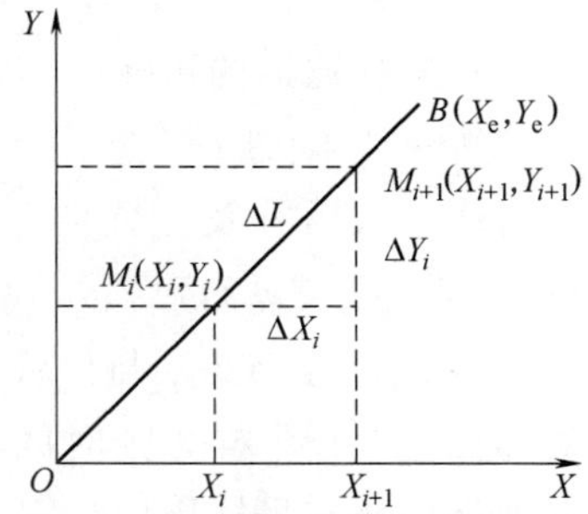

图 3-18　时间分割法对 XY 平面的直线进行插补计算示意图

进给步长为

$$\Delta L=\frac{FT}{60\times 1000} \tag{3-7}$$

式中，ΔL 为进给步长；F 为进给速度；T 为采样周期。

一个插补周期内各坐标轴的位移为

$$\begin{aligned}\Delta X_i&=\Delta L\cos\alpha\\X_{i+1}&=X_i+\Delta X_i\\Y_{i+1}&=Y_i+\Delta X_i\tan\alpha\\\Delta Y_i&=Y_{i+1}-Y_i\end{aligned} \tag{3-8}$$

式中，$\tan\alpha=\dfrac{Y_e}{X_e}$，$\cos\alpha=\dfrac{X_e}{\sqrt{X_e^2+Y_e^2}}$，其中（$X_e$，$Y_e$）为直线终点坐标。

用这种算法，即便在加工过程中 ΔX、ΔY 出现运动误差，刀具实际的运动点并未到达理论要求的终点，也可以保证 ΔY 随着 ΔX 的变化而变化，并且与 $\tan\alpha$ 成正比，即可以保证实际运动方向与理论运动方向始终一致。即使 ΔL 有点偏差，也可以保证实际到达点仍然在原来的直线上。

③ 时间分割法圆弧插补算法。以第一象限内顺时针圆弧为例，说明时间分割法圆弧插补的原理。第一象限内顺时针圆弧插补如图 3-19 所示。

进行插补计算时也必须根据式（3-7）计算出进给步长。步长为圆弧上相邻两个插补点之间的弦长 ΔL，其在 X、Y 轴方向的分量可由式（3-9）计算：

$$\begin{aligned}\Delta X_i&=\Delta L\cos\alpha\\\Delta Y_i&=y_i-\sqrt{y_i^2-2x_i\Delta X_i+\Delta X_i^2}\end{aligned} \tag{3-9}$$

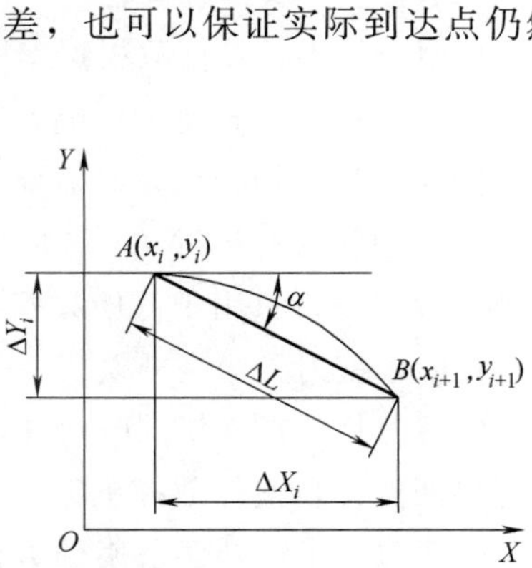

图 3-19　第一象限内顺时针圆弧时间分割法插补

由于式（3-9）计算出的结果是近似的，造成 ΔX_i 有一定的偏差，但由于圆弧终点 B 在圆弧上，近似计算只会造成很小的进给偏差。

根据上面计算的结果，运动方向均为 X 轴和 Y 轴的正方向。实际上在不同象限内 X、Y 轴的进给方向是不同的，具体进给方向如表 3-4 所示。

表 3-4 时间分割法圆弧插补的进给方向

圆弧类型	顺圆				逆圆			
所在象限	1	2	3	4	1	2	3	4
X 轴进给方向	$+X$	$+X$	$-X$	$-X$	$-X$	$-X$	$+X$	$+X$
Y 轴进给方向	$-Y$	$+Y$	$+Y$	$-Y$	$+Y$	$-Y$	$-Y$	$+Y$

(2) 插补周期的选择

① 插补周期（T）与插补运算时间的关系。插补周期必须大于插补运算时间与完成其他实时任务（插补及位置误差计算、显示、监控、I/O 处理）所需时间之和，一般为 8～10ms，现代数控系统已缩短到 2～4ms。

② 插补周期（T）与位置反馈采样周期（T_c）的关系。数控系统每隔一定的采样周期对实际位置进行采样，把时间上连续的信号转变成时间上离散的信号。对于具体的数控系统，插补周期和采样周期是固定的。插补周期与位置反馈采样周期可以相同，也可以不同，通常 $T \geqslant T_c$，并且要求 T 是 T_c 的整数倍。

③ 插补周期与精度、速度的关系。在直线插补中，插补所形成的直线段与给定的直线重合，不会造成轨迹误差。在圆弧插补时，一般用内接弦线或内外均差弦线来逼近圆弧，这种逼近必然会造成轨迹误差。

在插补周期与圆弧半径给定时，为保证加工精度，必须对加工速度进行限制。在误差和圆弧半径给定时，短的插补周期对获得高的加工速度有利。

3.5 刀具半径补偿原理

在加工工件轮廓时，应用半径补偿功能（方法）可以简化程序的编写。刀具半径补偿功能有 B 型和 C 型两类。

(1) B 型刀具半径补偿

B 型刀具半径补偿只根据本段程序的轮廓尺寸计算刀具的运动轨迹，无法预计下一段加工轨迹对本段加工轨迹的影响。采用 B 型刀具半径补偿时，刀具中心轨迹之间的段间连接采用圆弧过渡，切削内角时需要编程人员人为地编入一个过渡圆弧，并且圆弧半径大于刀具半径，否则就会产生过切。B 型刀具半径补偿的特点是简单、易于实现，但是不能自动处理转角过渡问题，只用于低档数控系统中。

(2) C 型刀具半径补偿

C 型刀具半径补偿同时对几个程序段的加工轨迹进行处理，能够自动处理刀具轨迹之间的连接问题。目前，数控机床中广泛采用 C 型刀具半径补偿方法。

C 型刀具半径补偿采用的方法是：一次对两段刀具运动轨迹进行处理，即先预处理本段，然后根据下一段的方向来确定刀具轨迹的段间过渡状态，从而完成本段的刀补处理；然后再读一段，用于计算第二段的刀具轨迹。按照这种方法进行下去，直至程序结束为止。

C 型刀具半径补偿处理过程如图 3-20 所示。

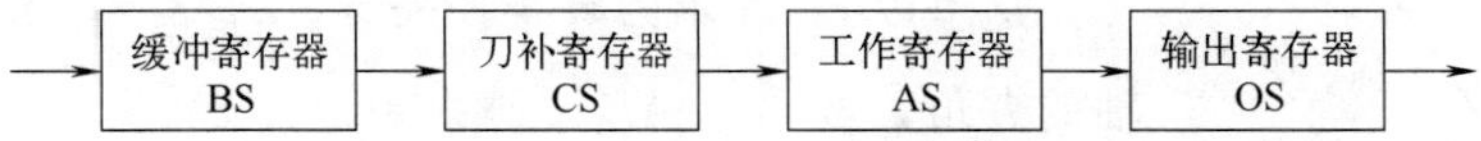

图 3-20 C 型刀具半径补偿处理过程

数控系统处理刀具半径补偿时需要使用四个寄存器存储信息，其中，缓冲寄存器 BS 用于存放下一个加工程序段的信息；刀补寄存器 CS 存放本段的加工信息；工作寄存器 AS 存放修改后的本段加工信息；输出寄存器 OS 的内容与 AS 寄存器的内容相同。

刀补处理时第一个程序段先被读入 BS，在 BS 中算出第一段刀具轨迹，并被送到 CS 暂存；又将第二段程序读入 BS，算出第二段的刀具轨迹；接着对两段刀具轨迹的连接方式进行判别，根据判别结果，再对第一段刀具轨迹进行修正；修正后的第一段刀具轨迹信息由 CS 送入 AS，第二段的刀具轨迹信息由 BS 送入 CS；随后，AS 中的内容送入 OS 进行插补计算，运算结果送至伺服系统予以执行。

① 程序段间的转接。采用 C 型刀具半径补偿时，除了要计算刀具中心轨迹外，还需确定轨迹之间的转接形式。根据相邻两个编程轨迹形式的不同，可以采用直线与直线转接、直线与圆弧转接、圆弧与直线转接、圆弧与圆弧转接进行转角过渡。

对于直线与直线转接方式，数控装置根据相邻编程轨迹的矢量夹角和刀补方向的不同，采用缩短型、伸长型和插入型三种形式进行转接，如图 3-21 所示（图中 OA、AF 为被加工轮廓）。矢量夹角指的是两个编程轨迹在交点处非加工侧的夹角，图 3-21 中的 α 角即为矢量夹角。

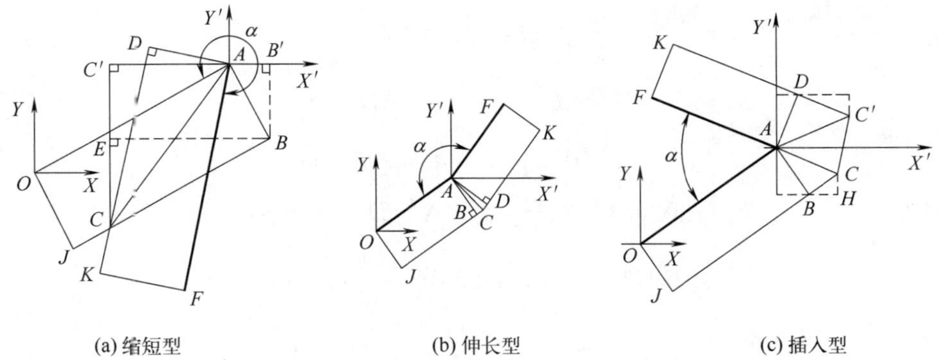

图 3-21 直线与直线转接方式

直线与直线转接的处理方式如下：

当 $180° \leqslant \alpha < 360°$时，采用缩短型，即刀具中心轨迹相对于编程轨迹缩短一个长度，如图 3-21（a）所示；当 $90° \leqslant \alpha < 180°$时，采用伸长型，即刀具中心轨迹相对于编程轨迹伸长一个长度，如图 3-21（b）所示；当 $0° < \alpha < 90°$时，采用插入型，即在两个轨迹之间插入过渡直线（或圆弧），以减小刀具非切削的空行程距离，如图 3-21（c）所示。

对于其他类型的转接方式，读者可以查阅相关资料进行了解。

② 刀具中心轨迹计算。刀具中心轨迹计算包括刀具半径矢量计算及转接交点矢量计算。图 3-22 中 OA、AF 为被加工轮廓，$\overrightarrow{AB}$、$\overrightarrow{AD}$ 为刀具半径矢量，$\overrightarrow{AC}$ 为转接交点矢量。

a. 刀具半径矢量计算。以图 3-22 所示直线轮廓加工为例，说明直线轮廓加工时刀具半

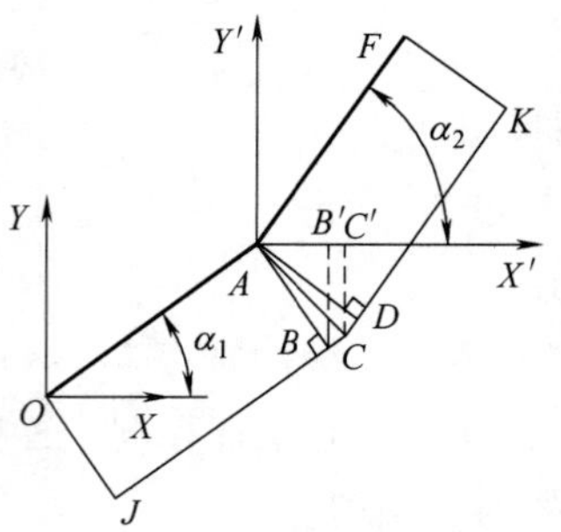

图 3-22　刀具半径矢量与转接交点矢量

径矢量的计算方法。

这里以 $\boldsymbol{r}_D$ 表示刀具半径矢量，α_1 表示直线编程矢量与 X 轴的夹角。若 $\boldsymbol{r}_D=\overrightarrow{AB}$，则 $\alpha_1=\angle XOA$。

使用 G41 指令时：

$$\begin{aligned}\boldsymbol{r}_{DX}&=-\boldsymbol{r}_D\sin\alpha_1\\\boldsymbol{r}_{DY}&=\boldsymbol{r}_D\cos\alpha_1\end{aligned}\tag{3-10}$$

式中，$\boldsymbol{r}_{DX}$、$\boldsymbol{r}_{DY}$ 为刀具半径矢量在 X、Y 轴方向上的分矢。

使用 G42 指令时：

$$\begin{aligned}\boldsymbol{r}_{DX}&=\boldsymbol{r}_D\sin\alpha_1\\\boldsymbol{r}_{DY}&=-\boldsymbol{r}_D\cos\alpha_1\end{aligned}\tag{3-11}$$

b. 转接交点矢量计算。转接类型不同，转接交点矢量计算方法也有所不同。这里只介绍伸长型直线-直线转接时转接交点矢量计算方法。

在图 3-22 中 OA、AF、AB、OJ、AD、JB、DK、FK 已知，$\angle XOA$、$\angle X'AF$ 为已知角 α_1、α_2，$r_D=AB=AD$，矢量$\overrightarrow{AC}$ 为所求。

要求$\overrightarrow{AC}$，只需求出$\overrightarrow{AC}$ 的 X 分量 AC_X 和 Y 分量 AC_Y。

由图 3-22 可知，$\overrightarrow{AC}$ 的 X 分量为

$$AC_X=AB'+B'C'$$

其中 $$AB'=r_D\sin\alpha_1,B'C'=BC\cos\alpha_1$$

因为 $$\triangle ABC\cong\triangle ADC$$

所以 $$\angle BAC=\frac{1}{2}\angle BAD$$

而 $$\angle BAD=\angle X'AB-\angle X'AD$$

又因为 $$\angle X'AB=90^\circ-\alpha_1,\angle X'AD=90^\circ-\alpha_2$$

所以 $$\angle BAD=\alpha_2-\alpha_1,\angle BAC=\frac{1}{2}(\alpha_2-\alpha_1)$$

且 $$BC=r_D\tan\angle BAC=r_D\tan\frac{\alpha_2-\alpha_1}{2}$$

所以 $$B'C'=r_D\tan\frac{\alpha_2-\alpha_1}{2}\cos\alpha_1$$

可得 $$AC_X=r_D\sin\alpha_1+r_D\tan\frac{\alpha_2-\alpha_1}{2}\cos\alpha_1=r_D\frac{\sin\alpha_1+\sin\alpha_2}{1+\cos(\alpha_2-\alpha_1)}$$

同理，可求得$\overrightarrow{AC}$ 的 Y 分量为

$$AC_Y=r_D\frac{-\cos\alpha_1-\cos\alpha_2}{1+\cos(\alpha_2-\alpha_1)}$$

求得$\overrightarrow{AC}$ 后，可以计算出 OA、AF 所对应的刀具中心轨迹，分别为 $\overrightarrow{JB}+(\overrightarrow{AC}-\overrightarrow{AB})$ 及 $\overrightarrow{DK}+(\overrightarrow{AC}-\overrightarrow{AD})$。

3.6 进给速度与加减速控制

数控机床的进给速度对加工精度、表面粗糙度和生产率有较大影响。加工过程中需要保持进给速度稳定，并且要保证可以随时手动调节进给速度。

在机床加工过程中，经常有启动、升速、降速和停止的动作。为了保证在这些动作过程中运动平稳和定位准确，防止出现冲击、失步、超程及振荡等现象，须按一定规律对升速和降速的过程进行控制。

3.6.1 进给速度的计算与控制

(1) 进给速度计算

插补计算方法不同，进给速度的计算方法也有所不同。

① 脉冲增量插补的速度计算。脉冲增量插补算法用于开环数控系统中，数控系统通过控制输出给步进电动机进给脉冲的频率控制进给速度。进给速度 F 与进给脉冲频率 f 的关系如式 (3-12)：

$$f=\frac{F}{60\delta} \tag{3-12}$$

两轴联动时各坐标轴进给速度为

$$\begin{aligned} v_x&=60\delta f_x \\ v_y&=60\delta f_y \end{aligned} \tag{3-13}$$

式中，v_x、v_y 分别为 X、Y 轴方向的运动速度；f_x、f_y 分别为向 X、Y 轴发送进给脉冲的频率；δ 为脉冲当量。

合成速度为

$$v=\sqrt{v_x^2+v_y^2}=F \tag{3-14}$$

② 数据采样插补的速度计算。数据采样插补用于闭环和半闭环数控系统中，速度计算的任务是：对于直线，计算出各坐标轴的插补周期的步长；对于圆弧，计算步长分配系数。

a. 直线插补的速度计算。一个插补周期的进给步长为

$$\Delta L=\frac{KFT}{1000\times 60} \tag{3-15}$$

式中，ΔL 为每个插补周期的进给步长，μm；F 为编程给出的合成进给速度，mm/min；T 为插补周期，ms；K 为进给倍率的调节范围，根据操控面板上进给倍率开关的状态设置相应的 K 值，以对手动速度调整做出正确响应。

X、Y 轴在一个插补周期中的步长 Δx、Δy 为

$$\Delta x=\Delta L\cos\alpha=\frac{1}{60\times 1000}KFT\cos\alpha$$

$$\Delta y=\Delta L\sin\alpha=\frac{1}{60\times 1000}KFT\sin\alpha$$

式中，α 为直线与 X 轴的夹角。

b. 圆弧插补的速度计算。坐标轴在一个插补周期内的进给步长为

$$\Delta x_i = \Delta L\cos\alpha_i = \frac{KFT}{60\times1000}\frac{j_{j-1}}{R} = \lambda j_{j-1}$$
$$\Delta y_i = \Delta L\sin\alpha_i = \frac{KFT}{60\times1000}\frac{i_{i-1}}{R} = \lambda i_{i-1} \tag{3-16}$$

式中，R 为圆弧半径；K 为进给倍率的调节范围；（i_{i-1}，j_{j-1}）为圆心相对于第 $i-1$ 点的坐标值；α_i 为第 i 点与第 $i-1$ 点连线与 X 轴的夹角（圆弧某点切线方向，即进给速度方向与 X 轴夹角）；T 为插补周期，ms；λ 为步长分配系数，$\lambda=\frac{KFT}{60\times1000R}$，通过 λ 与圆弧上一点 i、j 的乘积可以确定下一个插补周期内的进给步长。

(2) 速度控制

① 脉冲增量插补的进给速度控制。脉冲增量插补多用于以步进电动机为执行元件的开环数控机床中。通过控制向步进电动机发出进给脉冲的频率来控制进给速度，所以进给速度处理是根据编程的进给速度确定脉冲频率的过程。

常用的进给速度控制方法有程序计时法、时钟中断法等。

a. 程序计时法。在控制软件中，只要控制两个进给脉冲的间隔时间，就可实现速度控制。程序计时法常利用调用延时子程序的方法控制脉冲间隔时间。

进给脉冲的间隔时间 T，通常由插补运算时间 t_{ch} 和程序计时时间 t_j 两部分组成，即 $T=t_{ch}+t_j$。由于插补运算所需时间一般来说是固定的，因此只要改变程序计时时间就可控制进给速度。可以通过控制延时子程序的调用次数来控制计时时间，延时子程序的调用次数少，空运转等待时间短，进给脉冲间隔时间短，速度就快；反之，进给速度就慢。

采用程序计时法时，需要先根据要求的进给速度 F，求出与之对应的脉冲频率 f，再计算出两个进给脉冲的时间间隔，即延时子程序的计时时间。

例如，已知系统脉冲当量 $\delta=0.01$mm/脉冲，进给速度 $F=300$mm/min，插补运算时间 $t_{ch}=0.1$ms，求程序计时时间。

脉冲频率为
$$f=\frac{F}{60\delta}=\frac{300}{60\times0.01}=500\text{Hz}$$

则时间间隔为
$$T=\frac{1}{f}=2\text{ms}$$

程序计时时间为
$$t_j=T-t_{ch}=1.9\text{ms}$$

程序计时法比较简单，但占用 CPU 时间较长，适合于较简单的控制过程。

b. 时钟中断法。时钟中断法的基本原理是求一种时钟频率，用软件控制每个时钟周期内的插补次数，以达到控制进给速度的目的。

时钟中断法有两种：

• 采用变频振荡器发出某一频率的脉冲，作为中断信号。CPU 每接收到一次中断信号，就进行一次插补运算并发出一个进给脉冲。

该方法须外加脉冲源，且不适用于 F 直接用 mm/min 给定的系统。

• 利用可编程定时器/计时器进行计时，当定时器/计时器的计时时间到后，即发出中断信号，数控系统开始进行插补计算。该方法由程序设置定时器/计时器的时间常数 T_c，改变时间常数 T_c，就改变了请求中断的频率，也就相当于改变了插补的速度，从而实现对进给速度的控制。

该方法可用于 F 直接用 mm/min 给定的系统。

时钟中断法具有精密、实时、并行特征，适合于较复杂的控制过程。

② 数据采样插补的进给速度控制。数据采样插补用于以直流伺服电动机或交流伺服电动机作为执行元件的闭环和半闭环数控系统中。对于直流伺服电动机，根据速度计算结果，一般由控制系统通过改变电枢电压的方式控制进给速度；对于交流伺服电动机，根据速度计算结果，一般由控制系统通过变频器控制进给速度。

3.6.2　数据采样插补的加减速控制

数据采样插补的加减速控制可以在插补前进行，也可以在插补后进行。在插补前进行的加减速控制称为前加减速控制，特点是只对编程速度 F 进行控制，不会影响实际插补输出的位置精度，且只需要预测减速点，但计算量较大。在插补后进行的加减速控制称为后加减速控制，特点是分别对各个坐标轴进行加减速控制，不需要预测减速点，而是在插补输出为零时才开始减速，经过延时逐渐靠近终点。

在采用数据采样插补的控制系统中，对于直线插补，两种方法都不会因为升降速产生轨迹误差。但是，对于圆弧插补，后加减速控制会产生轨迹误差，所以一般采用前加减速控制方法。

(1) 前加减速控制

① 稳定速度与瞬时速度。进行加减速控制时，首先要计算出稳定速度和瞬时速度。所谓稳定速度，就是系统处于稳定进给状态时，每插补一次（一个插补周期）的进给量。

根据式（3-17）计算稳定速度：

$$v_c=\frac{KFT}{1000\times 60} \tag{3-17}$$

式中，v_c 为稳定速度，mm/min；F 为编程给出的合成进给速度，mm/min；T 为插补周期，ms；K 为速度系数，根据操控面板上的进给速度倍率开关状态设置。

完成稳定速度计算后，进行速度限制检查。如果稳定速度超过由参数设定的最高速度，则取最高速度为稳定逗度。

所谓瞬时速度，是指系统在每个插补周期内的进给量。当系统处于稳定进给状态时，$v_i=v_c$（v_i 为瞬时速度，v_c 为稳定速度）；当系统处于加速状态时，$v_i<v_c$；当系统处于减速状态时，$v_i>v_c$。

加减速处理时，每插补一次都要计算稳态速度和瞬态速度，并根据二者的关系进行加速或减速处理。

② 线性加减速处理。当机床改变进给速度时，数控系统自动进行加减速处理。加减速的速率包括快速进给和切削进给两种，若进给速度为 F，由 0 到 F 所用时间为 t，则加减速的速率 a 可按下式计算：

$$a=1.67\times 10^{-5}\frac{F}{t}(\mathrm{mm/s^2}) \tag{3-18}$$

若由 0 变到最大进给速度 F_{max}，则应在式（3-18）中代入 F_{max}。

a. 加速处理。当计算出的稳态速度大于上一个插补周期的瞬时速度，则要加速，每加速一次，瞬时速度为

$$v_{i+1}=v_i+aT \tag{3-19}$$

新的瞬时速度 v_{i+1} 作为插补进给量参与插补计算，计算出各坐标轴的位置增量，使坐标轴运动到稳定速度为止。

b. 减速处理。当计算出的稳态速度小于上一个插补周期的瞬时速度，或者进入减速区域后，则要减速，每减速一次，瞬时速率为

$$v_{i+1}=v_i-aT \tag{3-20}$$

新的瞬时速度 v_{i+1} 作为插补进给量参与插补计算，控制坐标轴运动，直到减速到新的稳定速度或到达终点。

③ 终点判别处理。每插补计算一次，系统都要进行终点判别，计算刀具中心与终点的距离 S_i，并与设定的减速距离 S 进行比较，若 $S_i \leqslant S$，则进行减速处理。

当稳定速度 v_c 和加速度 a 确定之后，S 可由式（3-21）求得：

$$S=\frac{v_c^2}{2a}+\Delta S \tag{3-21}$$

式中，ΔS 为提前量，作为参数预先设置。

终点判别计算分为直线插补和圆弧插补两种情况：

对于图 3-23 所示的直线 OE，瞬时点 N 的坐标值可以由计算出的 X 和 Y 轴方向的进给量 Δx、Δy 和上一个插补点的坐标 x_{i-1}、y_{i-1} 计算求得，即

$$\begin{aligned} x_i &= x_{i-1}+\Delta x \\ y_i &= y_{i-1}+\Delta y \end{aligned} \tag{3-22}$$

瞬时点距离终点 E 的距离为

$$S_i=\sqrt{(x_e-x_i)^2+(y_e-y_i)^2} \tag{3-23}$$

对于图 3-24 所示的顺时针圆弧 AE，N 为顺圆上某一瞬时点，E 为圆弧的终点，点 N 与终点 E 之间的距离为

$$S_i=\sqrt{(x_e-x_i)^2+(y_e-y_i)^2} \tag{3-24}$$

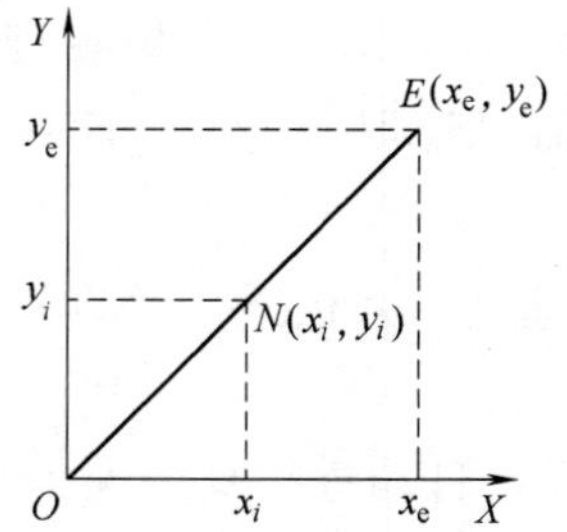

图 3-23　直线插补终点判别

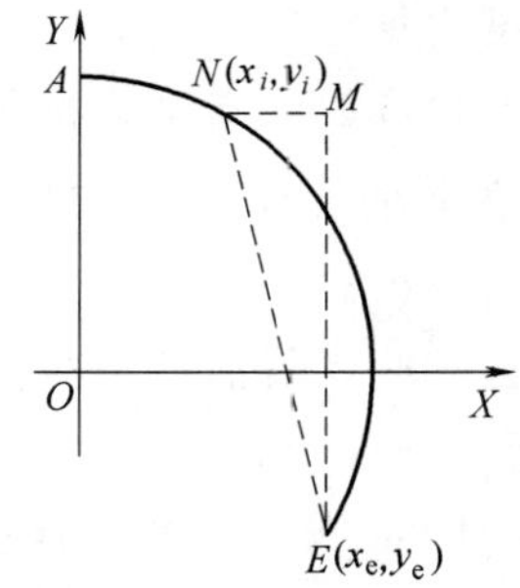

图 3-24　圆弧插补终点判别

图 3-24 中圆弧的圆心角小于 π，瞬时点离圆弧终点的直线距离越来越小。而图 3-25 所示的圆弧，其圆心角大于 π。此时，瞬时点离圆弧终点的距离 S_i 的变化规律是：从圆弧起点 A 开始向 C 点插补时，S_i 越来越大，到达 C 点时，S_i 等于直径；当瞬时点越过分界点

C 后，S_i 越来越小。所以，当圆心角大于 π 时，需要判别 S_i 的变化趋势。若 S_i 变大，则不进行终点判别处理，直到越过分界点；若 S_i 变小，需进行终点判别处理。

(2) 后加减速控制

后加减速常用的有直线加减速、指数加减速和 S 形曲线加减速控制方法。

① 直线加减速控制。直线加减速控制算法使机床在启动和停止时，速度沿一定斜率的直线上升或下降，如图 3-26 所示。

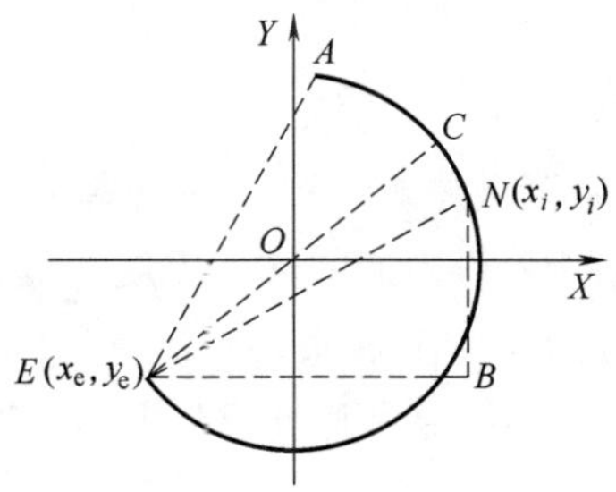

图 3-25　圆心角大于 π 时圆弧插补的终点判别

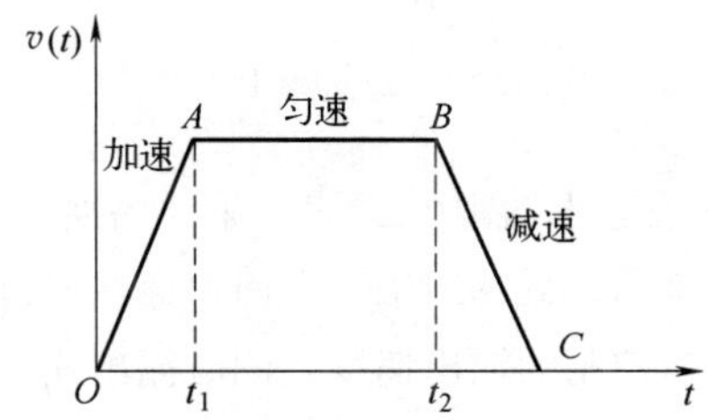

图 3-26　直线加减速控制

直线加减速控制过程如下：

a. 加速过程。如果输入速度 v_c 与上一个采样周期的输出速度 v_{i-1} 之差大于一个常值 KL，则使本次采样周期的输出速度增加 KL 值，即

$$v_i=v_{i-1}+KL \tag{3-25}$$

式中，KL 为加减速的速度阶跃因子。在加速过程中，输出速度沿斜率为$\dfrac{KL}{\Delta t}$的直线上升，Δt 为采样周期。

b. 加速过渡过程。输入速度 v_c 与上一个采样周期的输出速度 v_{i-1} 满足式（3-26）时，说明速度已上升至接近匀速。这时改变本次采样周期的输出速度，使其与输入速度相等，即 $v_i=v_c$。经过这个过程后，进入稳定速度阶段。

$$0<v_c-v_{i-1}<KL \tag{3-26}$$

c. 匀速过程。输出速度保持不变，即：$v_{i+1}=v_i$。

d. 减速过渡过程。输入速度 v_c 与上一个采样周期的输出速度 v_{i-1} 满足式（3-27）时，改变本次采样周期的输出速度，使之减小到与输入速度相等。

$$0<v_{i-1}-v_c<KL \tag{3-27}$$

e. 减速过程。输入速度 v_c 与上一个采样周期的输出速度 v_{i-1} 满足式（3-28）时，进行减速控制。

$$v_{i-1}-v_c>KL \tag{3-28}$$

减速处理使本次采样周期的输出速度减小 KL，即

$$v_i=v_{i-1}-KL \tag{3-29}$$

在减速过程中，输出速度沿着斜率为$\dfrac{KL}{\Delta t}$的直线下降。

② 指数加减速控制。

a. 速度与时间的关系。指数加减速控制的目的是将启动或停止时的速度突变变成速度

随时间按指数规律变化，如图 3-27 所示。

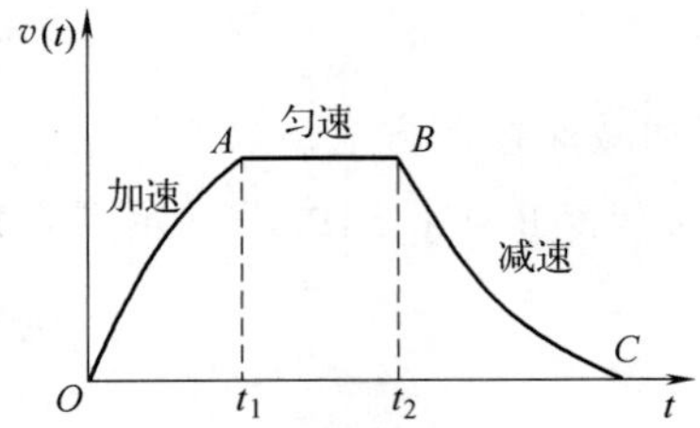

图 3-27 指数加减速控制

指数加减速的速度与时间的关系：

匀速时：
$$v(t)=v_c \tag{3-30}$$

加速时：
$$v(t)=v_c(1-e^{-\frac{t}{T}}) \tag{3-31}$$

减速时：
$$v(t)=v_c e^{-\frac{t}{T}} \tag{3-32}$$

式中，T 为时间常数；v_c 为稳定速度。

b. 指数加减速控制算法原理。图 3-28 为指数加减速控制算法原理图，图中 Δt 表示采样周期。误差寄存器 E 将每个采样周期的输入速度与输出速度之差进行累加，累加结果一方面保存在误差寄存器中，另一方面与 $1/T$ 相乘，乘积作为当前采样周期加减速控制的输出速度。同时输出速度又反馈到输入端，在下一采样周期重复上述过程。

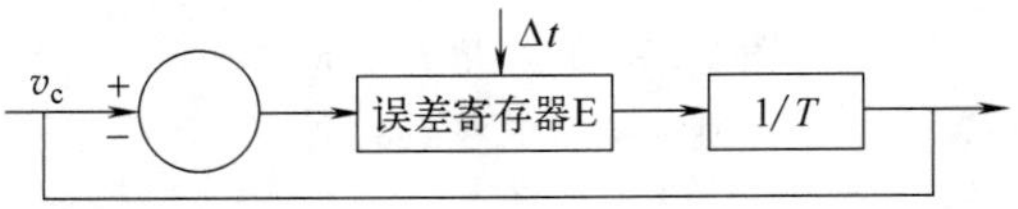

图 3-28 指数加减速控制算法原理图

上述过程可以用式（3-33）所示的迭代公式实现：

$$E_i=\sum_{k=0}^{i-1}(v_c-v_k)\Delta t \tag{3-33}$$

$$v_i=E_i/T \tag{3-34}$$

式中，E_i、v_i 为第 i 个采样周期误差寄存器 E 中的值和输出速度值。迭代值 E_0、v_0 为零。

③ S 形曲线加减速控制。S 形曲线加减速控制使进给运动沿 S 形曲线进行加减速，如图 3-29 所示。S 形曲线加减速控制在任何一点的加速度都是连续变化的，避免了柔性冲击，速度的平滑性很好，运动精度高，但算法复杂，一般用于高速、高精度的数控机床中。

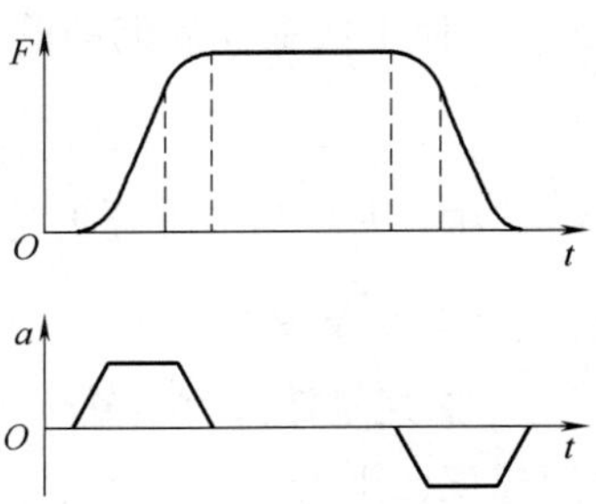

图 3-29 S 形曲线加减速控制

3.7 数控机床的辅助控制装置

3.7.1 数控机床中可编程控制器的类型

数控机床的辅助控制装置多采用可编程逻辑控制器（简称可编程控制器）。数控机床的可编程控制器对辅助功能指令进行译码，并对辅助功能指令进行处理，实现冷却液开关、刀具松开与夹紧等机床动作。

数控机床所用 PLC 有两种类型，即独立型 PLC 及嵌入型 PLC。

独立型 PLC 独立于数控装置之外，具备完整的硬件结构体系和外围硬件驱动电路，控制单元本身具有 RAM，利用控制单元本身的 CPU 内存存储功能代码，能够完成数控机床的逻辑控制。此外，独立型 PLC 有自己的 I/O 接口模块，如图 3-30 所示。

嵌入型 PLC 是专为实现数控机床顺序控制而设计、制造的，其作为数控装置的一部分，与数控装置共用计算机硬件资源。PLC 与数控机床之间的信号传送在计算机内部实现，如图 3-31 所示。

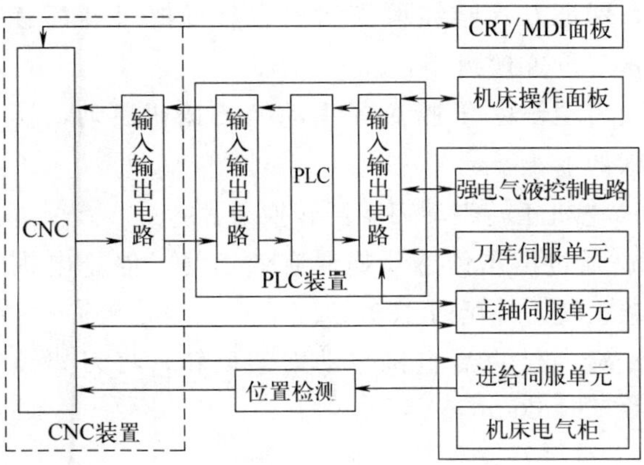

图 3-30　具有独立型 PLC 的数控系统

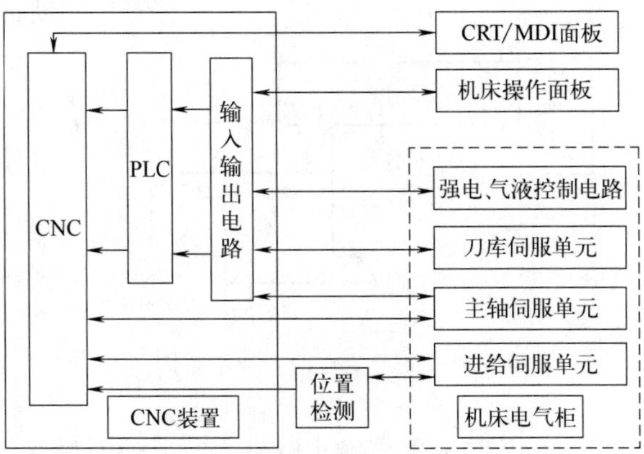

图 3-31　具有嵌入型 PLC 的数控系统

3.7.2　可编程控制器在数控机床中的应用

在数控机床运行过程中，可编程控制器根据数控机床内部标志以及机床各操作开关实际运行的信号状态，按照预先规定的逻辑顺序，对诸如主轴启动/停止（M 功能）、自动换刀装置的取刀/归刀（T 功能）、冷却液开/关（M 功能）等辅助动作进行控制。

可编程控制器通常采用顺序控制方式，其 CPU 读取存储器中的所有指令，按顺序执行程序，完成控制功能。

本书介绍可编程控制器在数控机床主轴定向准停和四工位自动刀架自动换刀控制中的应用。

(1) 主轴定向准停

数控镗、铣床进行自动换刀时，主轴需要定向准停。控制梯形图如图 3-32 所示。

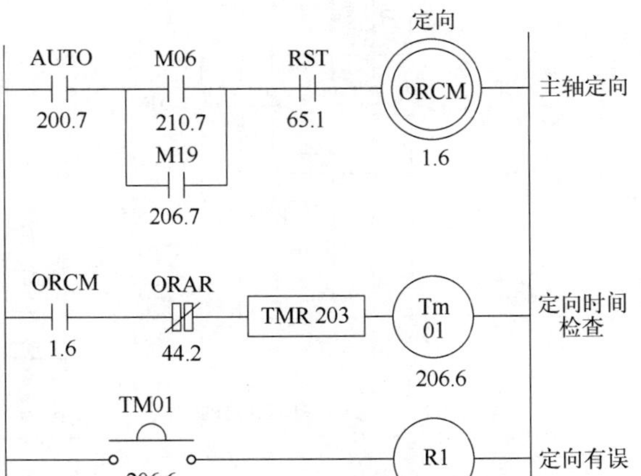

图 3-32　主轴定向准停控制的梯形图

图 3-32 中 M06 是换刀指令，M19 是主轴定向指令，这两个信号并联作为主轴定向控制的控制信号。AUTO 为自动工作状态信号，手动时 AUTO 为 0，自动时为 1。RST 为 CNC 系统的复位信号，ORCM 为主轴定向继电器，ORAR 为从机床侧输入的“定向到位”信号。

为了检测主轴定向是否在规定时间内完成，设置了定时器 TMR 功能。当在规定时间内不能完成定向控制时，将发出报警信号。R1 即为报警继电器。

这里应用了功能指令 TMR 进行定时操作。延时数据可以在 MDI 方式下输入，并存入 203 号数据存储单元。

(2) 四工位自动刀架自动换刀控制

① 过程分析。四工位自动刀架的电动机采用三相交流供电，设置正反转控制电路，电动机和刀架转向一致，各刀具按顺序依次经过加工位置，如图 3-33 所示。通过刀架反转自

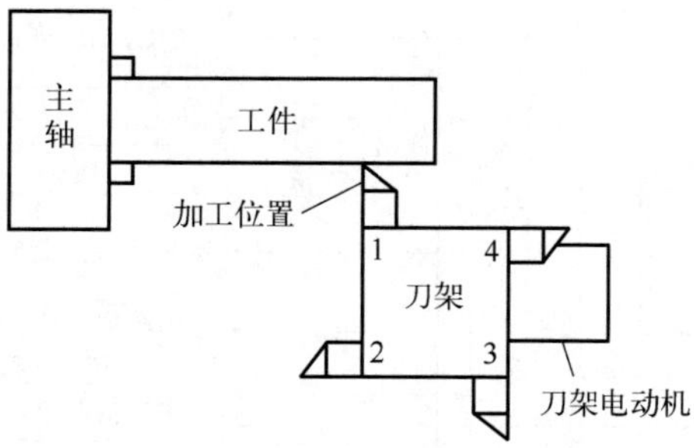

图 3-33　四工位自动刀架示意图

动锁，保证刀具能够承受切削力。每把刀具都有一个霍尔位置检测开关。

换刀动作由 T 指令或手动换刀按钮启动，换刀过程如下：

a. 电机正转带动刀架正转换刀。

b. 通过霍尔传感器提取有效信号，停止电机及刀架正转，并延时 100ms。

c. 延时结束后电机带动刀架反转，将刀架锁死，并延时 500ms。

d. 延时结束后停止电机，完成换刀操作。

② 安全互锁。

a. 刀架电机长时间旋转（设置阈值，大于正常所需换刀时间）而检测不到刀位信号，则认为换刀失败，停止电机运行并发出报警。

b. 监控刀架电机温度，在过热条件下停止换刀过程，并禁止自动加工。

③ 电气与程序设计。刀架控制的电气设计如图 3-34 所示。

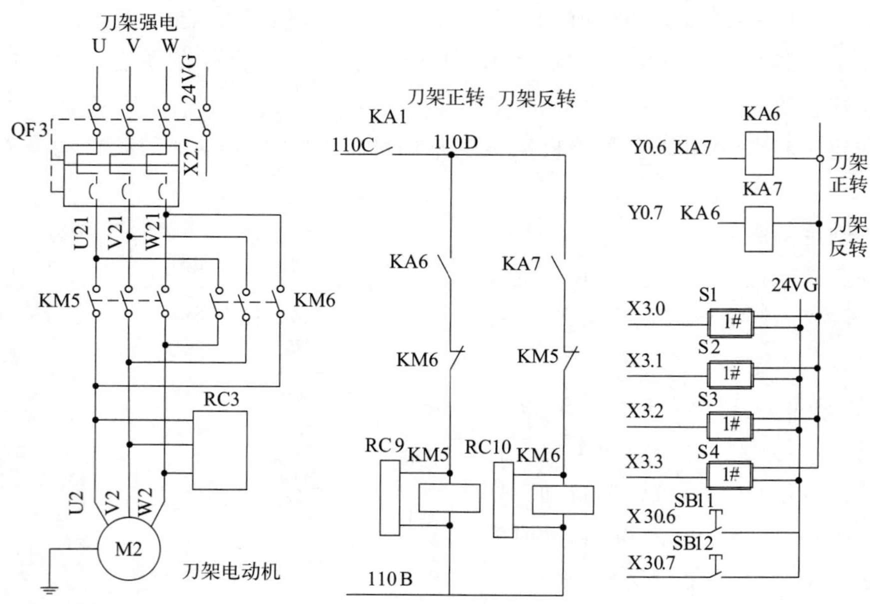

(a) 强电电路　　(b) 接触器电路　　(c) PLC输入/输出

图 3-34　刀架控制的电气设计

自动刀架控制涉及的输入/输出寄存器如表 3-5 所示。

表 3-5　自动刀架控制涉及的输入/输出寄存器

名称	功能	名称	功能
X2.7	刀架电动机过热报警输入	X3.0～X3.3	1～4 号刀具到位信号输入
X30.6	手动刀位选择按钮信号输入	X30.7	手动换刀启动按钮信号输入
Y0.6	刀架正转继电器控制输出	Y0.7	刀架反转继电器控制输出

各电气元件含义如表 3-6 所示。

表 3-6　电气元件含义表

名称	含义	名称	含义
M2	刀架电动机	QF3	带过载保护的电源空气开关
KM5、KM6	刀架电动机正反转控制交流接触器	KA1	由急停控制的中间继电器
KA6、KA7	刀架电动机检测霍尔开关	S1～S4	刀位检测霍尔开关
SB11	手动刀位选择按钮	SB12	手动换刀启动按钮
RC9、RC10	单相灭弧器	RC3	三相灭弧器

PLC 程序按定时循环扫描的方式执行，与换刀相关的程序扫描周期为 16ms，用 plc1_time 表示。程序中利用这一点实现定时（延时）功能。程序中用到的变量说明如下。

* sys_ext_alm()：用于设定外部报警，为 16 位二进制数，每一位代表一个报警，可设定 0～15（共 16 个）外部报警。某位为 1 时，相对应的外部报警显示；为 0 时，则清除相对应的报警。

mod_T_code(0)：T 指令代码，一般为 3 位十进制数，百位表示刀号，个位、十位表示刀偏号。置“－1”时 T 指令完成。

T_stage：定义换刀顺序标记的局部变量（字符型）。

T_stage_dwell：定义换刀延时时间的局部变量（无符号整型）。

T_NO：定义所选刀号的局部变量（字符型）。

车床刀架用 T 指令换刀的 C 语言 PLC 处理程序如下：

```
if((X[2]&0x80)= = 0)              //若电动机过热(X2.7 为 0)
{
  * sys_ext_alm() |= 4;            //显示 2 号外部报警;刀架电动机过热
  mod_T_code(0)= - 1;              //强制 T 指令完成
  return;                          //从 T 指令处理程序返回到 PLC 主程序(以下
                                     简称“返回”)
}
else                               //否则
  * sys_ext_alm() &= ～4;          //清除 2 号外部报警
  T_NO= mod_T_code(0)/100;         //由 T 指令获得所需要选的刀号
if(T_stage_dwell> plcl_time)       //若设定的换刀延时时间未完成
{
T_stage_dwell-= plcl_time;         //则延时时间减去本程序执行周期的扫描时间
  return;                          //并且返回
  }
else                               //否则
T_stage_dwell= 0;                  //清零为下次延时准备
```

```
                                 //进入 Switch 结构,执行换刀顺序的下一步
Switch(T_stage)                  //读取换刀顺序标记
{
  case0;                         //换刀第 0 步
  Y[0]|= 0x40;                   //输出 T0.6,刀架正转
  break;                         //退出 Switch 结构(以下简称"退出")
  case1;                         //换刀第一步
  if((X[3]&0xF)! = (- 1< < (T_NO-1)))
{                                //若本扫描周期读取的刀位信号不是所选刀
  T_stage= 0;                    //则回到换刀第 0 步,即保持正转继续找刀
  T_change_time+ = plcl_time;    //记录正转时间
  If(T_change_time> 8000)        //若超过 8s 没有找到目标刀位
{
  * sys_ext_alm()|= 8;           //则显示 3 号外部报警;换刀超时
  Y[0]&= ~0x40                   //停止电动机
  mod_T_code(0)= -1;             //T 指令强制完成
  Break;                         //退出
}
else
  * sys_ext_alm()|= ~8;          //否则清除 3 号外部报警
  break;                         //退出
}
  Y[0]&= ~0x40;                  //否则,表示已到达所选刀位,Y0.6 置零,停止
                                   刀架正转
  T_stage_dwell= 100;            //设定停止延时 100ms
  break;                         //退出
  case2;                         //换刀第二步
  Y[0]|= 0x80;                   //Y0.7 置 1,刀架电动机反转锁死刀架
  T_stage_dwell= 500;            //反转时间为 500ms
  break;                         //退出
  case3;                         //换刀第三步
  Y[0]&= ~0x80;                  //Y0.7 置 0,刀架电动机停止旋转
  mod_T_code(0)= - 1;            //置 T 指令完成标记
  break;                         //退出
}
  T_stage+ + ;                   //换刀顺序标记加 1
```

换刀也可以用数控机床操控面板上的手动按钮实现，PLC 的处理过程与上述相似。只是换刀号“T_NO”的获取方法不是靠 T 指令，而是由选刀按钮设定。

3.8　数控系统接口

数控系统接口指的是数控系统与机床电气控制部分之间的电气连接部分，其作用是传输信息。

(1) 接口的类型

“机床/数控接口”标准规定了数控装置、电气控制设备与数控机床之间的接口分类，如图 3-35 所示。

接口分为四类：第Ⅰ类是与驱动有关的连接电路，主要是指与坐标轴进给驱动和主轴驱动的连接电路。第Ⅱ类是数控装置与测量系统及测量传感器之间的连接电路。第Ⅲ类是电源及保护电路。第Ⅳ类是开关信号和代码信号连接电路。

第Ⅰ类和第Ⅱ类接口传输数控装置与驱动单元、伺服电动机、位置和速度控制单元之间的信号，属于数字控制、伺服控制和检测控制。第Ⅲ类接口以电源变压器为中心，将电能转换成机床工作所需要的电压，由数控机床强电线路中的电源控制电路构成。强电线路由电源变压器、控制变压器、断路器、接触器、熔断器等构成，为辅助交流电机（冷却泵电动机、风扇电动机）、电磁铁、离合器、电磁阀等执行元件供电。第Ⅳ类接口传输数控装置与外部电气元件之间的输入和输出信号。当数控机床不带 PLC 时，这些信号在数控装置和机床之间传送；当数控机床带 PLC 时，除了少数的高速信号外，均由 PLC 传送。

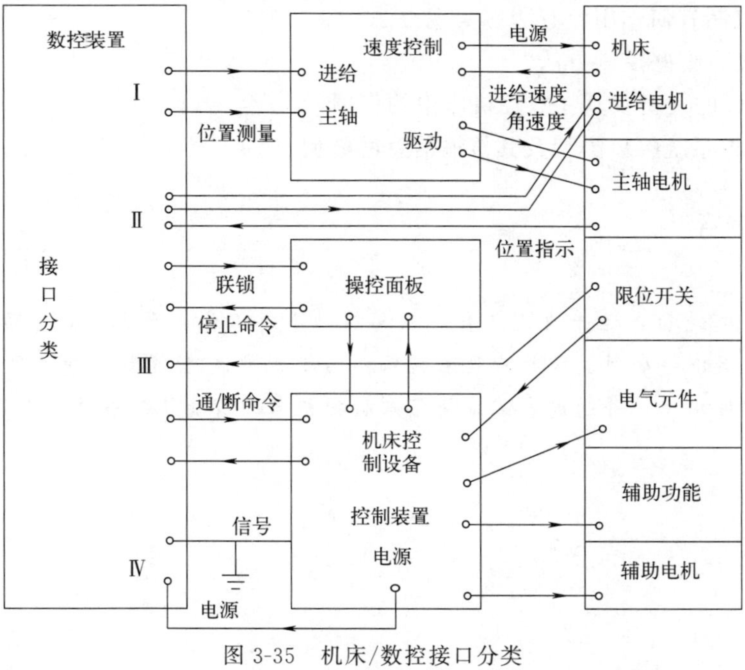

图 3-35　机床/数控接口分类

(2) I/O 信号类型与接口电路作用

① I/O 信号类型。在数控机床中由机床向数控装置传送的信号称为输入信号，由数控装置向机床传送的信号称为输出信号。输入/输出（I/O）信号主要包括直流数字输入/输出

信号、直流模拟输入/输出信号、交流输入/输出信号。在这些信号中，直流数字输入/输出信号用于进给坐标轴和主轴的伺服控制，交流信号用于控制功率执行元件。

② 接口电路作用。接口电路的主要作用如下：

a. 电平转换与功率放大。由于传输信号性质不同，在传输信号时，接口电路需要完成信号电平转换。在重负载情况下，还要进行功率放大。

b. 数控装置与机床之间的电气隔离。用光电耦合器或继电器实现数控装置与机床之间的电气隔离，防止噪声引起误操作。

c. A/D（模/数）或 D/A（数/模）转换。数控装置只能处理数字信号，模拟量输入时需要进行 A/D 转换。同样地，需要模拟量控制的地方，数控装置的输出信号需要进行 D/A 转换。

思考与练习

1. 说明多微处理器数控装置的特点及应用场合。
2. 说明数控装置软件的功能。
3. 数控装置的软件系统中如何解决多任务并行处理问题?
4. 以直线起点为坐标原点，终点坐标为（3，3)，用逐点比较法进行插补计算，并绘制插补轨迹。
5. 说明数据采样插补的基本原理。
6. 为什么 C 型半径补偿能够自动处理刀具轨迹之间的转角过渡?
7. 加减速控制有何作用? 有哪些实现方法?
8. 进给速度有哪些控制方法?
9. 说明 PLC 的类型及其在数控机床中的作用。
10. 说明数控系统接口类型及其传输信息的类型。

拓展内容

智能制造技术蓬勃兴起并快速发展，在其推动下，工业生产也在进行新一轮的技术革命。读者可去《经济半小时》节目中观看视频《启航新时代 智能制造加速度》，了解我国智能制造技术的发展水平，并通过查阅资料了解数控机床的智能化发展及其在智能制造系统中的应用。

第4章

伺服驱动系统与检测装置

思维导图

扫码获取资源

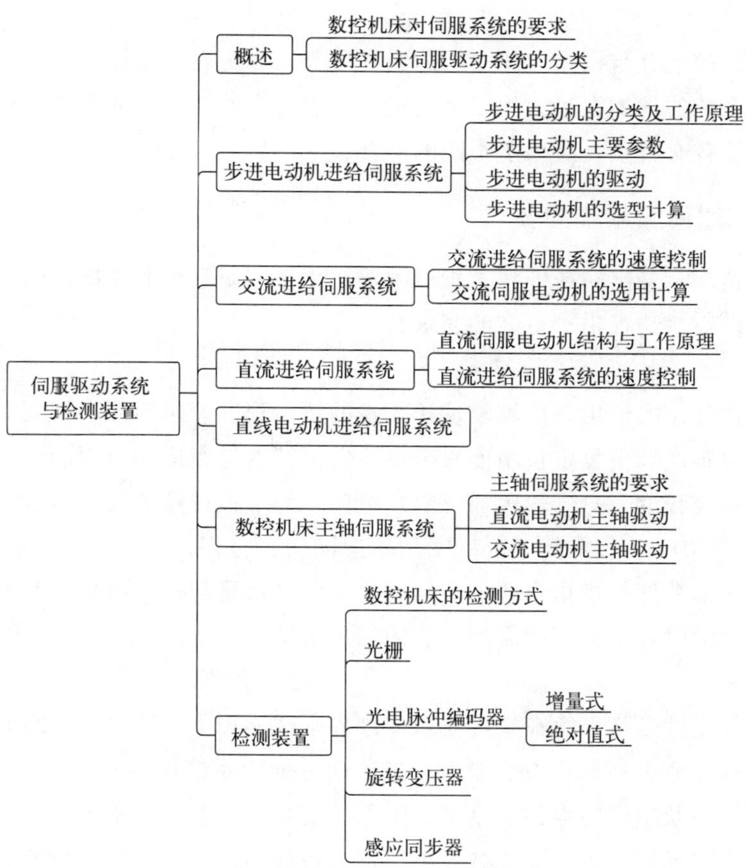

学习目标

- 理解步进电动机进给伺服系统、交流进给伺服系统和直流进给伺服系统的组成及控制方法。
- 了解直线电动机进给伺服系统的特点。
- 掌握步进电动机选型计算方法。

- 掌握交流伺服电动机选型计算方法。
- 理解常用检测装置的工作原理。
- 了解常用检测装置的主要参数、应用场合。
- 了解数控机床主轴驱动的类型及控制方法。

数控机床的伺服驱动系统（伺服系统）是以机床运动部件的位置和速度为控制对象的自动控制系统。伺服系统接收数控装置输出的指令信息，经过信号变换和功率放大，驱动机床的直线或旋转运动。数控机床检测装置的作用是检测机床运动部件的位置和速度，并发送反馈信号，从而构成闭环或半闭环控制系统。

4.1 概述

伺服系统是数控装置与机床本体之间的联系环节，是实现进给运动及主轴运动的驱动和执行机构。伺服系统的性能在很大程度上决定了数控机床的性能。伺服系统有多种类型，不同类型的伺服系统各有特点，应用于不同的场合。

4.1.1 数控机床对伺服系统的要求

数控机床的精度、最高转速等技术指标主要取决于伺服系统的性能。随着数控技术的发展，数控机床对伺服系统提出了更高的要求。

(1) 高精度

伺服系统的精度是指输出量能够复现输入量的精确程度，包括静态精度和动态精度。静态精度一般用定位精度和重复定位精度来衡量。定位精度是指运动结束后，运动部件实际位置与理论位置的符合程度。对于轮廓加工数控机床，为了保证轮廓加工精度，一般要求定位精度达到 0.001～0.01mm。重复定位精度是指向同一目标多次定位时，各次定位位置之间的一致性程度。动态精度是指指令要求的运动速度和位移量与执行机构实际速度和位移量的符合程度。多轴联动时，动态精度影响轮廓的加工精度。

(2) 稳定性好

伺服系统的稳定性是指系统在给定输入或外界干扰作用下，能够经过短时间的调节达到新的平衡状态或恢复原来平衡状态的能力。稳定性是伺服系统能够正常工作的最基本条件，其取决于系统的结构及组件的惯性、刚度、阻尼、增益等参数，与指令信号、干扰信号等外界作用信号的性质或形式无关。要求数控机床伺服系统稳定性高、抗干扰能力强，以保证进给速度均匀、平稳，否则会影响加工精度和表面质量，甚至无法正常加工。

(3) 动态响应快

动态响应是衡量伺服系统动态性能的一项重要性能指标，反映了系统的跟踪精度。动态响应速度不仅影响机床的加工效率，而且影响加工精度。伺服系统处于频繁的启动、制动、加速、减速等动态过程中，所以要求伺服系统加、减速度足够大，伺服电动机的速度从零变到最高转速，或从最高转速降至零的时间在 200ms 以内，甚至小于几十毫秒，且速度变化不能有超调。另一方面，当负载突变时，过渡过程的时间要短，且无振荡。

(4) 调速范围宽

调速范围是指机械装置要求电动机提供的最高转速和最低转速之比。与普通机床相比，数控机床的工艺范围更宽，因此要求其进给伺服系统和主轴伺服系统具有更宽的调速范围，以保证在加工时能选用更恰当的切削用量，获得最佳的加工质量和生产效率。要求数控机床进给伺服系统的无级调速范围宽，且在低速时仍能平滑运动，无爬行现象。要求主轴伺服系统的恒转矩调速范围达到 1∶100～1∶1000，恒功率调速范围在 1∶10 以上。

(5) 低速大转矩和较强的过载能力

数控机床在低速切削时，切削深度和进给量都较大，要求进给伺服系统在低速时有大的输出转矩，能够满足重切削加工的要求。

(6) 可靠性高

要求伺服系统对环境适应性强、性能稳定、寿命长，能够在不同环境下长时间地保持原有精度。

(7) 维修方便

数控机床属于高精度自动控制机床，开机频率较高，其伺服系统需便于维修和保养。

4.1.2　数控机床伺服驱动系统的分类

数控机床伺服驱动系统可以依据控制理论、驱动元件、控制对象等进行分类。

(1) 按照控制理论分类

按照控制理论的不同，伺服系统分为无反馈调节环节的开环伺服系统及有反馈调节环节的闭环、半闭环伺服系统。

① 开环伺服系统。开环伺服系统没有比较控制环节和测量反馈装置，执行元件一般采用步进电动机，如图 4-1 所示。开环伺服系统具有结构简单、维护方便、可靠性高、制造成本低等优点。由于受步进电动机的步距精度和传动机构的传动精度的影响，难以实现高精度的位置控制，进给速度也受步进电动机工作频率的限制，一般只用于速度、精度要求不高的数控机床。

② 闭环伺服系统。闭环伺服系统包含检测元件，如图 4-2 所示。闭环伺服系统检测最终运动部件的位置和速度，并将检测结果进行反馈，与程序中的指令值进行比较，用二者的差值进行控制，直到差值为零时，运动部件停止运动。

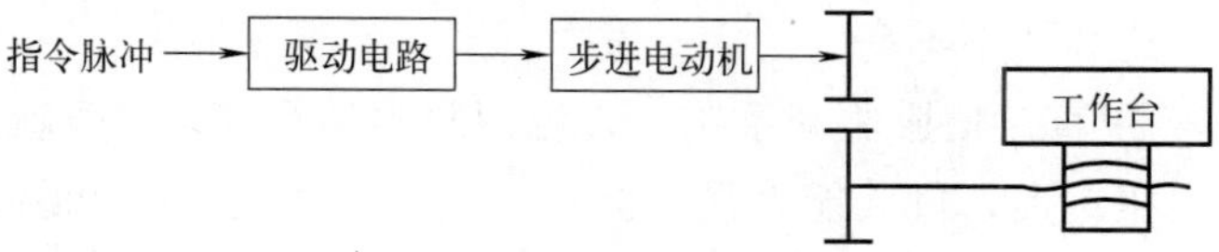

图 4-1　开环伺服系统

闭环伺服系统将传动误差包含在反馈闭环之内，理论上可以使系统的控制误差与检测元件的检测精度相同，但是传动误差的非线性、温度变化等因素仍然会对伺服系统的精度和稳定性产生影响。

闭环伺服系统定位精度高，可达 0.01～0.05mm，甚至 0.1μm。但是，闭环伺服系统复杂，调试和维修困难，价格较贵，主要用于高精度和大型数控机床。

③ 半闭环伺服系统。半闭环伺服系统的位置检测点是从驱动电动机（常用交流或直流伺服电动机）或丝杠端引出，其通过检测电动机或丝杠旋转运动的角位移间接检测工作台的直线位移，如图 4-3 所示。

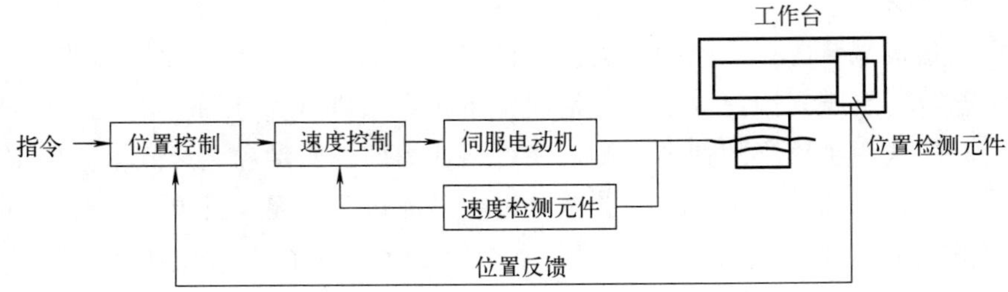

图 4-2　闭环伺服系统

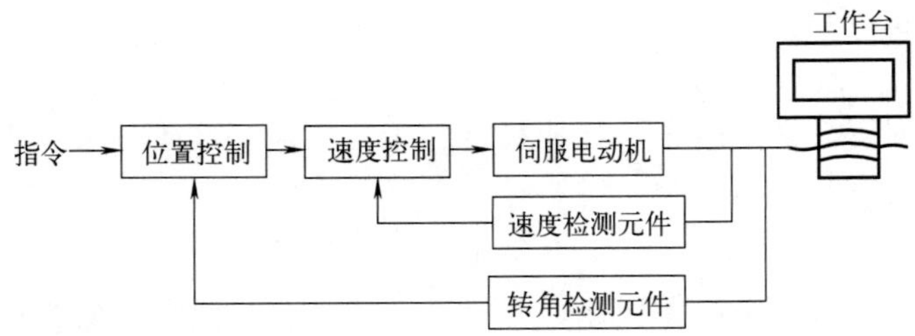

图 4-3　半闭环伺服系统

在半闭环伺服系统内不包括或只包括少量机械传动环节，因此可获得稳定的控制性能。由于位置环各组成环节的误差可得到一定程度的纠正，而位置环之外的各环节误差，如丝杠的螺距误差、齿轮间隙引起的运动误差难以消除，因此其精度比开环伺服系统要好，比闭环伺服系统要差。半闭环伺服系统结构简单、调试方便，在经济型数控机床中应用较多。

(2) 按驱动元件分类

数控机床可以使用步进电动机、交流伺服电动机、直流伺服电动机和直线电动机作为驱动元件。

① 步进电动机伺服驱动系统。步进电动机伺服驱动系统一般以功率步进电动机作为伺服驱动元件，无位置反馈。步进电动机伺服驱动系统结构简单、成本低、维修方便，但电动机转速和功率不高。

② 直流伺服驱动系统。直流伺服驱动系统采用直流伺服电动机驱动，系统调速范围宽，输出扭矩大，过载能力强。但是，直流电动机具有电刷和换向器，使其最高转速受到限制，一般额定转速为 1000～1500r/min。

③ 交流伺服驱动系统。交流伺服驱动系统采用交流异步伺服电动机（用于主轴驱动）或永磁式同步伺服电动机（用于进给驱动）驱动。交流伺服驱动系统具有电动机容易维修、制造简单的特点，并且易于向大容量、高速度方向发展，适合在较恶劣的环境中使用。目前，数控机床较多地采用交流伺服驱动系统。

④ 直线电动机伺服驱动系统。在直线电动机伺服驱动系统中，直线电动机直接驱动工作台做直线运动，取消了从电动机到工作台之间的机械传动环节，即把机床进给传动链的长度缩短为零，实现了所谓的“零传动”。直线电动机伺服驱动系统适用于进给速度高于 60m/min、加速度 1g 以上的高速数控机床。

(3) 按控制对象分类

数控机床伺服系统按照控制对象的不同分为进给伺服系统、主轴伺服系统和辅助功能伺服系统。

① 进给伺服系统用于数控机床工作台或刀架运动的控制与驱动，控制机床各坐标轴的切削进给运动，并提供切削所需的力矩。进给伺服系统提供的力矩大小、调速范围、调节精度及动态响应是其主要指标。

② 主轴伺服系统用于控制机床主轴的旋转运动，为机床主轴提供驱动功率和所需的切削力。

③ 辅助功能伺服系统用于加工中心，控制刀库、换刀机械手等辅助系统，多采用位置控制系统。

(4) 按反馈比较控制方式分类

闭环和半闭环伺服系统按照反馈比较控制方式的不同可以分为以下四类。

① 脉冲、数字比较伺服系统。脉冲、数字比较伺服系统将数控装置发出的脉冲（数字）信号与检测装置检测到的脉冲（数字）信号进行比较，得到二者差值，用此差值进行计算后得到新的输出。脉冲、数字比较伺服系统具有结构简单、容易实现等特点，多采用光栅、脉冲编码器作为检测元件。

② 相位比较伺服系统。相位比较伺服系统中的位置检测装置采用鉴相工作方式，将指令信号与检测信号都变为某个载波的相位，通过二者相位的比较，获得实际位置与指令位置的偏差，并用于控制。相位比较伺服系统中采用旋转变压器、感应同步器等检测元件来检测位置信息。

③ 幅值比较伺服系统。幅值比较伺服系统中的位置检测装置采用鉴幅工作方式，以位置检测信号的幅值反映位移量，并进行反馈。一般需要将幅值信号转换为数字信号，得到位置偏差值，并用于控制。

④ 全数字伺服系统。全数字伺服系统中位置、速度、电流构成的三环反馈均采用数字信号，具有灵活、柔性好等特点。

4.2 步进电动机进给伺服系统

步进电动机进给伺服系统主要由步进电动机、驱动器、电源等组成，一般采用开环控制，用于精度较低的数控机床及电加工数控机床中。

4.2.1 步进电动机的分类及工作原理

步进电动机是将电脉冲信号转换为机械位移的装置，其转子的转角（或角位移）与输入的电脉冲数成正比，转速与脉冲频率成正比，运动方向由步进电动机各相的通电顺序决定，保持电动机各相通电状态可使电动机自锁。

(1) 步进电动机分类

① 按运动方式可分为旋转式、直线运动式和平面运动式。

② 按工作原理可分为反应式（磁阻式）、感应子式和永磁感应子式（混合式）。

③ 按结构特点可分为单段式（径向式）、多段式（轴向式）和印刷绕组式。

④ 按相数可分为三相、四相、五相、六相和八相步进电动机等。

⑤ 按使用频率可分为高频步进电动机和低频步进电动机。

其中，反应式步进电动机是数控机床中应用较多的一种步进电动机。

(2) 步进电动机工作原理

不同类型的步进电动机，其工作原理有所不同。下面介绍反应式步进电动机的工作原理。

① 反应式步进电动机结构组成。图 4-4 是三相反应式步进电动机结构原理图。步进电动机由定子、转子和绕组组成。定子上有六个磁极，每个磁极上绕有励磁绕组，定子铁芯表面有齿距相等的小齿。转子无绕组，由带齿的磁性铁芯做成。

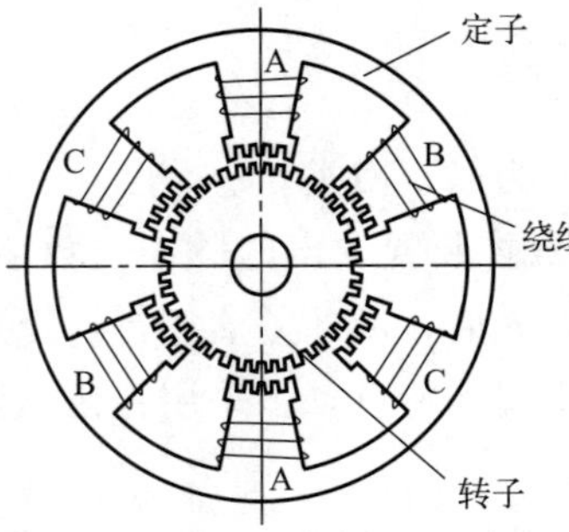

图 4-4　三相反应式步进电动机结构原理图

步进电动机的磁极对数称为相数。电动机定子绕组每改变一次通电方式，称为一拍。转子经过一拍转过的空间角度称为步距角。转子上相邻两齿在空间的角度称为齿距角，如转子上有 N 个齿，则齿距角为 $360°/N$。

② 反应式步进电动机的工作原理。根据相数等的不同，反应式步进电动机可分为不同类型，但其工作原理基本相同。下面以三相反应式步进电动机为例说明其工作原理。

三相反应式步进电动机的通电控制方式有三相单三拍、三相双三拍和三相六拍三种。

a. 三相单三拍控制方式。图 4-5 为反应式步进电动机三相单三拍工作原理图，图中的转子上有四个齿，每个定子上有一个齿。采用三相单三拍工作方式时，每次只有一个定子绕组通电。

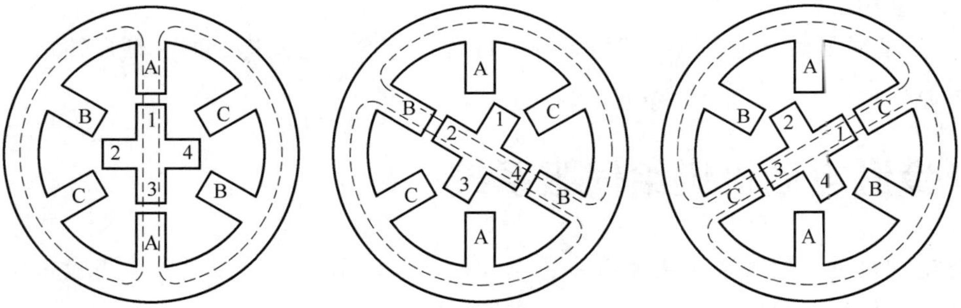

图 4-5　反应式步进电动机三相单三拍工作原理图

第一拍：A 相绕组通电，B、C 相绕组断电。A 相定子磁极的电磁力矩使相邻转子齿与其对齐（使磁阻最小），转子转过 30°。此时 B 相、C 相的定子齿和转子齿互相错开。

第二拍：B 相绕组通电，A、C 相绕组断电。B 相定子磁极的电磁力矩使转子顺时针方向转动 30°，转子齿与 B 相的定子齿对齐，此时 A 相、C 相的定子齿和转子齿互相错开。

第三拍：C 相绕组通电，A、B 相绕组断电。C 相定子磁极的电磁力矩又使转子顺时针方向转动了 30°，转子齿与 C 相定子齿对齐，此时 A 相、B 相的定子齿和转子齿互相错开。

按此顺序各相轮流重复通电，则转子连续顺时针旋转。若定子绕组通电顺序为 A→C→B→A，则电动机转子按逆时针方向旋转，其步距角仍为 30°。

由于每拍只有一相定子绕组通电，在切换瞬间可能失去自锁力矩，造成失步。而且，同时只有一相定子绕组通电，易使转子在平衡位置附近产生振荡。因此，“单三拍”控制方式的工作稳定性差，一般较少采用。

b. 三相双三拍控制方式。采用三相双三拍控制方式时，每次有两个定子绕组通电。

若定子绕组的通电顺序为 AB→BC→CA→AB，则转子按顺时针方向转动，其步距角仍为 30°。若定子绕组的通电顺序为 AB→CA→BC→AB，则转子按逆时针方向转动。

采用三相双三拍控制方式，能克服三相单三拍控制方式的缺点。

c. 三相六拍控制方式。采用三相六拍控制方式时，若步进电动机按照 A→AB→B→BC→C→CA→A 的通电顺序通电，则每切换一次，转子按顺时针方向转动 15°。若通电顺序为 A→AC→C→BC→B→AB→A，则每切换一次，转子按逆时针方向转过 15°。

三相六拍控制方式在切换通电时，始终保持一相定子绕组通电，工作稳定，比双三拍控制方式增大了稳定区。三相步进电动机常采用这种控制方式。

4.2.2　步进电动机主要参数

由于自身结构和工作原理的特点，步进电动机具有一些特有的技术性能指标，这些技术性能指标是选择步进电动机的依据。下面以反应式步进电动机为例，说明步进电动机的主要性能指标（参数）。

(1) 步距角

步进电动机每接收一个进给脉冲，转子转过的角度称为步距角。步距角 θ 与转子齿数 Z、相数 m 及拍数之间的关系为：

$$\theta=\frac{360°}{ZmK} \tag{4-1}$$

式中，Z 为转子齿数；m 为步进电动机相数；K 为控制方式系数，是通电拍数与相数之比，例如三相三拍时 $K=1$，三相六拍时 $K=2$。

步进电动机的步距角一般有两个数值，如 0.6°/1.2°、0.75°/1.5°等，其中较大的步距角是通电拍数等于相数时的步距角，较小的步距角是通电拍数等于相数两倍时的步距角。

(2) 步距误差

步距误差是指步进电动机运行时，转子每一步实际转过的角度与理论步距角之间的差值，步进电动机的静态步距误差通常在 10′以内。连续走若干步时，步距误差的累积值称为步距累积误差。由于步进电动机转过一转后，将回到上一转的稳定位置，因此步进电动机的步距累积误差将以一转为周期重复出现。

(3) 静态转矩与矩角特性

当步进电动机不改变通电状态时，转子处在平衡位置不动。当在电动机轴上外加一个负载转矩，转子就会偏离平衡位置向负载转矩方向转过一个角度 θ_e，此时由于定子电极的吸引，转子受到一个方向与 θ_e 相反、大小与 θ_e 有关的电磁转矩，该转矩使转子趋向于回到原来平衡位置，此转矩称为静态转矩，偏移角度 θ_e 称为失调角。

静态转矩与失调角的关系叫作矩角特性，描述二者之间关系的曲线叫作矩角特性曲线，矩角特性曲线近似为正弦曲线，如图 4-6 所示。

从图 4-6 可以看出，当失调角 θ_e 的绝对值约为步距角的 1/4 时，静态转矩达到最大值。当失调角 θ_e 的绝对值约为步距角的 1/2 时，静态转矩趋于零，此时转子上的齿受到定子磁极上两个相邻齿的引力基本平衡。当失调角在 $-\theta/2\sim\theta/2$ 时，去掉外加力矩，转子将在静

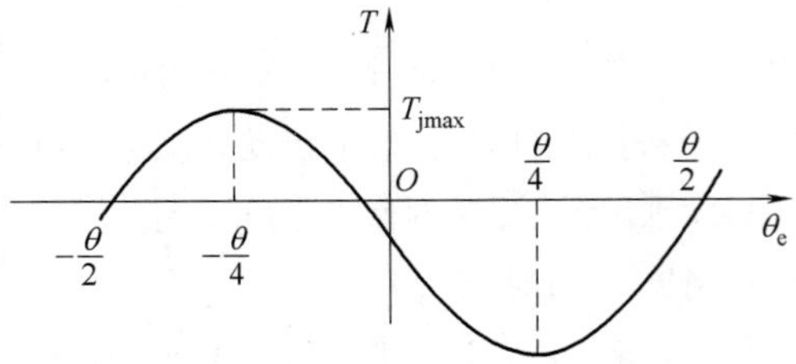

图 4-6　矩角特性曲线

态力矩的作用下回到平衡位置。

矩角特性曲线上的静态转矩最大值称为最大静转矩，也称为保持转矩。最大静转矩是在额定静态电流下，施加在已通电的步进电动机转轴上而不产生连续旋转的最大转矩，是步进电动机的主要技术参数之一。

（4）启动频率

启动频率是指空载启动时步进电动机由静止状态不失步地达到稳定速度所允许的最高输入脉冲频率，也称为突跳频率。实际上，启动频率表明了步进电动机所允许的最高启动加速度，是衡量步进电动机加速性能的指标。如果启动时指令脉冲频率大于启动频率，步进电动机就不能正常工作。

步进电动机在带有负载（尤其是惯性负载）情况下的启动频率比空载时要低，而且随着负载的加大，启动频率会进一步降低。启动频率与负载力矩之间的关系称为启动矩频特性，步进电动机连续稳定运行时的输出转矩与连续运行频率之间的关系称为运行矩频特性，启动矩频特性曲线及运行矩频特性曲线如图 4-7 所示。步进电动机的启动频率受负载惯量的影响，启动频率与负载惯量之间的关系称为启动惯频特性，其曲线如图 4-8 所示。当步进电动机正常运行时，若输入脉冲频率逐渐增加，则电动机所能带动的负载转矩将逐渐下降。在使用步进电动机时，一定要考虑其动态转矩随连续运行频率上升而下降的特点。

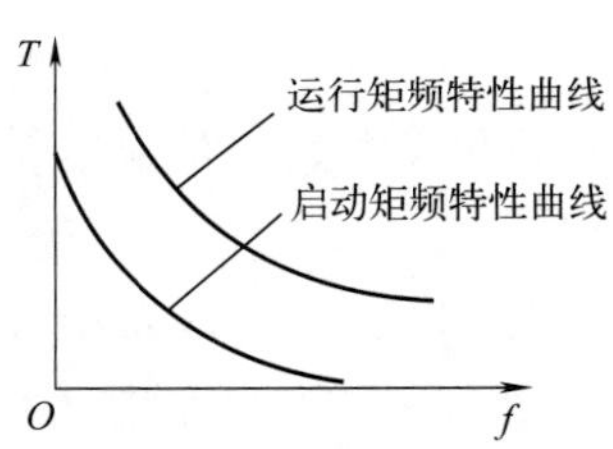

图 4-7　矩频特性曲线

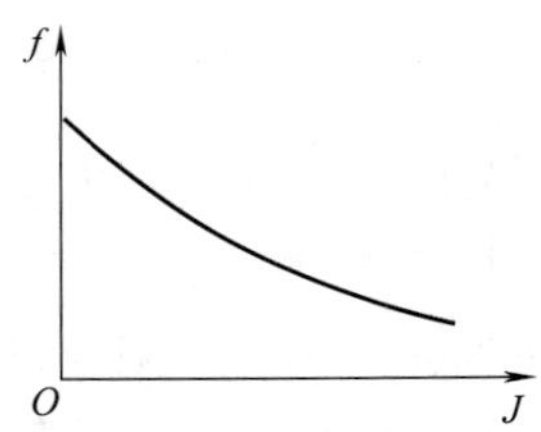

图 4-8　启动惯频特性曲线

（5）连续运行频率

步进电动机启动以后，其运行速度能跟踪指令脉冲频率连续上升而不丢步的最高工作频率，称为连续运行频率，其值远大于启动频率。

4.2.3　步进电动机的驱动

步进电动机由驱动器驱动，驱动器由环形分配器和功率放大器组成。驱动器根据数控装置发出的指令脉冲，控制步进电动机各个励磁绕组轮流通入电流，驱动转子旋转。

（1）环形分配器

环形分配器控制步进电动机通电运行方式，将指令脉冲按一定规律进行分配，控制定子绕组的通电和断电，实现电动机转子连续旋转。由于电动机有正、反转要求，所以环形分配器的输出既是周期性的，又是可逆的。

环形分配器的功能可以由软件完成，也可以由硬件完成。

① 软件环形分配器。软件环形分配器的优点是比硬件环形分配器简单，但占用了系统

时间，故只用于速度要求不高、系统比较简单的数控系统。

软件环形分配器有查表法、移位寄存器法等，其中查表法应用最多。

查表法的基本思想是将通电顺序状态做一个表格存入数控装置，由软件通过指针方式查表，并将状态数据输出，实现步进电动机的连续运转。步进电动机的工作频率取决于软件循环查表和输出状态的时间，改变查表方向，便可以实现电动机正、反转的切换。

例如，表 4-1 为三相步进电动机在三相六拍控制方式下的环形分配器状态表。表中三相六拍的六个状态字为 01H、02H、03H、04H、05H、06H，按照 0 到 5 的顺序输出为正转，按照 5 到 0 的顺序输出则为反转。

表 4-1　软件环形分配器状态表

节拍序号	A	B	C	状态字
0	1	0	0	04H
1	1	1	0	06H
2	0	1	0	02H
3	0	1	1	03H
4	0	0	1	01H
5	1	0	1	05H

图 4-9 为使用软件环形分配器时，驱动器与数控装置、步进电动机的连接方式。

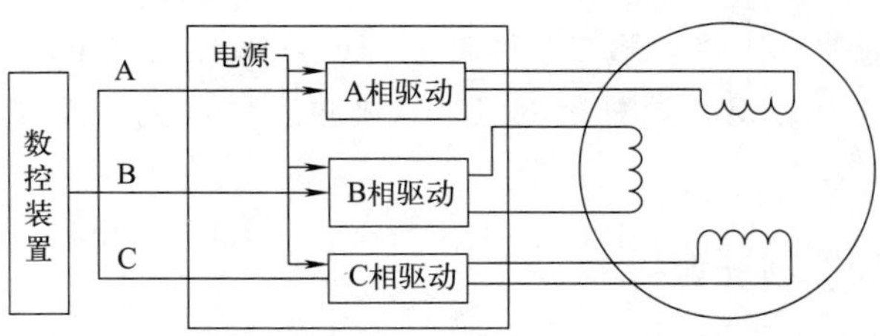

图 4-9　使用软件环形分配器时驱动器与数控装置、步进电动机的连接方式

② 硬件环形分配器。硬件环形分配器可以由逻辑门电路、可编程逻辑器件或专门的环形分配器逻辑电路实现。硬件环形分配器的特点是效率高，但不灵活，应用在速度要求高、任务较多的场合。

图 4-10 为使用硬件环形分配器时，驱动器与数控装置、步进电动机的连接方式。

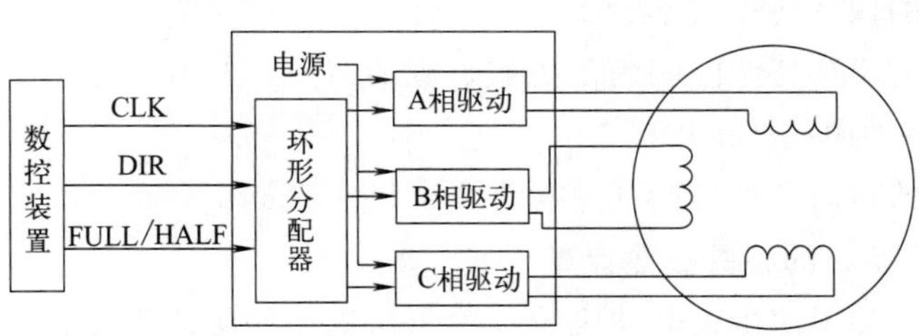

图 4-10　使用硬件环形分配器时驱动器与数控装置、步进电动机的连接方式

CLK—脉冲信号线；DIR—方向信号线；FULL/HALF—步进模式（整步 1 半步）选择信号线

(2) 功率放大器

功率放大器（功率放大电路）将环形分配器输出的脉冲信号放大，以便有足够的功率驱

动步进电动机。功率放大器可以采用单电压驱动电路、高低电压驱动电路、斩波电路、调频调压电路和细分驱动电路等。下面介绍高低电压驱动电路和细分驱动电路的基本工作原理。

① 高低电压驱动电路原理。图 4-11 为高低电压驱动电路原理图。驱动电路中有两种电压：一种是高电压 U_H，由电机参数和晶体管特性决定，一般在 80～150V；另一种是低电压 U_L，一般为几伏，不超过 20V。

在绕组通电的开始，用高压供电，使绕组中的电流迅速上升，当电流达到规定值时，VT_1 关断，VT_2 仍然导通，则自动切换到低压，维持绕组中的电流。

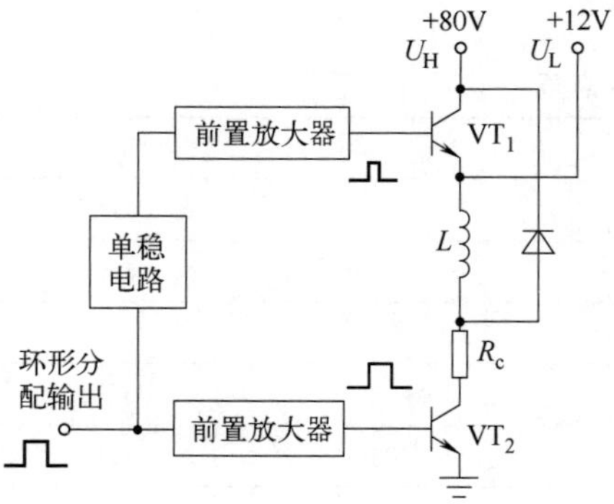

图 4-11 高低电压驱动电路原理图

高低电压驱动电路的优点是在较宽的频率范围内有较大的平均电流，能产生较大且稳定的平均转矩，其缺点是电流波顶有凹陷，电路较复杂。

② 细分驱动电路原理。细分驱动是指通过细分驱动电路将步进电动机的每一步细分为更小的步数，从而获得更小步距的一种驱动方式。

在细分驱动电路的作用下，当通电方式切换时，定子绕组上电流的波形由矩形波改为阶梯波，即每次只改变相应绕组电流的一部分，分多次完成切换，则每次电动机转子转过的角度就不是整个步距角，而只是步距角的一部分。例如，第一个脉冲到来时，A 相电流下降为额定值的 0.9 倍，B 相电流由 0 上升为额定值的 0.1 倍；第二个脉冲到来时，A 相电流下降为额定值的 0.8 倍，B 相电流上升为额定值的 0.2 倍。这样经过 10 个脉冲后才走完一个步距角，提高了运动的精度。

4.2.4 步进电动机的选型计算

步进电动机是开环伺服系统的主要元件，其性能直接影响伺服驱动系统的性能。

(1) 选用步进电动机的基本原则

① 合理选择步进电动机的类型。优先考虑制造成本时可以选用反应式步进电动机，需要大扭矩驱动时应选择混合式步进电动机。

② 步距角应与机械系统匹配，以得到机床所需的脉冲当量。

③ 步进电动机的保持转矩大于所需最大转矩。

④ 步进电动机的矩频特性能够满足机械负载的需要，并有一定余量。在不同频率下的负载力矩须在矩频特性曲线范围内。

⑤ 步进电动机的转动惯量与折算到电动机轴上的惯量相匹配。

(2) 选用步进电动机的相关参数计算

① 计算减速比。为了使步进电动机的步距角与机床的脉冲当量相匹配，需要在电动机与丝杠之间安排减速环节，通常采用精密齿轮传动或同步齿形带传动来实现。

根据步距角、丝杠导程及脉冲当量 δ，按照式（4-2）计算减速比 i：

$$i=\frac{\theta S}{360\delta} \tag{4-2}$$

式中，θ 为步进电动机的步距角，(°)；S 为丝杠导程，mm。

② 计算移动部件、丝杠以及减速装置折算至电动机轴上的惯量 J_L：

$$J_L = J_1 + \frac{1}{i^2}\left[(J_2 + J_S) + \frac{W}{g}\left(\frac{S}{2\pi}\right)^2\right] \tag{4-3}$$

式中，J_L 为折算至电动机轴上的惯量，kg·cm²；J_1、J_2 为传动件（齿轮、带轮等）的转动惯量，kg·cm²；J_S 为丝杠转动惯量，kg·cm²；W 为移动部件质量，kg；S 为丝杠导程，cm；g 为重力加速度。

考虑到伺服电动机的惯量匹配要求，如电动机转子转动惯量过大，其加速特性得不到充分发挥，过小时与负载惯量不匹配，影响整个系统的伺服性能，选用步进电动机时应满足条件：$0.25J_L \leqslant J_m \leqslant 4J_L$（$J_m$ 为电动机转子的转动惯量）。

③ 计算步进电动机转轴上的等效负载转矩 T_{eq}。步进电动机转轴所承受的负载转矩在不同工况下是不同的。在数控机床进给系统中，主要考虑两种典型情况：一是快速启动（工作负载为 0），二是承受最大工作负载。

a. 快速启动时电动机转轴所承受的负载转矩 T_{eq1}：

$$T_{eq1} = T_{amax} + T_f + T_0 \tag{4-4}$$

式中，T_{amax} 为快速启动时折算到电动机转轴上的最大加速转矩，N·m；T_f 为折算到电动机转轴上的摩擦转矩，N·m；T_0 为滚珠丝杠预紧后折算到电动机转轴上的附加摩擦转矩。

具体计算方法如下：

• 快速启动时折算到电动机转轴上的最大加速转矩：

$$T_{amax} = \frac{2\pi n_m (J_m + J_L)}{60 t_a \eta} \tag{4-5}$$

式中，J_m、J_L 为电动机自身惯量以及负载惯量，kg·cm²；t_a 为电动机升速时间，s，一般取 0.3～1s；n_m 为快速进给时电动机转速；η 为传动总效率，一般取 0.7～0.85。

• 部件运动时折算到电动机转轴上的摩擦转矩：

$$T_f = \frac{F_\mu S}{2\pi \eta i} \times 10^{-2} \tag{4-6}$$

式中，S 为丝杠导程，cm；i 为总传动比，$i = n_m / n_s$，n_s 为丝杠转速；F_μ 为摩擦力，N，$F_\mu = \mu(F_c + G)$，F_c 为作用在导轨上的压力，G 为运动部件的总重力。

• 滚珠丝杠预紧后折算到电动机转轴上的附加摩擦转矩：

$$T_0 = \frac{F_{YJ} S}{2\pi \eta i}(1 - \eta_0^2) \times 10^{-2} \tag{4-7}$$

式中，η_0 为滚珠丝杠的传动效率，一般≥0.9；F_{YJ} 为滚珠丝杠预紧力，N，一般取滚珠丝杠工作载荷的 1/3。

T_0 一般可以忽略不计。

b. 最大工作负载状态下电动机转轴所承受的负载转矩 T_{eq2}：

$$T_{eq2}=T_t+T_f+T_0 \tag{4-8}$$

式中，T_t 为最大工作负载转矩，$T_t=\frac{F_t S}{2\pi\eta i}\times 10^{-2}$，其中，$F_t$ 为进给方向的最大工作载荷，N。

经过上述计算后，加在步进电动机轴上的等效负载转矩：

$$T_{eq}=\max\{T_{eq1},T_{eq2}\} \tag{4-9}$$

选择步进电动机时应保证 T_{eq} 小于（0.2～0.4）T_{jmax}，T_{jmax} 为步进电动机的保持转矩。

④ 估算负载启动频率。步进电动机的启动频率是随负载惯量的增加而下降的，需要根据初选的步进电动机的启动惯频特性曲线，找出电动机转轴上总转动惯量 J_L 所对应的启动频率 f_q。当产品资料不提供启动惯频特性曲线时，也可以通过式（4-10）对 f_q 进行估算：

$$f_q=f_{q0}\sqrt{\frac{1-\frac{T_f+T_t}{T_q}}{1+\frac{J_L}{J_m}}} \tag{4-10}$$

式中，f_q 为负载启动频率，Hz；f_{q0} 为空载启动频率，Hz；T_q 为启动频率下由矩频特性决定的电动机输出力矩，N·m，一般取（2～5）T_t。

若负载参数无法精确确定，则可按式（4-11）进行估算：

$$f_q=\frac{f_{q0}}{2} \tag{4-11}$$

⑤ 计算最大切削运行频率和最大快速运行频率。最大切削运行频率 f_c 对应最大切削进给速度 v_c，最大快速运行频率 f_k 对应最大运动速度 v_{max}：

$$f_c=\frac{1000v_c}{60\delta} \tag{4-12}$$

$$f_k=\frac{1000v_{max}}{60\delta} \tag{4-13}$$

在选择步进电动机时，需要从初选的步进电动机的矩频特性曲线找到对应 f_c 和 f_k 的输出转矩，要求最大切削运行频率 f_c 下的输出力矩大于最大工作负载转矩 T_{eq2}，最大快速运行频率 f_k 下的输出力矩大于快速空载启动时的负载转矩 T_{eq1}。

步进电动机的各种性能参数均与其配套的驱动电源有很大的关系。不同控制方式的驱动功率放大电路及其电压、电流等参数不同，都会使步进电动机的输出特性发生很大的变化，因此步进电动机要和与其配套的驱动器一起选择。

(3) 步进电动机初选与校核计算举例

已知卧式数控车床进给机构中，步进电动机通过精密齿轮传动丝杠，大齿轮宽度 25mm，齿数 45，小齿轮宽度 25mm，齿数 30，齿轮模数 2mm；滚珠丝杠的公称直径 d_0 取 40mm，总长 1500mm，导程 S 取 6mm；传动件材料密度为 7.8×10^{-3}kg/cm^3；机床移动部件的总质量约为 1500N；机床脉冲当量 0.01mm；最大主切削力 F_c 取 6500N；采用贴塑滑动导轨，导轨摩擦因数 $\mu=0.05$；快速运动速度 2.4m/min，最大切削进给速度 0.5m/min；主轴电机功率 7.5kW。根据以上参数初选步进电动机型号并进行校核。

计算及校核过程如下：

① 计算折算到步进电动机转轴上的总转动惯量。折算到电动机转轴上的转动惯量：

$$J_L = J_1 + \frac{1}{i^2}\left[(J_2 + J_S) + \frac{W}{g}\left(\frac{S}{2\pi}\right)^2\right]$$

小齿轮转动惯量：

$$J_1 = \frac{1}{32}\times\pi\times7.8\times10^{-3}\times2.5\times6^4 = 2.481\text{kg}\cdot\text{cm}^2$$

大齿轮转动惯量：

$$J_2 = \frac{1}{32}\times\pi\times7.8\times10^{-3}\times2.5\times9^4 = 12.560\text{kg}\cdot\text{cm}^2$$

丝杠转动惯量：

$$J_S = \frac{1}{32}\times\pi\times7.8\times10^{-3}\times150\times4^4 = 29.405\text{kg}\cdot\text{cm}^2$$

由此可得

$$J_L = 2.481 + \left(\frac{30}{45}\right)^2\left[(12.560 + 29.405) + \frac{1500}{9.8}\times\left(\frac{0.6}{2\pi}\right)^2\right] = 21.752\text{kg}\cdot\text{cm}^2$$

② 计算最大工作负载状态下电动机转轴承受的负载转矩 T_{eq2}。

a. 按照切削力各分力的比例关系计算进给抗力 F_x 和切深抗力 F_y。

由 $$F_c : F_x : F_y = 1 : 0.3 : 0.4$$

求得：$F_x = 1950\text{N}$，$F_y = 2600\text{N}$。

b. 导轨摩擦力计算。根据主轴电机功率及表 4-2，得导轨镶条紧固力 F_g 为 2000N。则导轨摩擦力为

$$F_\mu = \mu(W + F_c + F_y + F_g) = 0.05\times(1500 + 6500 + 2600 + 2000) = 630\text{N}$$

表 4-2　镶条紧固力推荐值

电动机功率/kW	5.5	7.5	11	15
贴塑导轨镶条紧固力 F_g/N	1500	2000	2500	3000

c. 计算负载转矩 T_{eq2}。忽略滚珠丝杠螺母副预紧力引起的负载转矩，则

$$T_{eq2} = T_t + T_f = \frac{F_x S}{2\pi\eta i} + \frac{F_\mu S}{2\pi\eta i} = \frac{(1950 + 630)\times0.6}{2\times3.14\times0.8\times1.5}$$

$$= 205.41\text{N}\cdot\text{cm}$$

初选步进电动机时 T_{eq} 取 T_{eq2}。

③ 估算快速启动时负载转矩。快速启动转矩可按 T_{eq2} 的 2～5 倍估算，取 5 倍，则

$$T_q = 5T_{eq2} = 1027.05\text{N}\cdot\text{cm}$$

④ 计算最大切削运行频率 f_c 和最大快速运行频率 f_k。

$$f_c = \frac{1000v_c}{60\delta} = \frac{1000\times0.5}{60\times0.01} = 833.3\text{Hz}$$

$$f_k = \frac{1000v_{max}}{60\delta} = \frac{1000\times2.4}{60\times0.01} = 4000\text{Hz}$$

⑤ 初选步进电动机。初选的步进电动机需要满足以下几个条件：T_{eq} 小于 $(0.2\sim0.4)T_{jmax}$；

f_k 频率下的输出转矩大于 T_{eq1}，f_c 下的输出转矩大于 T_{eq2}；满足惯量匹配条件，即 $0.25J_L \leqslant J_m \leqslant 4J_L$。

需要通过对比步进电动机的矩频特性曲线初选电动机。根据以上计算数据，初选步进电动机型号为2S130Y-063R8，与型号为2M2280N的步进电动机驱动器配合使用。步进电动机的主要参数如表4-3所示，电动机的矩频特性曲线如图4-12所示。

表 4-3　2S130Y-063R8 型步进电动机主要参数

项目	相数	保持转矩	转子惯量	电动机轴径	空载启动频率	步距角
参数	两相	40N·m	48.4kg·cm^2	19mm	4.1kHz	1.8°

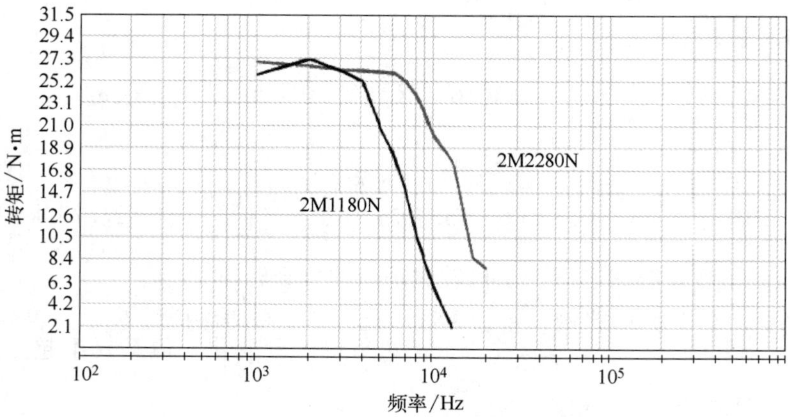

图 4-12　2S130Y-063R8 型步进电动机的矩频特性曲线

⑥ 校核步进电动机参数。

a. 脉冲当量。所选步进电动机的步距角为1.8°，驱动器具有2/4/5/8/10/16/20/32/50/64/100/128（共12挡）细分功能。本例中丝杠导程为6mm，脉冲当量为0.01mm，采用传动比为1.5的齿轮机构传动，因此选择二分频即可满足脉冲当量的要求。

b. 输出转矩校核。所选步进电动机的保持转矩 T_{jmax} 为40N·m，满足 $T_{eq}<(0.2\sim 0.5)\ T_{jmax}$ 的条件；在脉冲频率为1kHz时的输出转矩约为27N·m，大于 T_{eq2}；脉冲频率为4kHz时的输出转矩约为25.9N·m，大于 T_f（$T_f=50.2$N·cm）。

c. 转动惯量。所选步进电动机转子的转动惯量 J_m 为48.4kg·cm^2，则 $J_m/J_L=48.4/21.752=2.23$，满足 $1<J_m/J_L<4$ 的要求。

d. 负载启动频率计算。所选电动机的负载启动频率：

$$f_q=f_{q0}\sqrt{\frac{1-\dfrac{T_f+T_t}{T_q}}{1+\dfrac{J_L}{J_m}}}=4100\sqrt{\frac{1-\dfrac{205.41}{1027.05}}{1+\dfrac{21.752}{48.4}}}=3046\text{Hz}$$

为保证电机不失步，任何情况下的启动频率不应高于3046Hz。实际应用中采用软件降频，一般情况下启动频率都较低，通常只有100Hz。

e. 加速性能校核。加速性能校核实际上就是检验步进电动机在 f_k 频率下输出转矩能否满足 T_{eq1} 的要求。取 $t_a=0.4$s，$\eta=0.8$，经计算 $n_m=600$r/min。

忽略丝杠预紧引起的输出转矩，则

$$T_{eq1}=T_{amax}+T_f=\frac{2\pi n_m(J_m+J_L)}{100\times60t_a\eta}+T_f=\frac{2\times3.14\times600\times(48.4+21.752)}{100\times60\times0.4\times0.8}+50.2$$

$$=137.7+50.2=187.9\text{N}\cdot\text{cm}$$

所选电机在 4000HZ 时的输出转矩约为 25.9N · m，大于 T_{eq1}，即加速性能满足要求。

从以上计算结果可知，初选的步进电动机能够满足要求。

4.3 交流进给伺服系统

4.3.1 交流进给伺服系统的速度控制

交流伺服电动机分为同步型和异步型两类。交流进给伺服系统多用永磁式同步交流伺服电动机作为驱动元件。

(1) 永磁式同步交流伺服电动机的工作原理

永磁式同步交流伺服电动机的定子三相绕组接上交流电源后，就会产生一个旋转磁场，以同步转速 n_s 旋转。定子旋转磁场与转子的永久磁体磁极互相吸引，带动转子一起旋转，使转子也以同步转速 n_s 旋转。当转子加上负载转矩之后，将造成定子磁场轴线与转子磁极轴线不重合，其夹角为 θ。若负载发生变化，θ 角也跟着变化，但只要不超过一定的限度，转子始终跟着定子的旋转磁场以恒定的同步转速 n_s 旋转。

转子转速为

$$n_r=n_s=\frac{60f}{p} \tag{4-14}$$

式中，f 为定子供电频率，Hz；p 为磁极对数。

永磁式同步交流伺服电动机的特性主要通过转矩-速度特性曲线表示，如图 4-13 所示。

在连续工作区，转速（速度）和转矩的任何组合都可以长期连续工作。在断续工作区，工作极限一般受到供电限制。

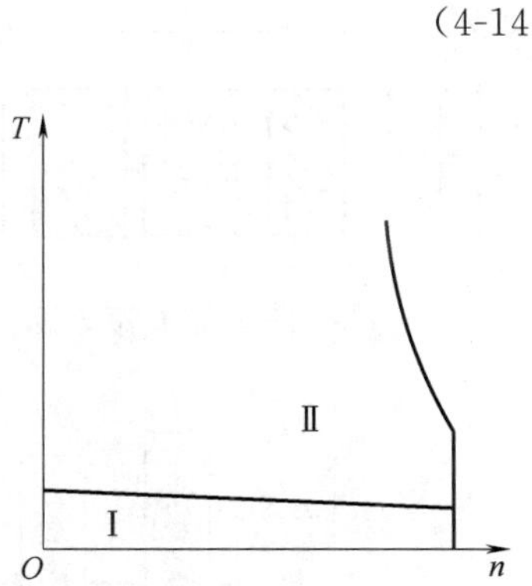

图 4-13　转矩-速度特性曲线

Ⅰ—连续工作区；Ⅱ—断续工作区

(2) 永磁式同步交流伺服电动机的速度控制单元

永磁式同步交流伺服电动机常用变频调速的方法进行速度控制，即通过改变定子绕组输入电压的频率来改变转子的转速。变频调速具有高效率、宽范围和高精度的调速性能，是一种理想的调速方法。

变频调速的关键是为电动机提供变频电源的变频器。变频器一般放置于控制器中，构成交流伺服驱动器。变频器可分为“交-交”型和“交-直-交”型两大类，前者又称直接式变频器，后者又称间接式变频器，其原理分别见图 4-14 和图 4-15。

“交-交”变频器直接将固定频率的交流电变换为另一种频率的交流电。“交-直-交”变频器先将电网交流电通过整流变为直流电，再经过滤波后供给逆变器，逆变器输出的是电压和频率可调的交流电。

目前应用比较多的是“交-直-交”变频器。“交-直-交”变频器中的逆变器有多种类型。

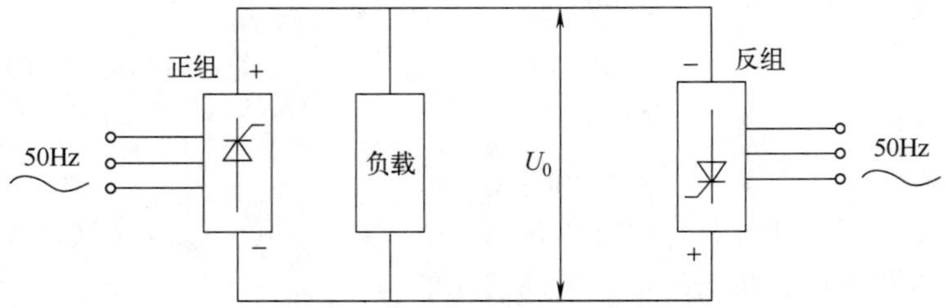

图 4-14 “交-交”变频器的原理图

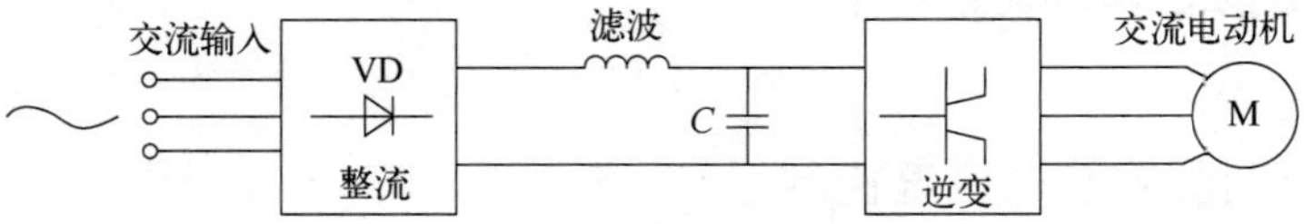

图 4-15 “交-直-交”变频器的原理图

数控机床进给伺服系统中所用电动机的容量都比较小，一般采用 PWM（脉宽调制）逆变器。PWM 逆变器的关键技术是 PWM 的调制方法，现已研制出的调制方法有十余种之多，其中最基本、应用最广泛的一种调制方法是 SPWM（正弦波脉宽调制）。

SPWM 逆变器产生正弦脉宽调制波，即 SPWM 波形。其工作原理是：把一个正弦半波分成 N 等份，然后把每一份的正弦曲线与横坐标轴所包围的面积都用一个与此面积相等的等高矩形脉冲来代替，这样可得到 N 个等高而不等宽的脉冲序列，它对应着一个正弦波的半周，对负半周也这样处理，即可得到 $2N$ 个脉冲，这就是与正弦波等效的正弦脉宽调制波，其波形如图 4-16 所示。

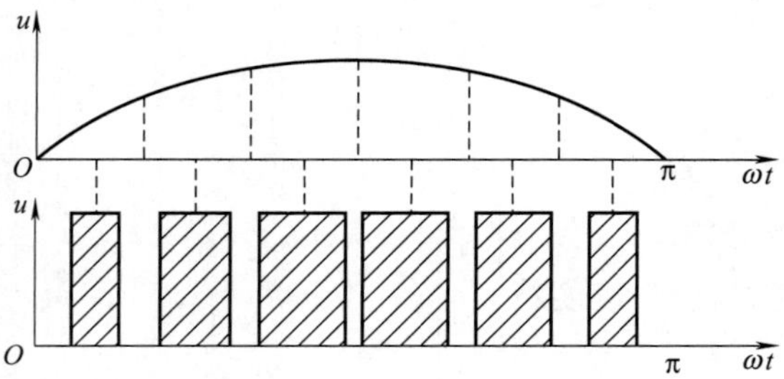

图 4-16 与正弦波等效的 SPWM 波形

SPWM 变频调速系统框图如图 4-17 所示。速度（频率）给定器给定信号，用于控制频率、电压及正反转。平稳启动回路使启动加、减速时间可随机械负载情况设定，达到软启动目的。函数发生器能在输

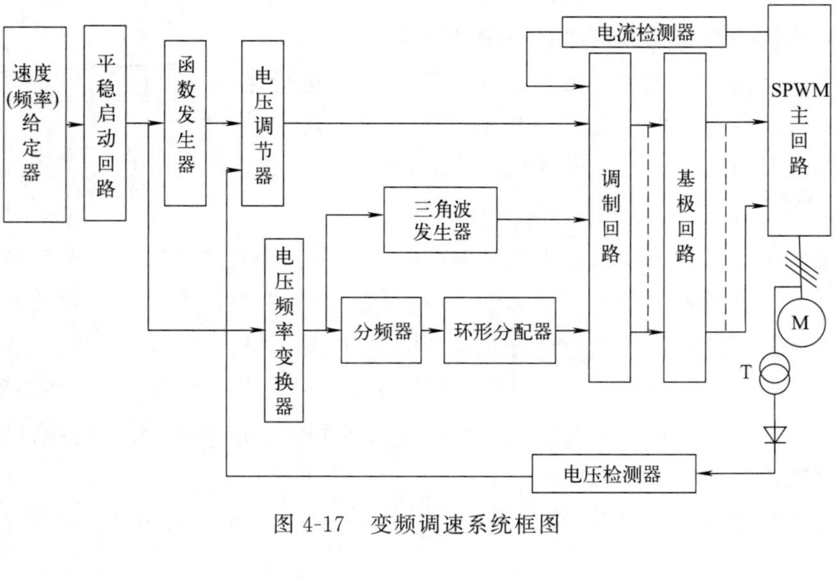

图 4-17 变频调速系统框图

出低频信号时，保持电动机气隙磁通一定，补偿定子电压降的影响。电压频率变换器将电压转换为频率，经分频器、环形分配器产生方波，同经三角波发生器产生的三角波一并送入调制回路。电压检测器和电压调节器构成闭环控制，电压调节器产生频率和幅值可调的正弦波控制信号，送入调制回路。在调制回路中进行 PWM 变换产生三相脉冲宽度调制信号。在基极回路中输出信号至功率晶体管基极，即对 SPWM 的主回路进行控制，实现变频调速。

4.3.2　交流伺服电动机的选用计算

一般情况下，首先根据所需功率初选交流伺服电动机，然后进行发热校核、转矩过载校核和转动惯量匹配校核。

(1) 初选交流伺服电动机

交流伺服电动机的选择首先要考虑电动机满足负载转矩和转速要求所需的功率。其次，如果工作周期可以与电动机的发热时间常数相比较，需要考虑交流伺服电动机的热额定功率问题，通常用负载的均方根功率作为交流伺服电动机发热功率的基础。

如果要求交流伺服电动机在峰值负载下以峰值转速不断地驱动负载，则交流伺服电动机的输出功率为

$$P_{m}=(1.5\sim2.5)\frac{T_{lp}n_{lp}}{1000\times2\pi\times\eta} \tag{4-15}$$

式中，P_m 为功率，kW；T_{lp} 为负载峰值转矩，N·m；n_{lp} 为负载峰值转速，r/s；η 为传动效率，初步估算时取 0.7～0.9；1.5～2.5 为安全系数。

交流伺服电动机长期连续工作在变负载条件下时，按照负载均方根功率估算交流伺服电动机的功率，即

$$P_{m}=(1.5\sim2.5)\frac{T_{lr}n_{lr}}{1000\times2\pi\times\eta} \tag{4-16}$$

式中，T_{lr} 为负载均方根转矩，N·m；n_{lr} 为负载均方根转速，r/s。

根据 P_m 初选交流伺服电动机，初选电动机的额定功率 P_n 需满足 $P_n \geqslant P_m$ 的条件。

初选电动机后，交流伺服电动机的额定转矩、额定转速、额定电压、额定电流和转子转动惯量等参数均可由产品目录查得。

(2) 发热校核

当工作机械频繁启动、制动时，必须检查电动机是否过热，为此需要计算在一个工作周期内的负载均方根转矩。对于周期性变化的负载转矩，也需要计算出一个工作周期内的负载均方根转矩，并且满足电动机的额定转矩 $T_n \geqslant T_{lr}$ 的条件，T_{lr} 为折算到电动机轴上的负载均方根转矩，用式（4-17）计算：

$$T_{lr}=\sqrt{\frac{1}{L}\int_{0}^{t}(T_{la}+T_{c}+T_{lf})^{2}\mathrm{d}t} \tag{4-17}$$

式中，T_{la} 为折算到电动机轴上的等效惯性转矩；T_c 为折算到电动机轴上的切削负载转矩；T_{lf} 为折算到电动机轴上的摩擦负载转矩；L 为工作周期时间。

计算折算到电动机轴上的负载均方根转矩时，需要先绘制在一个工作周期内的速度-时间曲线，然后计算在一个工作周期中不同时间段内不同负载折算到电动机轴上的转矩，并绘

制转矩-时间曲线，在此基础上计算折算到电动机轴上的负载均方根转矩。

例如，对于图 4-18（a）所示的速度-时间曲线所对应的由正转加速（Ⅰ）、切削加工（Ⅱ）、制动（Ⅲ）、反转加速（Ⅳ）、等速返回（Ⅴ）及反向制动（Ⅵ）组成的工作周期，可以计算并绘制出一个工作周期内在不同时间段内折算到电动机轴上的 T_{la}、T_c、T_{lf}，如图 4-18（b）～（d）所示。

按照式（4-17）计算负载均方根转矩，可得

$$T_{lr}=\sqrt{\frac{T_1^2t_1+T_2^2t_2+T_3^2t_3+T_4^2t_4+T_5^2t_5+T_6^2t_6}{0.75t_1+t_2+0.75(t_3+t_4)+t_5+0.75t_6}}$$

考虑到启动和制动过程加速度并非恒定，式中 t_1、t_3、t_4、t_6 均乘以 0.75。

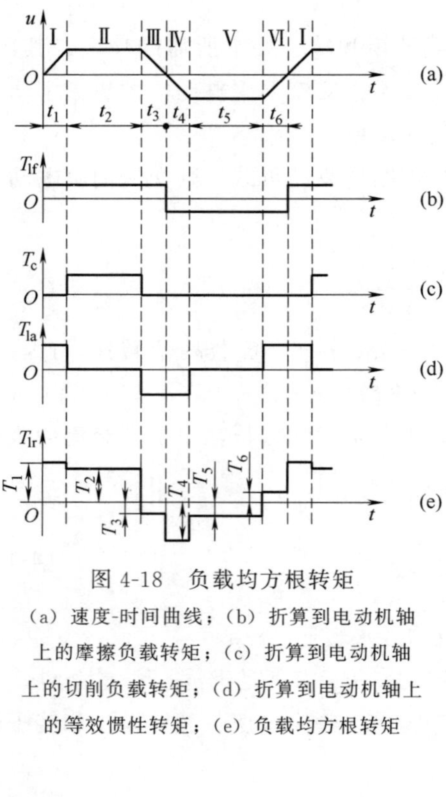

图 4-18　负载均方根转矩

（a）速度-时间曲线；（b）折算到电动机轴上的摩擦负载转矩；（c）折算到电动机轴上的切削负载转矩；（d）折算到电动机轴上的等效惯性转矩；（e）负载均方根转矩

根据计算结果得到折算到电动机轴上的负载均方根转矩，如图 4-18（e）所示。

所选电动机的额定转矩为

$$T_n \geqslant K_1K_2T_{lr} \tag{4-18}$$

式中，K_1 为安全系数，一般取 $K_1=1.2$；K_2 为波形系数，对于矩形波取 $K_2=1.05$，对于三角形波取 $K_2=1.67$。

（3）转矩过载校核

转矩应满足以下关系式：

$$T_{lmax} \leqslant T_{mmax} \tag{4-19}$$

式中，T_{lmax} 为折算到电动机轴上的负载力矩最大值；T_{mmax} 为电动机转矩最大值，取 λT_n，其中，λ 为电动机的转矩过载系数，对于交流伺服电机，λ 取 1.5～3，T_n 为电动机额定转矩。

（4）转动惯量匹配校核

通常考虑以下两种情况：

① 对于采用惯量较小的交流伺服电动机的伺服系统，要求满足：

$$1<\frac{J_L}{J_m}<3 \tag{4-20}$$

式中，J_L 为折算到电动机轴上的等效转动惯量；J_m 为电动机转子的转动惯量。

② 对于采用大惯量的交流伺服电动机的伺服系统，要求满足：

$$0.25 \leqslant \frac{J_L}{J_m} \leqslant 1 \tag{4-21}$$

通常，J_m 在 $0.1\sim0.6\text{kg}\cdot\text{m}^2$ 之间时可以视为大惯量。

4.4　直流进给伺服系统

直流伺服电动机调速性能好，但电刷和换向器易磨损、换向器换向时易产生电火花等原因，限制了电动机的最高转速，且其结构复杂、成本高，所以在使用上受到一定限制。

4.4.1 直流伺服电动机结构与工作原理

(1) 直流伺服电动机结构

图 4-19 为直流伺服电动机结构示意图。

直流伺服电动机（以下简称直流电动机）主要包括定子和转子两个组成部分。

① 定子部分。定子由主磁极、机座、换向极、端盖及电刷装置等组成。

主磁极：产生恒定的主磁场，由主磁极铁芯和套在铁芯上的励磁绕组组成。

机座：定子的磁轭作为各磁极间的磁路，并作为电动机的机械支撑。

换向极：改善直流电动机的换向性能，消除直流电动机带负载时换向器产生的有害火花。换向极的数目一般与主磁极数目相同，只有小功率的直流电动机不装换向极或只装设主磁极数量一半的换向极。

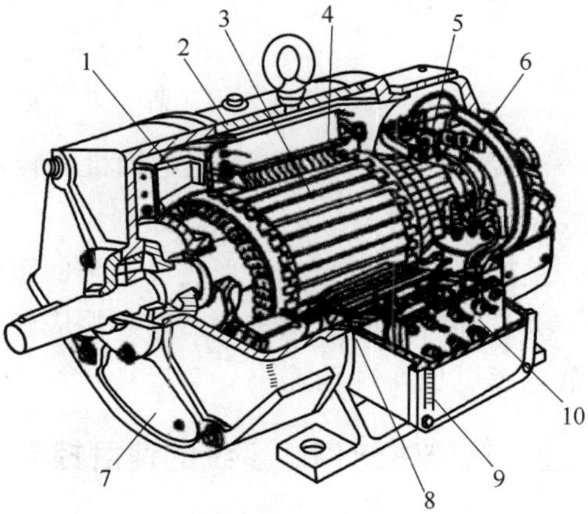

图 4-19　直流伺服电动机结构示意图

1—风扇；2—机座；3—电枢；4—主磁极；5—刷架；6—换向器；7—端盖；8—换向极；9—出线盒；10—接线板

电刷装置：一是使转子绕组与电动机外部电路接通；二是与换向器配合，完成直流电动机外部直流电与内部交流电的转换。

② 转子部分。转子是直流电动机的重要部件。感应电动势和电磁转矩都是在转子绕组中产生，是机械能和电磁能转换的枢纽，因此直流电动机的转子也称为电枢。电枢主要由电枢铁芯、电枢绕组、换向器、转轴等组成。

电枢铁芯：一是作为磁通路的一部分，二是将电枢绕组安放在铁芯的槽内。

电枢绕组：产生感应电动势和电磁转矩，从而实现电能和机械能的转换。它由许多形状相同的线圈按一定的排列规律连接而成。每个线圈的两个边分别嵌在电枢铁芯的槽里，槽内的两个边称为有效边。

换向器：是直流电动机的关键部件，它与电刷配合，将电枢绕组中的交流电动势或交流电流转变为直流电动势或直流电流。

(2) 直流伺服电动机工作原理

直流电动机的基本工作原理是建立在电磁感应和电磁力的基础上的。当电枢绕组中通过直流电时，在定子磁场的作用下就会产生电磁力和电磁转矩，驱动转子旋转。

直流电动机电刷间的电动势为

$$E=K_{e}\Phi n \tag{4-22}$$

式中，Φ 为一对磁极的磁通；K_{e} 为反电动势常数；n 为电枢的转速。

直流电动机电枢绕组中的电流与磁通 Φ 相互作用产生的电磁力矩为

$$T=K_{a}\Phi I_{a} \tag{4-23}$$

式中，K_{a} 为与电动机结构有关的常数，$K_{a}=PN/(2\pi a)$，其中，P 为磁极对数，a 为电枢绕组并联支路数，N 为切割磁通的电枢总导体数；I_{a} 为电枢电流。

电枢回路平衡，则

$$U_c = E + I_a R_a \tag{4-24}$$

式中，U_c 为电枢电压；R_a 为转子回路电阻。

将式（4-22）、式（4-23）代入式（4-24），整理后即得到直流电动机的机械特性：

$$n = \frac{U_c}{K_e \Phi} - \frac{R_a}{K_e K_a \Phi^2} T \tag{4-25}$$

由式（4-25）可知，直流电动机的转速控制可以有两种方式：对励磁磁通进行控制（励磁控制法）和对电枢电压进行控制。

励磁控制法在低速时受磁极饱和的限制，在高速时受换向电火花和换向器结构强度的限制，并且励磁线圈电感较大，动态响应较差，故励磁控制法应用较少。大多数情况下是通过调节电枢电压实现调速。

4.4.2 直流进给伺服系统的速度控制

直流进给伺服系统常采用晶体管脉宽调制系统和晶闸管调速系统进行速度控制。这两种调速系统都通过改变直流伺服电动机的电枢电压进行调速，中、小功率的伺服驱动装置大多采用晶体管脉宽调制系统，而在大功率场合，则采用晶闸管调速系统。

(1) 晶闸管调速系统

晶闸管也称为可控硅。晶闸管调速系统具有开环、单闭环和双闭环几种形式。其中双闭环调速系统具有响应速度快、精度高、稳定性好的特点，能够实现电动机的平滑调速，广泛应用于各种需要精确控制速度的场合。

图 4-20 为双闭环速度调节（调速）系统框图。系统由两个闭环组成，一个是速度环，另一个是电流环。

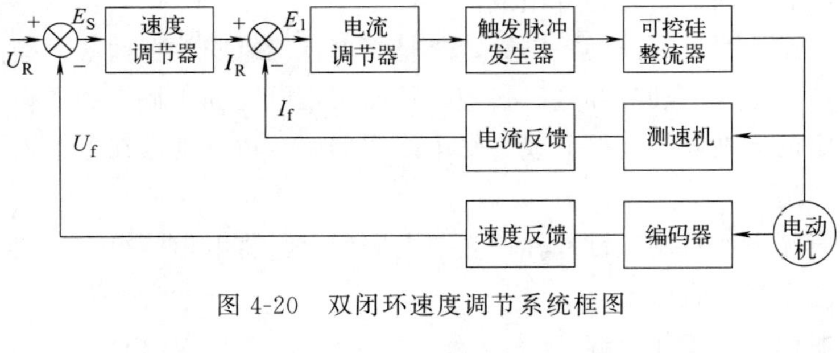

图 4-20　双闭环速度调节系统框图

在系统中设置了两个调节器，分别调节转速（速度）和电流。二者之间实行串级连接，即以速度调节器的输出作为电流调节器的输入，再用电流调节器的输出去控制晶闸管的触发装置。从闭环反馈的结构上看，电流环在里面，是内环；转速环在外面，是外环。这样就组成了转速、电流双闭环调速系统。

电流环中由电流调节器对电动机电枢回路的滞后进行补偿，使动态电流按照需要的规律变化。I_R 是电流环的指令值，来自速度调节器的输出；I_f 为反馈值，由电流传感器从可控硅整流的主回路测得。经过比较器比较，输出电流 E_1 作为电流调节器输入。速度环用速度调节器对电动机的速度误差进行调节，实现所要求的动态特性。U_R 是来自数控装置经过D/A 变换后的指令值，U_f 是由检测装置检测的速度反馈值，U_R、U_f 二者的差值 E_S 作为速度调节器的输入。

电流调节器与速度调节器通常采用 PID（比例-积分-微分）调节器。触发脉冲发生器产生可控硅的移相触发脉冲，其触发角对应整流器的不同整流直流电压，从而得到不同的速度。可控硅整流器是功率放大器，直接驱动直流电动机转子旋转。

(2) 晶体管脉宽调制系统

现代数控机床的直流伺服系统较多地采用晶体管脉宽调制系统调速。脉宽调制（PWM）就是用脉宽调制器对大功率晶体管功率放大器的开关进行控制，将直流电压转换为具有某一频率的矩形波电压，加到直流电动机转子回路两端，通过对矩形波占空比的控制，改变电动机电枢两端的平均电压，达到调节电动机转速的目的。

晶体管脉宽调制系统的组成框图如图 4-21 所示。其中，速度调节器、电流调节器的作用与工作原理与晶闸管调速系统对应部分基本相同，其不同之处在于主回路、基极驱动电路和脉宽调制器。

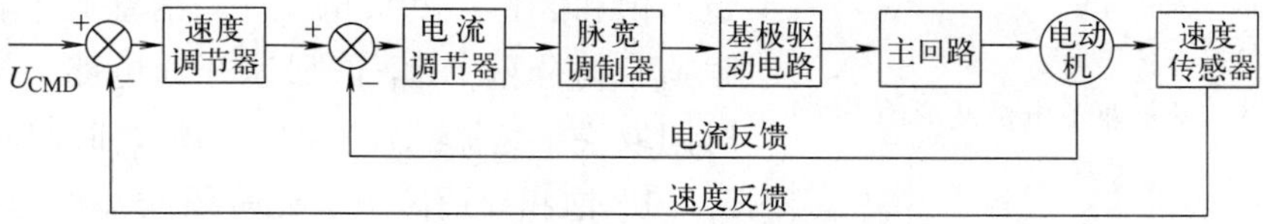

图 4-21　晶体管脉宽调制系统的组成框图

① 脉宽调制器。脉宽调制器的作用是将由数控装置输出的速度指令转换而来的直流电压量变成具有一定宽度的脉冲电压，该脉冲电压随着直流电压的变化而变化。

在该系统中，直流电压为电流调节器的输出，经过脉宽调制器变为周期固定、脉宽可调的脉冲信号。由于脉冲周期不变，脉冲宽度的改变将使脉冲平均电压发生改变。

脉宽调制器主要由调制信号发生器和比较放大器组成。

a. 调制信号发生器。调制信号发生器产生三角波或锯齿波，作为比较放大器的比较电压 $u_{\triangle}$。

b. 比较放大器。图 4-22 为对三角波和电压信号进行调制，将电压信号转换为脉冲宽度的调制器，这种调制器由三角波发生器（该部分电路未画出）和比较放大器（比较器）组成。

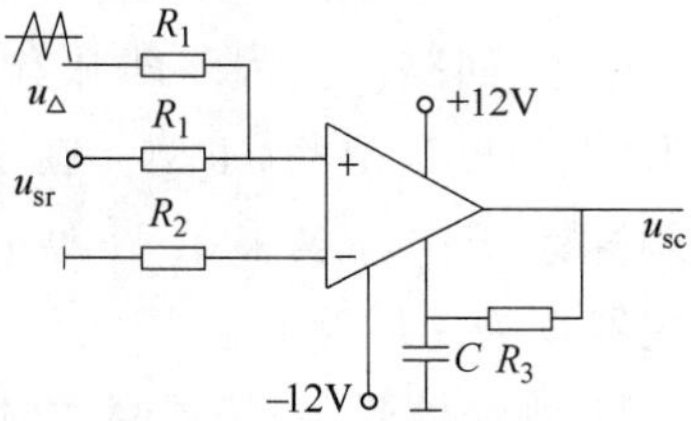

图 4-22　脉宽调制器原理

三角波电压 $u_{\triangle}$ 与速度控制指令电压 u_{sr} 一起送入比较放大器同相输入端进行比较，工作波形如图 4-23 所示。

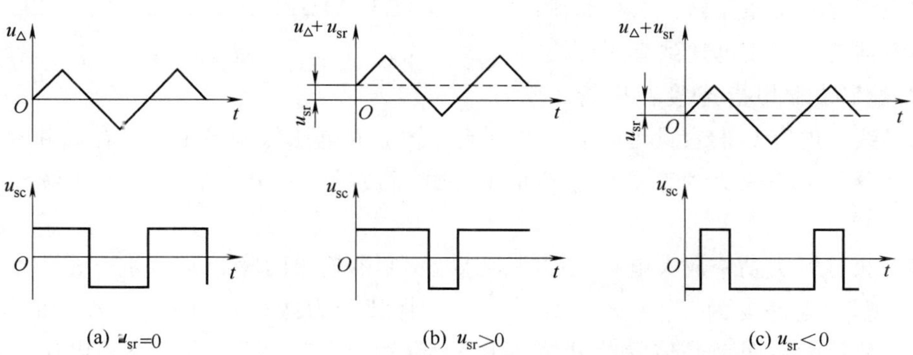

图 4-23　三角波脉冲宽度（脉宽）调制器工作波形

如图 4-23（a）所示，当 $u_{sr}=0$ 时，比较器输出脉冲的正负半周相等，输出的平均电压为零。如图 4-23（b）所示，当 $u_{sr}>0$ 时，比较器输出脉冲的正半周宽度大于负半周宽度，输出的平均电压大于零。如图 4-23（c）所示，当 $u_{sr}<0$ 时，比较器输出脉冲的正半周宽度小于负半周宽度，输出的平均电压小于零。这样就完成了电压到脉冲宽度的转换，且脉冲宽度正比于代表速度的电压的高低。

② 基极驱动电路。基极驱动电路的作用是对脉宽调制器提供的脉冲信号进行功率放大，以驱动主电路的晶体管，每个晶体管均有独立的基极驱动电路。

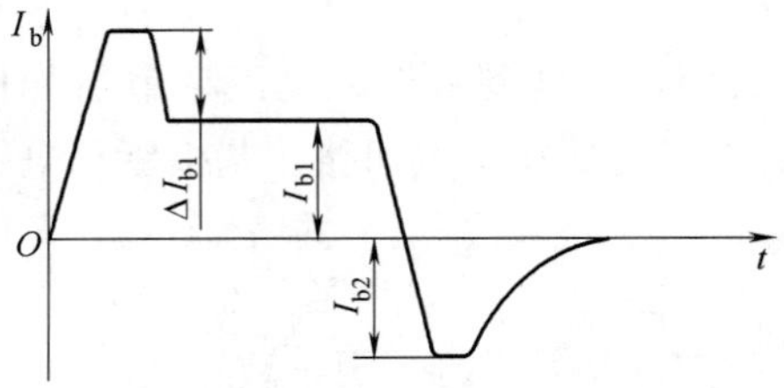

图 4-24　基极驱动电流波形图

基极驱动电流波形如图 4-24 所示，每一开关过程包含三个阶段，即开通、饱和导通和关断。

a. 开通阶段。为使晶体管在任何情况下开通都能饱和导通，避免晶体管在开通瞬间因基流不足而退出饱和区，在基极电流 I_{b1} 的基础上再增加一个强迫驱动分量 ΔI_{b1} 以加速开通电路，强迫驱动的时间取决于续流二极管的反向恢复时间。

b. 饱和导通阶段。此阶段的基极电流 I_{b1} 要保证在输出最大集电极电流时能饱和导通，只要比这时的临界饱和基极电流 I_{bs} 大一些就可以了。

c. 关断阶段。由于晶体管导通时处于饱和状态，因此在关断时有大量存贮电荷，导致关断时间延长。为了加速关断过程，必须在基极加上负的偏压，以便抽出基区剩余电荷，这样就形成负的基极电流 $-I_{b2}$。在晶体管关断后，负偏压能使它可靠地截止，但负偏压也不宜过大，要以形成最佳的 dI_{b2}/dt 为宜。

由于各驱动电路是独立的，但控制电路共用，因此必须使控制电路与驱动电路互相隔离，常用光电耦合器实现这一隔离作用。

③ 主回路。主回路即脉宽调制（PWM）式开关功率放大器。开关功率放大器通常有两种形式，即 T 型和 H 型。在 PWM 直流调速系统中，多采用 H 型开关功率放大器作为主回路。

H 型双极性脉宽调制直流调速系统主回路原理图如图 4-25 所示。

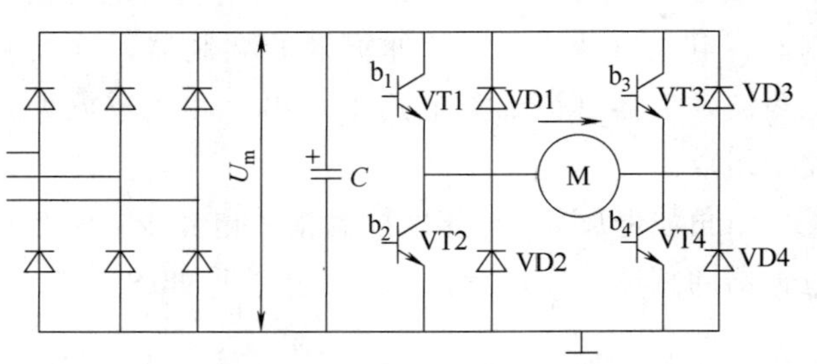

图 4-25　H 型双极性脉宽调制直流调速系统主回路原理图

图中左半部分是整流器，三相交流电经过整流器变成直流电送到直流母线上。所谓直流母线是指连接在电容 C 两级上的导线。电容 C 的容量足够大，使直流母线上的电压保持稳定，能存储和释放能量。图中右半部分是由四只大功率晶体管组成的桥式斩波器，VD1～VD4 是四个续流二极管，M 为直流电机。

H 型双极性开关功率放大电路工作时将脉宽调制器输出的脉冲 u_1、u_2、u_3、u_4 经基极驱动及光电耦合电路变为 u_{b1}、u_{b2}、u_{b3}、u_{b4}，将其分为两组，即 u_{b1}、u_{b4} 和 u_{b2}、u_{b3}，分别加到功率放大器四个晶体管的基极 VT1、VT2、VT3、VT4 上。驱动电压 $u_{b1}=u_{b4}$，$u_{b2}=u_{b3}=-u_{b1}$，波形如图 4-26（a）所示。

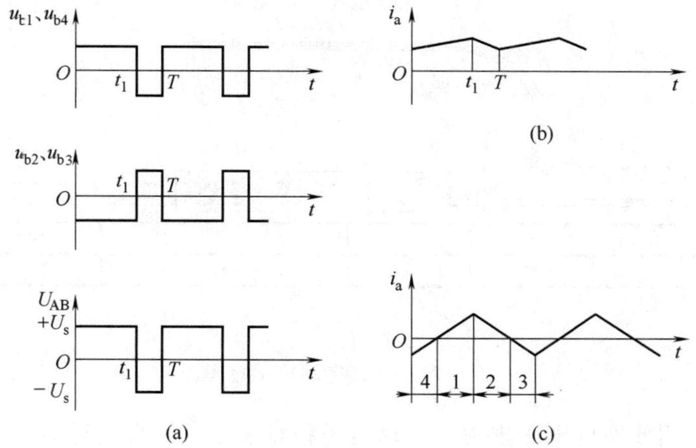

图 4-26　H 型双极性驱动时的工作波形

工作原理如下：

a. 当 $0 \leqslant t < t_1$ 时，u_{b1} 和 u_{b4} 为正，晶体管 VT1 和 VT4 饱和导通，而 u_{b2} 和 u_{b3} 为负，VT2 和 VT3 截止。这时 $+U_s$ 加在电枢两端，电枢电流 i_a 沿电源 U_s→VT1→VT4→地的路线流通。

b. 当 $t_1 \leqslant t < T$ 时，u_{b1} 和 u_{b4} 变负，VT1 和 VT4 截止，而 u_{b2} 和 u_{b3} 变正，但 VT2、VT3 并不能立即导通，因为在电枢电感释放储能的作用下，i_a 经 VD2、VD3 续流，由于 VD2、VD3 的压降使 VT2 和 VT3 受反压，VT2、VT3 能否导通取决于续流电流的大小。当 i_a 较大时，在 t_1 到 T 时间内，续流较大，则 i_a 一直为正，此时 VT2、VT3 尚未导通，而下一个周期到来，又使 VT1 和 VT4 导通，电流 i_a 开始上升，并维持在一个正值附近波动，如图 4-26（b）所示。当 i_a 较小时，在 t_1 到 T 时间内续流可能降至零，使 VT2、VT3 在电源电压和反电势作用下导通，VT1 和 VT4 截止，i_a 沿电源 U_s→VT3→VT2→地的路线流通，此时电动机电枢电流反向，电动机处于反接制动状态。直到下一个周期到来，VT1、VT4 导通，i_a 又开始上升，如图 4-26（c）所示。

以上是电枢平均电压 $U_{AB平} > 0$ 的情况，当电枢平均电压小于零时，工作情况类似。

4.5　直线电动机进给伺服系统

直线电动机是一种利用电磁作用原理，将电能直接转化为直线运动，且能实现往复运动的电动机。

（1）直线电动机简介

直线电动机可以认为是将旋转电动机沿其轴向剖开，然后将其定子和转子展开而成。直线电动机分为一次侧和二次侧，一次侧相当于旋转电动机的定子，有三相绕组；二次侧相当于旋转电动机的转子，有永磁体。多个二次侧单元可以集成安装在一起，以满足所需要的行程范围。直线电动机示意图如图 4-27 所示。

在旋转电动机中，当三相绕组中通入三相正弦电流后，会在气隙中产生旋转磁场。与此类似，在直线电动机中通入三相电流后，也会在气隙中产生磁场，如果不考虑端部效应，磁场在直线方向呈正弦分布，只是这个磁场是平移的而不是旋转的，因此称为行波磁场。行波

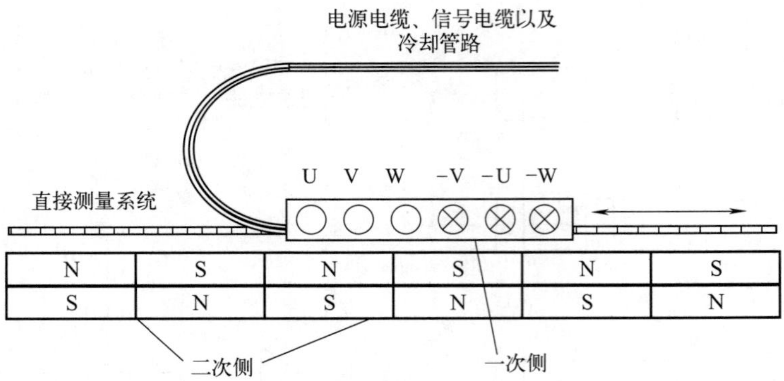

图 4-27　直线电动机示意图

磁场与磁极相互作用便产生电磁推力，驱动转子相对于定子做直线运动。直线电动机可以直接驱动转子做直线运动，取消了从电动机到工作台（拖板）之间的机械传动环节，将机床进给传动链的长度缩短为零，实现了直接驱动。

(2) 直线电动机分类

直线电动机按照性能参数、结构形式和工作原理的不同可以分为不同的类型。

① 按照性能参数分类。包括高推力、大位移和高响应、小位移两种类型。其中，高推力、大位移直线电动机主要用于高精密数控机床、高速加工中心和并联机床；高响应、小位移直线电动机主要用于位移小、推力不高的精密机床、快速成型机床、激光加工机床和数控坐标测量仪。

② 按照结构形式分类。包括平板式、U 形、圆筒式三种类型。

③ 按工作原理分类。包括直线直流电动机、直线感应电动机、直线同步电动机、直线压电电动机和直线磁阻电动机。

(3) 直线电动机驱动系统特点

直线电动机驱动系统具有以下优点：

① 电动机惯量小，加速度可以达到 10g。

② 速度快。速度能达到 60m/min 以上。

③ 系统响应快。电动机与工作台之间无机械传动环节，工作台对位置指令几乎能立即响应，从而使跟随误差减小，能达到更高的精度。图 4-28 为平板式直线电动机在数控机床进给系统中使用的示意图。将直线电动机的二次侧（转子）与移动部件（工作台）连接，一次侧（定子）固定在静止部件（机座）上。当一次侧施加交流电后，产生平行移动的磁场，直接带动二次侧及工作台移动，在工作台与电动机之间没有其他的机械传动环节。

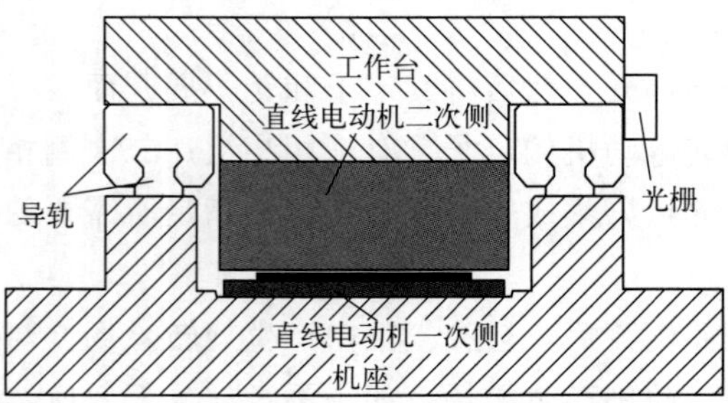

图 4-28　直线电动机的使用

④ 运动更加平稳，噪声低，传动效率高，动态刚度高。

⑤ 可设计成均布对称形式，使工作台运动时受力均匀，推力平衡。

⑥ 由于部件少，运动时无机械接触，大大降低了零部件的磨损，使用寿命更长。

直线电动机除了具有以上优点之外，还有以下缺点：

① 由于没有机械连接或啮合，垂直轴传动时需要外加一个平衡块或制动器。

② 磁铁对电动机部件的吸引力很大，需解决防护、隔磁问题。

③ 当负载变化大时，需要重新整定系统。

4.6 数控机床主轴伺服系统

数控机床的主轴驱动不同于进给驱动，一般需要更大的功率，工作运动通常为旋转运动。

4.6.1 主轴伺服系统的要求

由于要求进一步提高机床的生产率和刀具的利用率，对主轴伺服系统提出了更高的要求。

① 主传动电机应有较大的功率范围，既要能输出大的功率，又要求主轴结构简单。需要主传动有更大的无级调速范围，如能在 1∶100～1∶1000 的范围内进行恒转矩调速和在 1∶10 的范围内进行恒功率调速。

② 主轴在全速度范围内均能提供切削所需功率，并尽可能提供主轴电动机的最大功率。

③ 主轴在正、反向转动时均可进行自动加减速控制，即要求具有四象限驱动能力，并且加减速时间短。

④ 特殊要求。如：加工螺纹时要求主轴伺服系统与进给伺服系统实行同步控制；车削工件时，为了保证端面加工的粗糙度要求，要求主轴伺服系统具有恒线速度切削控制；在加工中心上，由于自动换刀的需要，主轴伺服系统需要具有高精度的定向准停控制；有的数控机床还要求主轴伺服系统具有角度控制功能等。

4.6.2 直流电动机主轴驱动

(1) 直流主轴电动机的特性

直流主轴电动机的功率/转矩-速度特性曲线如图 4-29 所示。

由特性曲线图可见，在基本速度以下属于恒转矩范围，在基本速度以上属于恒功率范围。直流主轴电动机在恒转矩范围内用改变电枢电压的方式调速，在恒功率范围内采用控制励磁的方法调速。通常恒转矩范围与恒功率范围之比为 1∶2。

另外，直流主轴电动机一般都有过载能力，多以过载 150%（即额定电流的 1.5 倍）为指标。对于过载时间，不同生产厂家的产品有较大的区别，从 1～30min 不等。

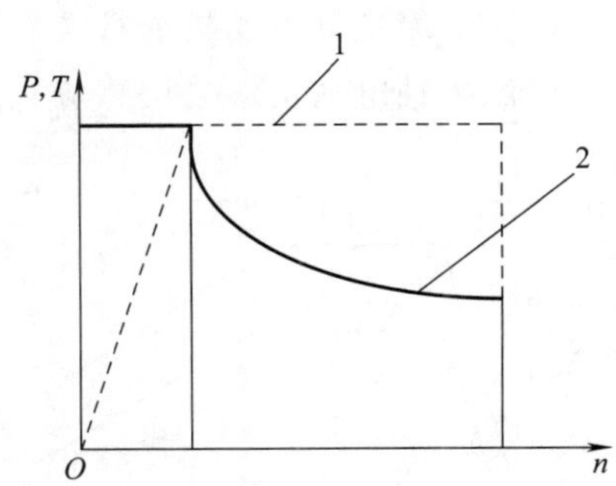

图 4-29　直流主轴电动机的功率/转矩-速度特性曲线

1—功率特性曲线；2—转矩特性曲线

(2) 直流主轴电动机速度控制

由于被控制量电动机磁通与电枢电流互相独立，其电磁转矩与磁通和电枢电流分别成正比关系，可以方便地分别进行调节。

图 4-30 为直流主轴电动机调速系统框图。可见，主轴控制系统由速度环和电流环构成

双环控制，通过控制直流主轴电动机的电枢电压进行恒转矩调速。控制系统的主回路采用反并联可逆整流电路，主回路的功率开关元件大多采用晶闸管元件。直流主轴电动机调速还包括恒功率调速，它是由图 4-30 中上半部分的励磁控制回路完成。

因为直流主轴电动机为他励式电动机，励磁绕组与电枢绕组无直接关系，需要由另一直流电源供电。励磁控制回路由励磁电流设定电路、电枢电压反馈电路及励磁电流反馈电路组成，三者的输出信号经电流调节、电压/相位变换决定晶闸管控制极的触发脉冲的相位，从而控制励磁绕组的电流大小，完成恒功率调速。

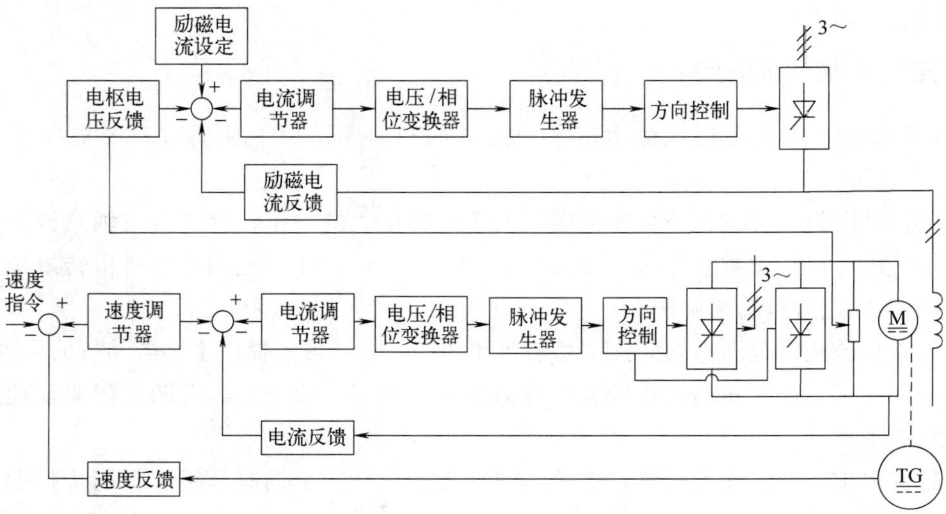

图 4-30 直流主轴电动机调速系统框图

4.6.3 交流电动机主轴驱动

早期的数控机床上多采用直流主轴伺服系统，但由于直流电动机的换向限制，恒功率调速范围较小。随着微处理器技术和大功率晶体管技术的进展，开始在数控机床的主轴驱动中更多地应用交流主轴伺服系统。

(1) 交流主轴电动机的特性

交流主轴电动机多采用感应式异步电动机，很少采用永磁式同步电动机。图 4-31 为异步交流主轴电动机的特性曲线。

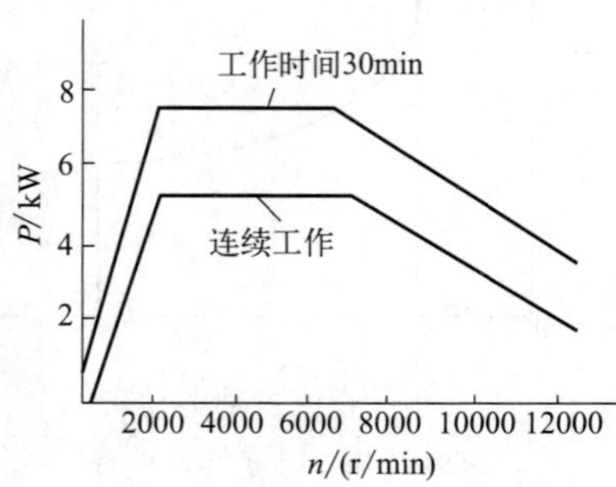

图 4-31 异步交流主轴电动机的特性曲线

(2) 交流主轴电动机速度控制

数控机床主轴驱动采用交流感应式异步电动机，其速度控制最适合的方法为变频调速。常用的变频调速控制方法包括电压/频率控制和矢量变换控制。

目前，全功能数控加工中心多采用矢量变换控制方法。矢量变换控制是将交流电动机模拟成直流电动机，用对直流电动机的控制方法来控制交流电动机。其方法是以交流电动机转子磁场定向，把定子电流分解成与转子磁场力方向相平行的磁化电流分量 I_d 和相垂直的转矩电流分量 I_q，分别对应直流电动机中的励磁电流和电枢电流，在转子旋转坐标系上，分别对磁化电流分量和转矩电流分量进行控制，以达到对实际的交流电动机速度进行控制的目的。

采用矢量控制的交流伺服电动机的驱动电路比较复杂，为方便产品设计与维护，提高产品可靠性，几乎所有数控机床都采用专业厂家生产的集成式交流主轴电动机驱动器。

4.7　数控机床的检测装置

检测装置是闭环和半闭环数控机床的重要组成部分，用于检测运动部件的位移和速度，并发送反馈信号。检测装置的精度直接影响数控机床的加工精度。要求检测装置工作可靠，抗干扰能力强，易于安装，维护方便，适应机床工作环境，低成本，零漂和温漂小，灵敏度高。

4.7.1　数控机床的检测方式

数控机床的检测方式按检测装置的安装位置分为直接测量和间接测量，按检测信号的性质分为数字式和模拟式，按测量基准分为增量式和绝对式。

(1) 直接测量和间接测量

直接测量是将检测装置安装在执行部件上，直接测量其位移或速度，作为闭环伺服系统的反馈信号。直接测量的优点是准确性高、可靠性好，缺点是测量（检测）装置要满足工作行程的要求，在大型数控机床上受到一定限制。

间接测量是将旋转型检测装置安装在驱动电动机转轴或丝杠上，通过检测转动件的角位移来间接测量执行部件的直线位移，作为半闭环伺服系统的反馈信号。间接测量的优点是测量方便、不受工作行程影响，缺点是测量信号中增加了由回转运动转变为直线运动的传动链误差，从而影响了测量精度。

(2) 数字式测量和模拟式测量

数字式测量将被测的量以数字形式表示，可以直接传送至数控装置进行比较、处理，信号抗干扰能力强、处理简单。

模拟式测量将被测的量用连续变量表示，如电压、相位等，信号处理比较复杂。

(3) 增量式测量和绝对式测量

增量式测量只测量相对位移量，如测量单位为 0.001mm，则每移动 0.001mm 就发出一个测量信号，移动距离是由测量信号计数累加所得。增量式测量的测量装置结构简单，但一旦计数有误，以后测量所得结果完全错误。增量式测量装置均有零点标志，作为测量起点，机床接通电源或故障停机后需要进行“回参考点”操作，将执行部件移动到参考点以确定当前位置在机床坐标系中的位置，保证测量起点的准确。

绝对式测量方式中，对于被测量的任意一点，其位置均由固定的零点标记，每一个被测点都有一个相应的测量值。测量装置的结构较增量式测量复杂，但不需要进行“回参考点”操作就能确定当前位置。

数控机床常用的位置和速度检测元件有旋转变压器、脉冲编码器及光栅等。需要根据检测对象与检测方式的不同选择适合的传感器（检测元件），表 4-4 为常用的传感器。

表 4-4 常用的传感器

类型	数字式		模拟式	
	增量式	绝对式	增量式	绝对式
直线型	计量光栅 激光干涉仪	多通道透射光栅	直线型感应同步器 磁尺	直线型感应同步器 绝对式磁尺
回转型	增量式光电脉冲编码器 圆光栅	绝对式光电脉冲编码器	旋转变压器 圆形感应同步器 圆形磁尺	多级旋转变压器 圆形感应同步器

4.7.2 光栅

光栅是通过在玻璃或金属基体上均匀刻画等节距的线纹制成的，线纹间的距离为栅距，单位长度上的线纹数目称为线纹密度。光栅是一种光电检测元件，其测量的输出信号为数字信号。按照结构形式分为长光栅及圆光栅，长光栅用于测量直线位移，圆光栅用于测量角位移；按照光线在光栅中的运动路径可以分为透射光栅和反射光栅。

(1) 光栅测量装置

光栅测量装置主要由标尺光栅和光栅读数头两部分组成。标尺光栅一般与机床行程等长，并固定在机床的静止部件上，光栅读数头安装在机床的运动部件上。光栅读数头由光源、透镜、指示光栅、光电元件及调整机构等组成。当光栅读数头相对于标尺光栅移动时，指示光栅相对于标尺光栅移动。图 4-32 为光栅测量装置示意图。

(2) 直线透射光栅的工作原理

在光栅测量装置中指示光栅与标尺光栅平行放置，保持 0.05～0.1mm 的间距，且指示光栅相对于标尺光栅转过微小角度 θ，如图 4-33 所示。

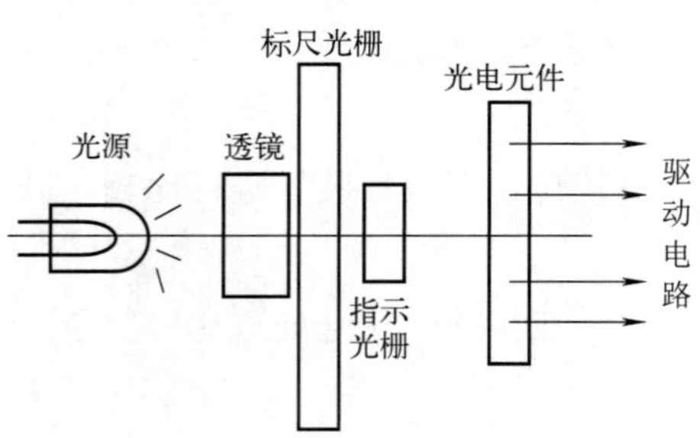

图 4-32 光栅测量装置示意图

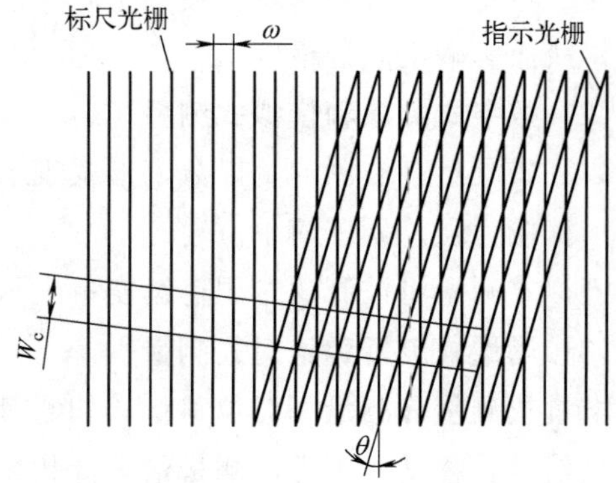

图 4-33 指示光栅与标尺光栅放置

当平行光垂直照射标尺光栅时，由于光的透射和衍射作用，在两块光栅线纹交角的平分线方向呈现出明暗交替、间隔相等的条纹，这就是所谓“莫尔条纹”。当指示光栅相对标尺光栅做水平运动时，莫尔条纹将上下运动，并且光栅每移动一个光栅节距，莫尔条纹就移动一个确定的距离。这样，通过检测莫尔条纹的移动方向及数量即可检测直线运动的方向及距离。

(3) 光栅位移-数字变换

莫尔条纹的细分与光栅运动方向的判断可由位移-数字变换电路实现。

细分又称为倍频。倍频是在莫尔条纹一个周期范围内，等距离安装的感光元件的数目。提高倍频可以在一个周期内产生更多的脉冲信号，提高分辨率。

图 4-34 为四倍频位移-数字变换（转换）电路。该电路不仅将模拟量位移转化为数字量，还将分辨率提高到原来的四倍。

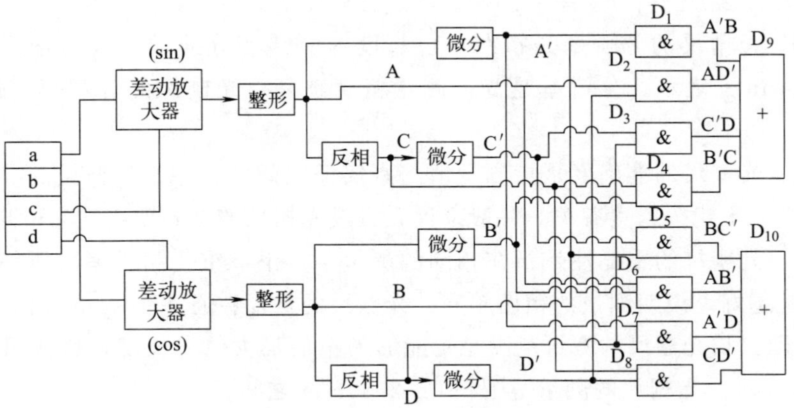

图 4-34　位移-数字转换电路

图 4-34 中 a、b、c、d 是由 4 个光电元件（硅光电池）发出的正弦波信号，彼此相位相差 90°。a、c 信号相位相差 180°，经差动放大器放大，得到正弦信号。同理，b、d 信号经另一个差动放大器放大，得到余弦信号。信号经过整形变为方波 A、B，A、B 信号经过反相得到信号 C、D。A、B、C、D 信号经过微分变为窄脉冲 A′、B′、C′、D′，即在正走和反走时在每个方波的上升和下降沿产生窄脉冲。设置四个“与门” D_1、D_2、D_3、D_4，设指示光栅相对于标尺光栅正向移动时亮条纹按照 a→b→c→d→a 的顺序扫描，则四个窄脉冲出现的顺序为 A′→D′→C′→B′→A′。由图 4-35 所示的波形图可以看出，当 A′脉冲出现时，方波 B 为高电位，所以 A′可以由 D_1 输出。同理可知，B′、C′、D′可由 D_4、D_3、D_2 输出，最后这四个脉冲信号由或门 D_9 输出。

反之，光栅做反向运动时亮条纹按 d→c→b→a→d 的顺序扫描，则四个窄脉冲出现的顺序是 C′→B′→A′→D′→C′。这里需要注意的是，反向运动时四个窄脉冲出现的位置与正向运动时出现的位置相差 180°，因为正向运动时的上升沿，在反向运动时变成下降沿。设置四个“与门” D_5、D_6、D_7、D_8，从图 4-35 所示波形图可以看出，当 C′出现时，B 方波是高电位，因此 C′从与门 D_5 输出，其他情况以此类推。总之，光栅反向移动时，每出现一个莫尔条纹，从或门 D_{10} 输出四个脉冲信号。

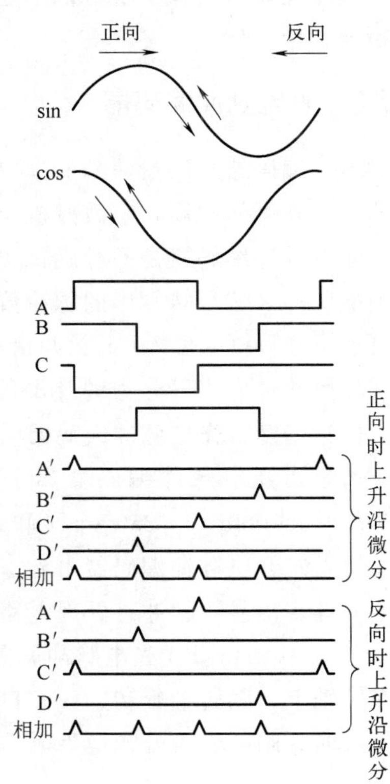

图 4-35　四倍频电路波形图

在图 4-34 所示电路中，四个光电元件相距 1/4 栅距布置。当指示光栅相对于标尺光栅移动时，莫尔条纹通过各个光电元件的时间不同，产生的电信号虽然波形相同，但相位相差1/4周期。根据信号的相位关系，可以判断出光栅的移动方向。

上述为四倍频转换电路，除此之外还有八倍频、十倍频、二十倍频及其他倍频电路。

(4) 光栅尺的主要参数

光栅尺的主要参数包括分辨率、测量范围、准确度等。

① 分辨率。光栅尺的分辨率是指在单位长度内能够区分的最小位移量，通常用微米（μm）或纳米（nm）表示。分辨率越高，测量精度越高。光栅尺的分辨率一般在0.01～1μm之间。

② 准确度。光栅尺的准确度是指测量值与真实值之间的偏差。光栅尺的准确度与安装方式、温度及电磁干扰等因素有关。一般来说，直线光栅尺的准确度在±5μm以内。

③ 重复性。光栅尺的重复性是指在相同的测量条件下，重复测量多次所得到的数据的稳定性。重复性越好，说明测量的精度越高。光栅尺的重复性通常在1μm以内。

④ 测量范围。长光栅尺的测量范围是指能够测量的最大位移长度，通常用毫米（mm）或英寸（in❶）表示。光栅尺的测量范围在0～2000mm之间。

⑤ 工作温度范围。光栅尺的工作温度范围是指能够正常工作的温度范围。一般来说，光栅尺的工作温度范围在－10～70℃之间。

⑥ 防护等级。光栅尺的防护等级是指其防护能力，通常用IP（Ingress Protection）表示。IP等级包括两个数字，第一个数字表示防尘等级，第二个数字表示防水等级。一般来说，光栅尺的防护等级在IP40～IP67之间。

选用光栅尺时除了要考虑上述参数外，还应该考虑运动速度、加速度等参数，以保证检测精度和稳定性。

4.7.3 光电脉冲编码器

脉冲编码器按码盘信号的读取方式可分为光电式、接触式和电磁式。其中光电脉冲编码器的精度和可靠性高，是数控机床最常用的编码器。

光电脉冲编码器是一种旋转式的光学检测元件，可用于检测角位移和角速度，其输出信号为电脉冲。按每转发出的脉冲数可分为高分辨率和普通分辨率编码器。高分辨率编码器每转可发出20000～30000个脉冲信号，普通分辨率编码器每转可发出2000～3000个脉冲信号。按照测量方式可分为增量式和绝对式。

(1) 增量式光电脉冲编码器

增量式光电脉冲编码器属于增量式脉冲编码器，分辨率一般为2000p/r、2500p/r、3000p/r、20000p/r、25000p/r和30000p/r。其中p指脉冲（Pulse）。

增量式光电脉冲编码器由光源、聚光镜（透镜）、光电盘（码盘）、光阑板（平行光栅）、光电元件、信号（脉冲）处理电路等组成。

图4-36为增量式光电脉冲编码器原理图。光电盘是等节距的辐射状透光窄缝圆盘，安装在转轴上，随转轴旋转。D_a、D_b、D_c为光电元件，作用是把通过光电盘和光阑板照射过来的忽明忽暗的光信号转换为电信号。D_a与D_b错开90°相位角安装，当圆盘旋转一个节距

❶ 1in＝0.0254m。

时，在光源照射下从光电元件 D_a、D_b 上输出图 4-37（a）所示的近似正弦规律变化的信号，A、B 信号相位差为 90°。这组信号经信号处理电路放大与整形，得到图 4-37（b）所示的方波信号输出。若设定 A 相超前 B 相时为正方向旋转，则 B 相超前 A 相时就是反方向旋转，利用 A 相与 B 相的相位关系可以判别编码器的旋转方向。D_c 产生的脉冲为基准脉冲，又称零点脉冲，它是转轴旋转一周在固定位置上产生的一个同步脉冲信号。

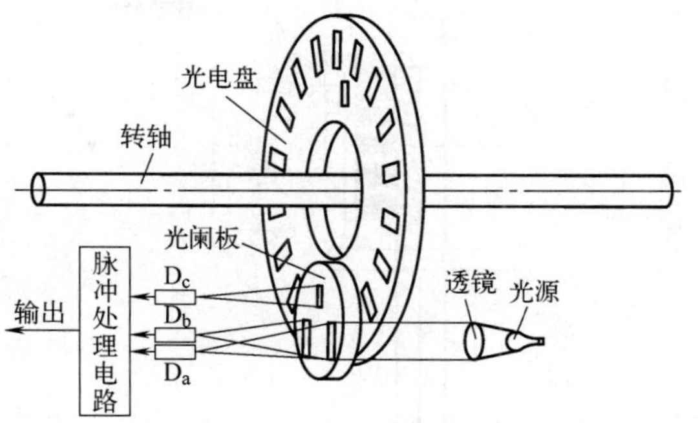

图 4-36　增量式光电脉冲编码器原理图

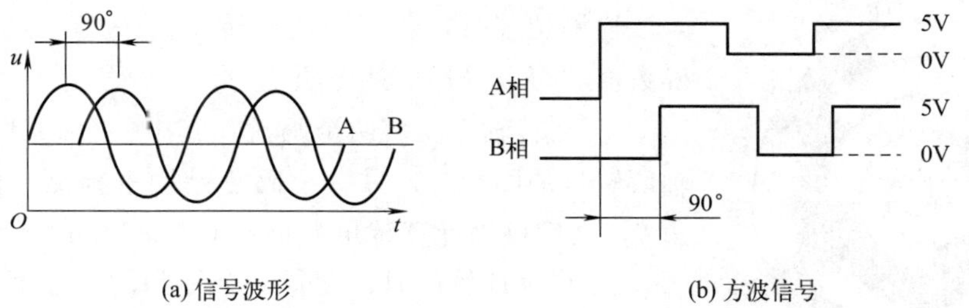

图 4-37　增量式光电脉冲编码器输出信号

光电脉冲编码器与被测轴（伺服电机轴或丝杠轴）同轴安装，并随着被测轴一起转动。通过计算产生的脉冲的数量，可测出被测轴的转角。通过测定脉冲的频率，可测出被测轴的转速。

（2）绝对值式（绝对式）光电脉冲编码器

增量式脉冲编码器的缺点是有可能由于噪声或其他外界干扰产生计数错误。若因停电、刀具破损等原因停机，事故排除后不能再找到事故前执行部件的正确位置。采用绝对值式脉冲编码器可以克服这些缺点。绝对值式脉冲编码器通过读取编码盘上的图案获得测量值，有接触式、光电式和电磁式等几种类型，常用二进制光电脉冲编码器。

编码盘（码盘）是按一定的编码方式，如二进制编码等，被分为若干份的圆盘，在码盘的每一转角位置刻有表示该位置的唯一数码（图案），可以利用电子、光电或电磁元件把代表被测角位移的各等份上的数码（图案）转换成电信号输出。图 4-38 为 4 位二进制编码盘，码盘上黑色部分是导电的，白色部分是绝缘的。四个码道都有电刷，最里一圈是公共极。4 个码道产生 16 个二进制数，码盘旋转时，四个电刷依次输出 0000～1111，编码代表了实际转角。码盘分辨率与码道数量有关，n 位码道码盘的分辨率为 $360°/2^n$，一般码盘为 9 位的，光电式码盘可以达到 18 位。

图 4-38 所示的二进制编码盘，相邻两个二进制数可能有多位二进制码不同，当数码切换时有多个数位要进行切换，增大了误读的概率。所以，一般使用二进制循环码，即格雷码制作编码盘，格雷码编码盘如图 4-39 所示。其特点是相邻两个二进制数码只有一个数位不同，相邻数码切换时只在一位进行，读数的可靠性高。

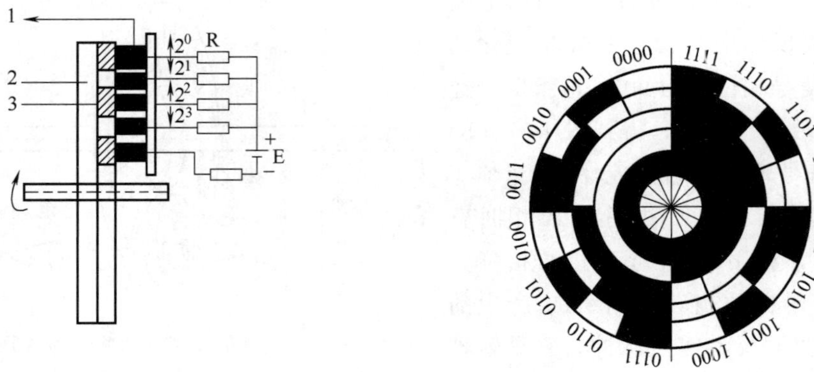

图 4-38　4 位二进制编码盘

1—电刷；2—绝缘体；3—导电体

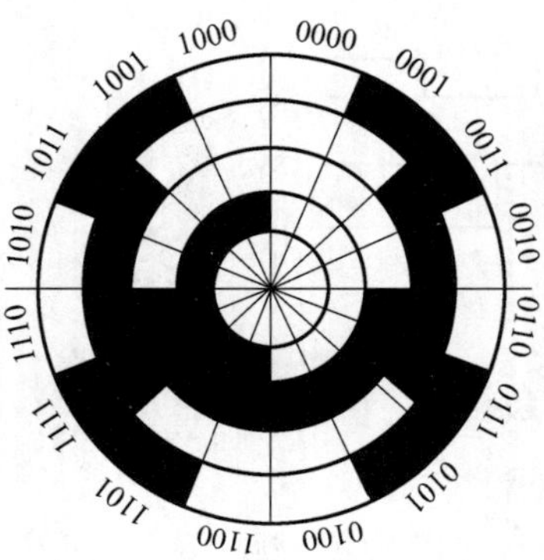

图 4-39　格雷码编码盘

检测位移时，若编码器旋转超过一周，为了检测到准确数值，可以采用下述方法之一：

① 在转轴上安装两个码盘，其中一个码盘用来计量转轴所转过的圈数 n，另一个码盘是用来检测一圈以内的转角 θ，之后可以计算转角大小 α（$\alpha = n \times 360° + \theta$）。

② 在设计软件时，设置一个专门的计数器，并规定码盘上的一个专门的代码为“零”代码，当码盘转过“零”代码时，计数器的值就自动加 1，这样也可以实现既测圈数又检测一圈以内转角的目的。

4.7.4　旋转变压器

旋转变压器是一种角度测量装置，具有结构简单、动作灵敏、抗干扰性强、工作可靠等特点。旋转变压器可以与丝杠连接，也可以与电机组成一体，一般用于精度要求不高的数控机床。

(1) 旋转变压器结构

旋转变压器由定子和转子组成，定子绕组为变压器的一次线圈，转子绕组为变压器的二次线圈。定子绕组通过固定在壳体上的接线板直接引出。转子绕组有两种不同的引出方式，根据转子绕组引出方式的不同将旋转变压器分为有刷式和无刷式两种结构形式。

图 4-40 为有刷式旋转变压器。它的转子绕组通过滑环和电刷直接引出，其特点是结构简单、体积小，但因电刷与滑环是机械滑动接触的，所以可靠性差，寿命也较短。

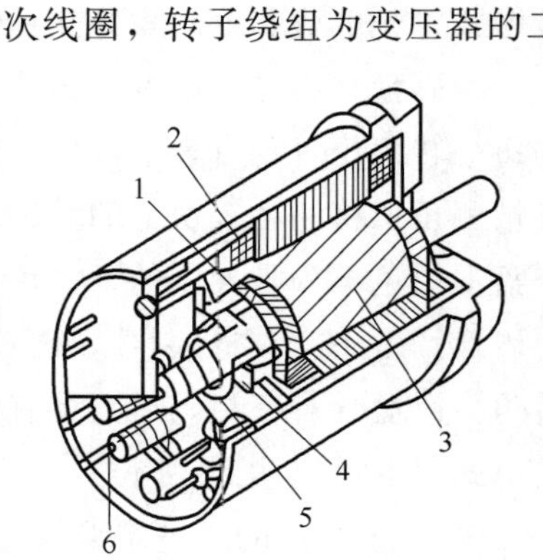

图 4-40　有刷式旋转变压器

1—转子绕组；2—定子绕组；3—转子；4—换向器；5—电刷；6—接线板

图 4-41 是无刷式旋转变压器。它分为两部分，即旋转变压器本体和附加变压器。附加变压器的原、副边铁芯及其线圈分别固定于转子轴和壳体上，径向留有一定的间隙。旋转变压器本体的转子绕组与附加变压器原边线圈连在一起。附加变压器原边线圈中的电信号，即转子绕组中的电

信号，通过电磁耦合，经附加变压器副边线圈间接地送出去。这种结构避免了电刷与滑环之间的不良接触造成的影响，提高了旋转变压器的可靠性及使用寿命，但其体积、重量、成本均有所增加。

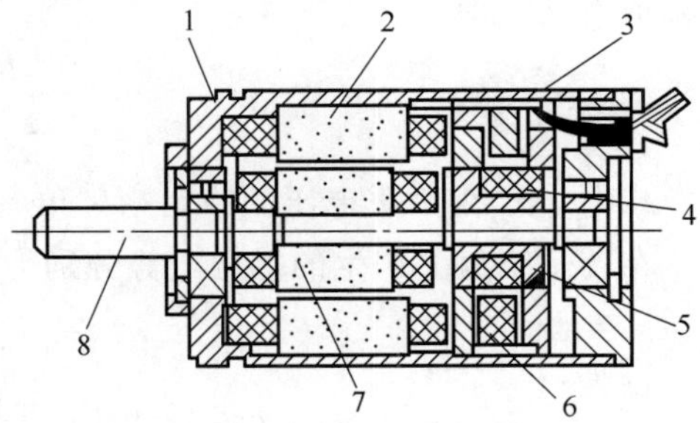

图 4-41 无刷式旋转变压器

1—壳体；2—旋转变压器本体定子；3—附加变压器定子；4—附加变压器；5—附加变压器转子转轴；6—附加变压器二次绕组；7—旋转变压器本体绕组；8—转子轴

常见的旋转变压器一般有两极绕组和四极绕组两种结构形式。两极绕组旋转变压器的定子和转子各有一对磁极，四极绕组旋转变压器的定子和转子各有两对磁极，四极绕组旋转变压器用于高精度的检测系统。除此之外，还有多极式旋转变压器，用于高精度绝对式检测系统。

(2) 旋转变压器工作原理

旋转变压器的定子绕组作为变压器的一次侧接受励磁电压，转子绕组作为变压器的二次侧，通过电磁耦合得到感应电势，旋转变压器输出的感应电势大小与转子位置有关。

对于两极绕组旋转变压器，若加在定子绕组的励磁电压为

$$u_s=U_m\sin(\omega t) \tag{4-26}$$

根据电磁学原理，转子绕组中的感应电势为

$$u_k=kU_m\cos\theta\sin(\omega t) \tag{4-27}$$

式中，k 为电磁耦合系数；U_m 为励磁电压幅值；θ 为相位角。

实际应用的旋转变压器为正、余弦旋转变压器，其定子与转子均由两组匝数相等、互相垂直的绕组构成，如图 4-42 所示。

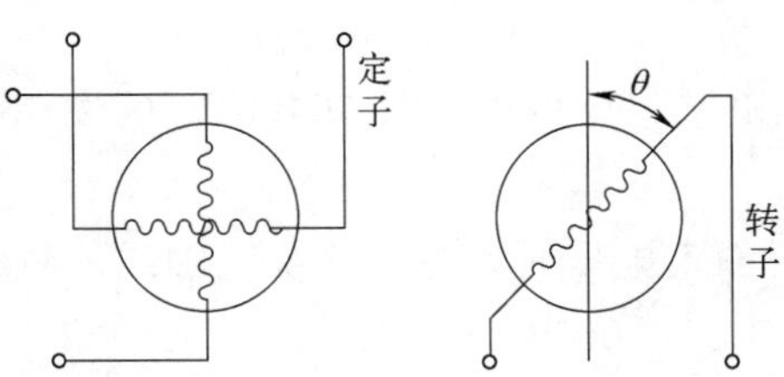

图 4-42 正、余弦旋转变压器原理图

旋转变压器有鉴相方式和鉴幅方式两种工作方式。

① 鉴相方式。鉴相方式是根据转子输出的感应电势的相位变化检测转角。

采用鉴相工作方式时，定子的正弦、余弦绕组励磁电压为同频率、同幅值、相位差为 90°的交流电压，即

$$u_s=U_m\sin(\omega t) \tag{4-28}$$

$$u_c=U_m\cos(\omega t) \tag{4-29}$$

u_s 和 u_c 单独励磁，在转子绕组上感应电势分别为

$$e_s=kU_m\cos\theta\sin(\omega t) \tag{4-30}$$

$$e_c=kU_m\cos\left(\theta+\frac{\pi}{2}\right)\cos(\omega t)=-kU_m\sin\theta\cos(\omega t) \tag{4-31}$$

根据叠加原理，转子绕组上的感应电势为

$$e=e_s+e_c=kU_m\cos\theta\sin(\omega t)-kU_m\sin\theta\cos(\omega t)=kU_m\sin(\omega t-\theta) \tag{4-32}$$

根据上式，通过鉴别转子感应电势的相位，即可测量出转子相对定子转过的角度。

② 鉴幅方式。鉴幅方式是根据转子输出的感应电势的幅值变化检测转角。

采用鉴幅工作方式时，定子的正弦、余弦绕组励磁电压为同频率、同相位的交流电压，

但幅值不同，即

$$u_s = U_m \sin\theta_d \sin(\omega t) \tag{4-33}$$

$$u_c = U_m \cos\theta_d \sin(\omega t) \tag{4-34}$$

式中，θ_d 为励磁电压的给定相位角。

在转子绕组上产生的感应电势分别为

$$e_s = kU_m \sin\theta_d \cos\theta \sin(\omega t) \tag{4-35}$$

$$e_c = kU_m \cos\theta_d \cos\left(\theta + \frac{\pi}{2}\right) \sin(\omega t) = -kU_m \cos\theta_d \sin\theta \sin(\omega t) \tag{4-36}$$

根据叠加原理，转子上的总感应电势为

$$e = e_s + e_c = kU_m (\sin\theta_d \cos\theta - \cos\theta_d \sin\theta) \sin(\omega t) = kU_m \sin(\theta_d - \theta) \sin(\omega t) \tag{4-37}$$

由式（4-37）可知，感应电势 e 是幅值为 $kU_m \sin(\theta_d - \theta)$ 的交变电压信号。逐渐改变 θ_d 的值，使 e 的幅值等于零，这时因

$$kU_m \sin(\theta_d - \theta) \sin(\omega t) = 0 \tag{4-38}$$

故可得，$\theta = \theta_d$。

θ_d 值就是被测角位移 θ 的值。由于通过逐渐改变 θ_d 使 e 的幅值等于零，所以 θ_d 的值是已知的。

在实际使用中，经常将旋转变压器与伺服电动机或丝杠同轴安装。这样，通过测量转子的角度就能得到运动部件的角位移，结合丝杠导程等参数就可以得到直线位移。

(3) 旋转变压器的技术指标

旋转变压器的主要技术指标包括：

① 额定电压。指的是励磁电压，有 12V、16V、26V、36V、60V、90V、110V、115V、220V 等。

② 额定频率。指的是励磁电压的频率，有 50Hz 和 400Hz 两种。其中 400Hz 的性能更好，但成本较高。

③ 变比。指在规定的励磁绕组上施加额定频率的额定电压时，与励磁绕组轴线一致的处于非励磁一方绕组的开路电压与励磁电压之比，有 0.15、0.56、0.65、0.78、1.0 和 2.0 等几种。

④ 输出相位移。指输出电压与输入电压的相位差，该值越小越好，一般为 3°～12°。

⑤ 精度等级。指的是允许的误差值，表 4-5 为不同精度等级所对应的误差值。

表 4-5 旋转变压器不同精度等级对应的误差值

精度等级	0	1	2	3
函数误差/%	0.05	0.1	0.2	0.3
零位误差/(′)	3	6	12	18
线性误差/(′)	2	4	8	18
电气误差/(′)	5	10	20	30

4.7.5 感应同步器

感应同步器和旋转变压器均为电磁式检测装置，属于模拟式测量。

(1) 感应同步器的结构与工作原理

感应同步器按其结构特点分为直线式和旋转式两种。直线式感应同步器由定尺和滑尺组成，用于测量直线位移。旋转式感应同步器由转子和定子组成，用于测量角位移。下面以直线式感应同步器为例，介绍其结构和工作原理。

直线式感应同步器相当于一个展开的多极旋转变压器，其结构原理如图 4-43 所示。定尺和滑尺的基板采用与机床热胀系数相近的钢板制成，钢板上用绝缘黏结剂贴上铜箔，并利用腐蚀的办法制成印刷绕组。长尺叫定尺，安装在机床床身上；短尺为滑尺，安装在移动部件上。两者平行放置，保持 0.05～0.25mm 间隙。

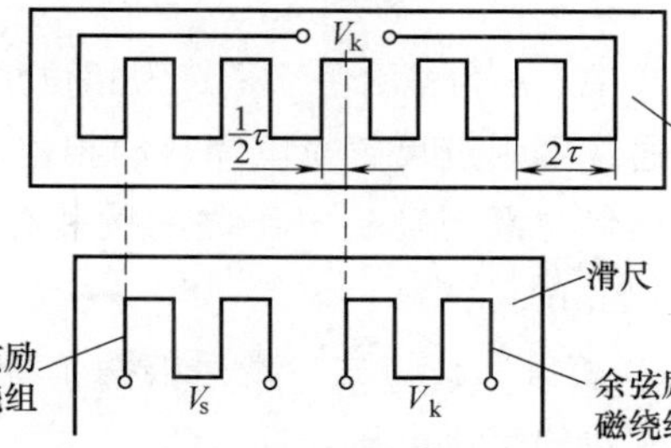

图 4-43　直线式感应同步器结构原理图

标准感应同步器定尺长 250mm，滑尺长 100mm，节距为 2mm。定尺上是单向、均匀、连续的感应绕组；滑尺有两组绕组，一组为正弦绕组，另一组为余弦绕组。当正弦绕组与定尺绕组对齐时，余弦绕组与定尺绕组相差四分之一齿距。

当在滑尺的任一绕组上施加交流励磁电压时，由于电磁感应作用，在定尺绕组中必然产生感应电动势，该感应电动势取决于滑尺和定尺的相对位置。当只给滑尺上正弦绕组加励磁电压时，定尺感应电动势与定滑尺的相对位置关系如图 4-44 所示。

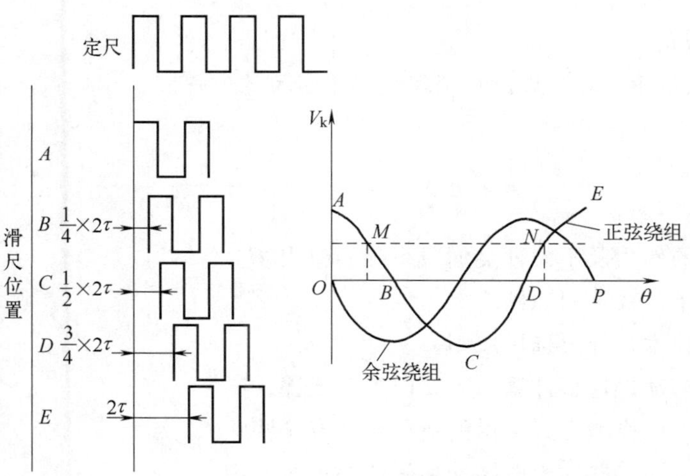

图 4-44　定尺感应电势与定滑尺的相对位置关系

如果滑尺处于 A 点位置，即滑尺绕组与定尺绕组完全对应重合，定尺绕组线圈中穿入的磁通最多，则定尺上的感应电压最大。随着滑尺相对定尺做平行移动，穿入定尺的磁通逐渐减少，感应电动势逐渐减小。

当滑尺移到图 4-44 中 B 点位置，与定尺绕组刚好错开 1/4 节距时，感应电动势为零。再移动至 1/2 节距处，即图中 C 点位置时，定尺线圈中穿过的磁通最多，感应电动势最大，但极性相反。再移至 3/4 节距，即图中 D 点位置时，感应电动势又变为零。当移动一个节距位置，如图中 E 点，又恢复到初始状态，与 A 点相同。显然，在定尺移动一个节距的过程中，感应电动势近似于余弦函数变化了一个周期，如图中 A、B、C、D、E 点。

(2) 感应同步器的工作方式

感应同步器有两种工作方式，即鉴相工作方式和鉴幅工作方式。

① 鉴相工作方式。给滑尺两绕组分别通以幅值相同、频率相同、相位差为 90°的交流励磁电压，即

$$U_s = U_m \sin(\omega t) \tag{4-39}$$

$$U_c = U_m \cos(\omega t) \tag{4-40}$$

式中，U_m 为励磁电压幅值。

这两个励磁电压在定尺绕组中都产生感应电动势，根据线性叠加原理，定尺中的感应电动势应为这两个电动势的代数和：

$$\begin{aligned} U_k &= kU_s\cos\theta + kU_c\cos\left(\theta+\frac{\pi}{2}\right) = kU_m\sin(\omega t)\cos\theta - kU_m\cos(\omega t)\sin\theta \\ &= kU_m\sin(\omega t-\theta) \end{aligned} \tag{4-41}$$

式中，k 为耦合系数；θ 为相位角。

通过鉴别定尺感应电动势的相位，即可测量定尺和滑尺之间的相对位移。例如，定尺感应电动势与滑尺励磁电压之间的相位差为 3.6°，在节距为 2mm 的情况下，表明滑尺移动了 0.02mm。

② 鉴幅工作方式。滑尺的两个绕组分别通以频率相同、相位相同、幅值分别按正弦和余弦变化的交流电压，即

$$U_s = U_m\sin\alpha\sin(\omega t) \tag{4-42}$$

$$U_c = U_m\cos\alpha\sin(\omega t) \tag{4-43}$$

则定尺上的叠加电动势为

$$\begin{aligned} U_k &= kU_s\cos\theta + kU_c\cos\left(\theta+\frac{\pi}{2}\right) = kU_m\sin(\omega t)(\sin\alpha\cos\theta - \cos\alpha\cos\theta) \\ &= kU_m\sin(\alpha-\theta)\sin(\omega t) \end{aligned} \tag{4-44}$$

式中，α 为励磁电压的给定相位角。

测量出 U_k 的幅值，并计算出相位角，就可以测得滑尺相对于定尺的位移。

思考与练习

1. 试述伺服系统在数控机床中的作用及不同种类伺服系统的应用场合。
2. 试述步进电动机的主要技术指标及选用原则。
3. 试述交流伺服电动机的主要技术指标及选用原则。
4. 试述步进电动机及交流伺服电动机选型计算的主要内容及步骤。
5. 数控机床检测方式有哪些？不同检测方式常用的检测元件有哪些？
6. 说明光栅、旋转变压器、感应同步器、光电脉冲编码器的工作原理。
7. 如何选用光栅、脉冲编码器和旋转变压器等检测元件？

拓展内容

中国的数控机床、数控系统及伺服电机技术取得了巨大的进展。读者可去《经济半小时》节目中观看视频《这个车间里的数控机床、数控系统和加工刀具全部国产!》，了解在全国产业化装配车间中加工发动机涡轮盘的过程，思考伺服电机在数控机床中的作用及与数控加工质量之间的关系。

第5章

数控机床编程基础

思维导图

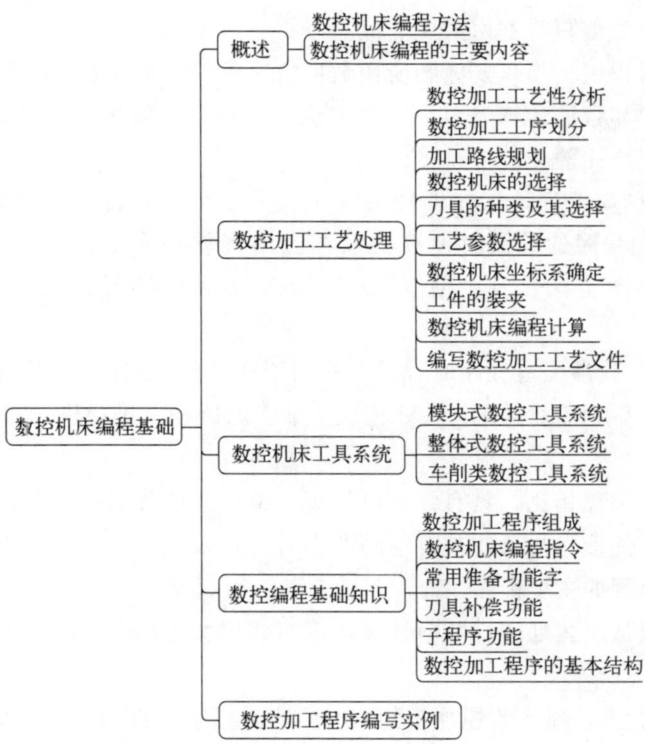

扫码获取资源

学习目标

- 掌握数控加工工艺处理方法，能够针对具体零件制定其工艺规程。
- 理解坐标系建立的规则，能够正确建立坐标系并进行编程计算。
- 掌握常用数控编程指令，能使用指令编写程序。
- 理解刀具长度补偿和半径补偿的含义，能够使用刀具补偿功能编写程序。
- 理解刀具中心轨迹的概念，能够根据刀具中心轨迹编写数控加工程序。
- 理解数控加工程序的基本结构，并能应用于程序编写中。

数控机床加工零件时需要先根据零件的加工要求进行工艺处理，并根据工艺处理结果编写数控加工程序，然后由数控机床执行加工程序完成零件的加工。本章主要介绍数控加工工艺处理、数控机床工具系统、数控编程基础知识及数控加工程序的编写实例等内容。

5.1 概述

数控机床编程是指从工件图样分析到完成控制介质制备的整个过程。进行数控机床编程时，首先要根据被加工工件的复杂程度选择合适的编程方法，然后完成数控加工工艺处理、数值计算及编写数控加工程序等工作。

(1) 数控机床编程方法

数控机床编程方法主要有两种，即手工编程和自动编程。

① 手工编程。手工编程是指主要由人工来完成数控加工程序编写过程中的各项工作，即数值计算、程序单的编写等都由人工完成。

手工编程要求编程人员不仅要熟悉所用数控机床的编程指令及编程规则，还要具备一定的数控加工工艺知识和数值计算能力。一般来说，对于形状简单的零件，其编程计算量小，程序简短，手工编程更简便、经济。

② 自动编程。自动编程是指在编程过程中，除了分析零件图样和制定工艺方案由人工完成外，数控加工程序的编制由计算机及相应编程软件完成。自动编程主要有语言编程、图形交互式编程等方法，其中基于 CAD/CAM 软件的图形交互式编程方法应用最为广泛。

使用CAD/CAM 软件编写程序时，需要先利用软件的 CAD 功能模块建立或导入被加工零件的三维模型，然后利用软件的 CAM 模块生成刀具路径，进而进行后置处理生成数控加工程序。

自动编程与手工编程相比，具有编程时间短、编程人员劳动强度低、出错概率小、编程效率高等优点。当零件形状复杂或具有空间曲面时，宜采用自动编程方法。

(2) 数控机床编程的主要内容

数控机床编程包括工艺处理、数值计算、编写数控加工程序、制作控制介质、程序校验与试切等内容。

① 工艺处理。工艺处理是数控加工的核心内容，影响零件加工的质量、效率和成本。

进行工艺处理时，首先要分析零件图纸，明确加工内容和加工要求，然后分析零件的数控加工工艺性，再制定数控加工工艺方案、规划刀具运动路线及选择机床和刀具等内容。

② 数值计算。数值计算就是根据工件的形状、尺寸及加工误差要求，根据所建立的坐标系和一定规则计算出刀具运动路线上一系列点的坐标值。

③ 编写数控加工程序。根据工艺处理、数值计算的结果，参照数控机床的编程指令和格式编写加工程序。

④ 制作控制介质。制作控制介质就是将编写好的程序记录在控制介质（如 U 盘等）上。存储在控制介质上的数控加工程序可以通过数控机床的相应接口输入数控装置。

⑤ 程序校验与试切。数控加工程序在执行之前需要进行校验。程序校验可以通过数控机床的程序校验功能实现，也可以通过数控机床的“空运行”功能实现。对于采用 CAD/

CAM 软件编写的数控加工程序，可以使用软件的仿真模拟功能进行校验。

程序校验一般只能检验加工过程中刀具运动路线是否正确，不能检验零件的加工精度，所以程序校验后，还需要进行试切。对试切后的零件进行检验，以确定是否合格，若不合格，需要分析原因并改进。

5.2 数控加工工艺处理

数控加工工艺处理是数控机床编程（数控编程）的基础，包括分析零件的数控加工工艺性、划分数控加工工序、规划加工路线、选择刀具和数控机床及确定工艺参数等内容。

(1) 零件的数控加工工艺性分析

零件的数控加工工艺性分析主要包括以下几个方面：

① 分析零件的结构和被加工表面的形状是否符合数控加工的特点。

对于图 5-1 所示的车削加工工件，其上圆弧轮廓较多，在普通车床上加工很困难，属于加工工艺性差的零件。但是，在数控车床上加工时，由于数控车床具有坐标联动功能，编程时使用圆弧插补指令就可以控制刀尖按照圆弧轨迹运动，加工出所需要的轮廓，所以零件轮廓形状复杂并未影响其数控加工工艺性，反而能够发挥出数控机床的加工特点。

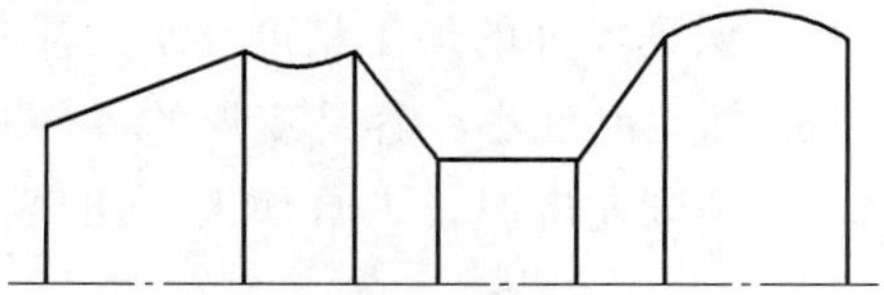

图 5-1　车削加工工件

② 分析能否满足零件的精度要求。机床精度及其工艺参数范围影响其能达到的经济加工精度，过高的加工精度要求会提高加工成本，降低加工效率。

③ 分析定位基准是否合理。数控加工中尽量采用相同的定位基准，经过一次装夹，完成零件加工。若采用不同定位基准，需要对工件进行多次装夹，影响加工精度。

④ 分析零件的尺寸标注是否能使编程计算更简便。零件图样上的尺寸标注应该能让编程计算更加简便。对于采用数控加工的零件，可以使用同一基准标注尺寸或者直接给出坐标值。

⑤ 从零件材料的切削加工性能和加工批量等方面分析其数控加工工艺性。

(2) 数控加工工序划分

数控加工工序划分是数控加工中十分重要的环节，需要充分考虑以下几个原则。

① 基准优先原则。先加工精基准，再以精基准定位加工其他表面。

② 工序集中原则。数控加工的工艺设计应该遵循工序最大限度集中的原则，将工件的加工集中在少数几个工序内，以减少安装次数，保证加工质量。

③ 粗、精加工分开原则。对于质量要求高的表面，一般先完成该表面的粗加工，再进行半精加工和精加工。这是因为粗加工时材料去除量大，产生的切削热和切削力较大，工艺系统的变形大，工件表面的残余应力也较大，在表面进行粗加工之后，间隔一段时间，待工件充分变形后再进行精加工，有利于保证加工精度和表面质量。

④ 先主后次原则。先加工主要表面，再加工次要表面。次要表面的加工穿插在主要表面粗、精加工过程之间。另外，对于加工质量不容易保证的表面，应先完成其精加工，再加工其他表面。

⑤ 先面后孔原则。先面后孔是指先加工平面，再加工平面上的孔。这样，加工孔时可将平面作为定位基准，同时可避免孔口产生毛刺等缺陷。

⑥ 刀具集中原则。刀具集中是按刀具的加工内容划分工序，即一次换刀之后，把其能加工的所有部位都加工完成，以减少换刀次数，提高加工效率。

⑦ 一次定位原则。相互位置关系要求较高的表面在一次定位中加工，可以减少工件因重复定位而产生的误差。例如，加工箱体类零件的孔时，可以一次完成同一轴线上各个孔的加工，保证孔的同轴度要求。

(3) 加工路线规划

加工路线是指加工过程中刀具中心相对于被加工工件的运动轨迹。规划加工路线就是确定刀具中心的运动轨迹和方向。加工路线不仅包括刀具切削工件时的运动轨迹，还包括进刀、移刀、退刀等的运动轨迹。

确定加工路线时主要考虑以下几个方面的要求：

① 保证零件的加工精度和加工质量。

a. 加工刚度小、容易变形的零件时，可以采用由内向外的加工路线。

b. 铣削轮廓时，刀具切入、切出工件的方向有与轮廓相切、沿法线方向和沿任意方向三种方式。当表面质量要求较高时，应当采用如图 5-2 所示的与轮廓相切方向切入和切出，以避免工件表面产生划痕。另外，加工外轮廓时，刀具的切入点和切出点应设置在工件外部。

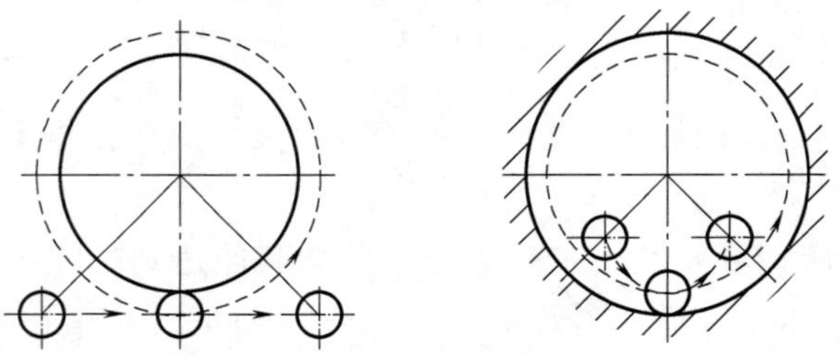

图 5-2　轮廓加工时刀具切入、切出方向

c. 当内轮廓由多个曲线轮廓组成时，刀具可沿着轮廓的法线方向进刀和切出，并将切入和切出点放在轮廓几何要素的交点处，如图 5-3 所示。

d. 对于位置精度要求较高的孔系，各孔应在同向行程中加工，以减小坐标轴的反向间隙对位置精度的影响。孔系同向行程加工时刀具的运动路线如图 5-4 所示。

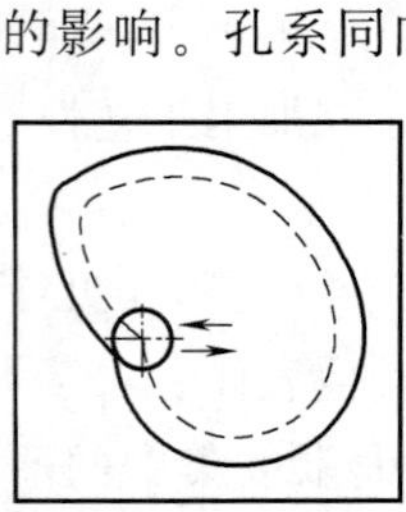

图 5-3　内轮廓加工切入、切出

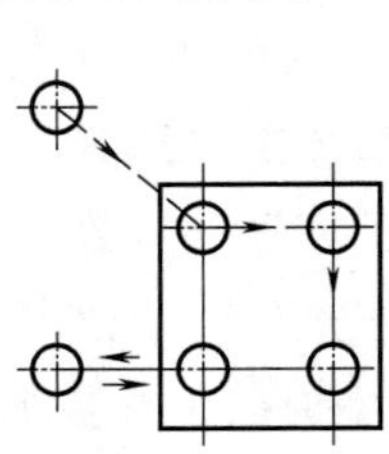

图 5-4　孔系加工刀具运动路线

e. 铣削带有型腔的零件时，应先加工内腔，再加工外轮廓。型腔加工需要多次走刀时，要合理选择加工路线，其常用的加工路线有行切、环切、行切＋环切几种方式，如图 5-5 所示。

f. 铣削零件轮廓时，应合理选择顺铣或逆铣。铣削轮廓时尽量采用顺铣方式，以减小机床振动，保证表面质量和加工精度。

② 缩短加工路线，减少空行程。图 5-6 所示的孔系钻削加工，要求加工路线短，定位

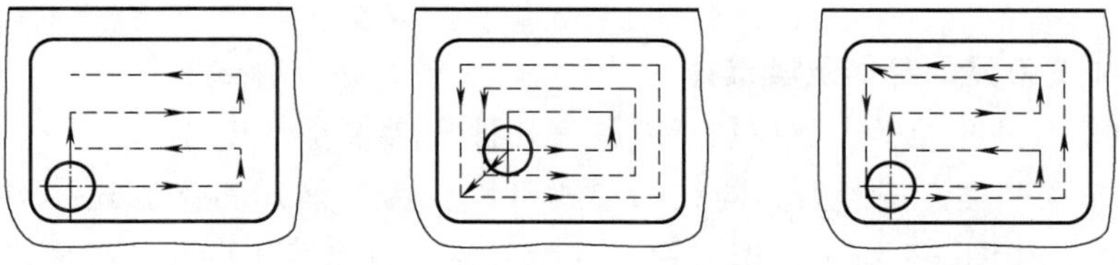

(a) 行切　(b) 环切　(c) 行切+环切

图 5-5　型腔加工常用的走刀路线

过程快。相较于图 5-6（a）采用的同一圆周上的孔顺次加工，再加工另一圆周上孔的加工路线，图 5-6（b）采用的就近加工路线更短。

③ 进刀、退刀和移刀过程中要保证安全，避免刀具与工件、夹具发生碰撞。一般需在加工路线上设置逼近点、安全点，让刀具经过这些点，以保证安全。

④ 所规划的加工路线应该方便进行数值计算，减少编程工作量。

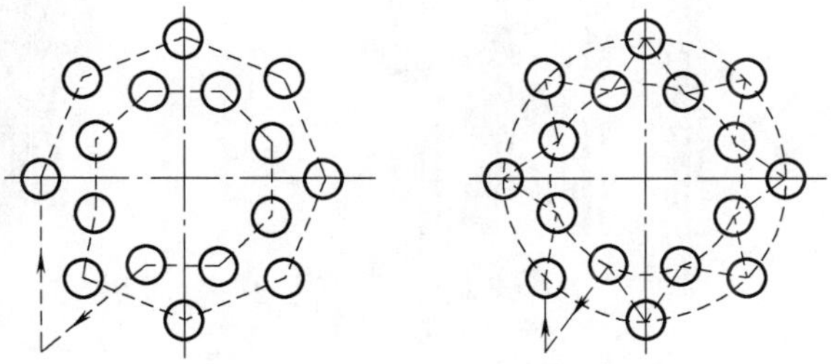

(a) 顺次加工　(b) 就近加工

图 5-6　孔加工最短路线选择

⑤ 需要考虑工件的加工余量、机床和刀具的刚度、加工质量要求等因素，确定是一次走刀，还是多次走刀来完成加工，然后规划加工路线。

⑥ 对于复杂曲面的铣削加工，多采用自动编程。此时，可以在 CAD/CAM 软件提供的切削模式中选择刀具运动路线的形式，并设置安全平面、避让点等。

(4) 数控机床的选择

在进行数控加工工艺处理时，需要根据被加工对象的几何特点及加工精度要求等选择合适的数控机床。

① 根据零件类型选择数控机床。零件类型可以分为板形类、箱体类、轴类、异形类等。不同零件的规格和形状相差很大，要根据零件种类和形状特点选择数控机床。

对于平面孔系零件，宜用点位直线控制的数控钻床与数控镗床加工。旋转体类零件，多选用数控车床或数控磨床加工。平面轮廓零件的轮廓多由直线和圆弧组成，一般使用两轴或三轴联动数控铣床加工。具有空间曲面轮廓的零件，一般使用具有三轴或三轴以上联动功能的数控铣床加工。

② 根据加工精度选择数控机床。数控机床的精度等级决定了加工出来的零件的精密度，批量生产的零件实际加工精度为机床定位精度的 1.5～2 倍。普通型加工中心可以批量加工 8 级精度的工件，精密型加工中心的加工精度可达 5～6 级。

③ 根据工艺适应性选择数控机床。在选择数控机床时要考虑其工艺特点，最大限度地发挥机床的综合加工能力，确保在整个生产流程中使用最少数量的数控机床，而生产零件的种类达到最大化。

④ 根据工作台尺寸、行程和主轴电机功率等参数选择数控机床。机床工作台的尺寸应该保证工件在其上能顺利装夹，被加工表面要在机床坐标轴行程范围内。另外，在对材料去除量较大的工件进行粗加工时，需要考虑数控机床主轴电机功率的大小，必要时需要对主轴

刚度进行校核。

(5) 数控加工刀具的种类及其选择

① 数控加工刀具的种类。数控加工刀具有几种不同的分类方式。

a. 按结构形式分类。按照刀具的结构形式可以分为整体式和镶嵌式。整体式刀具由整块材料加工而成，如图 5-7 所示。镶嵌式刀具由刀片、刀体等几个部分组成，又分为焊接式和机夹式两种。目前，数控机床较多地使用机夹式可转位刀具，如图 5-8 所示。

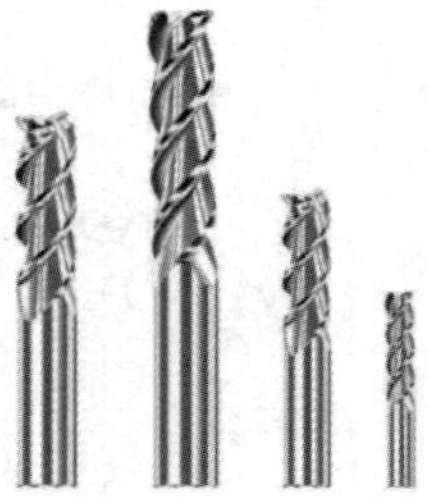

图 5-7 整体式刀具

图 5-8 机夹式可转位刀具

b. 按刀具材料分类。按照刀具制造材料的不同可以分为高速钢刀具、硬质合金刀具、陶瓷刀具、立方氮化硼刀具、金刚石刀具及陶瓷涂层刀具等。

c. 按照切削工艺分类。按照切削工艺的不同可以分为铣削加工刀具、车削加工刀具、孔加工刀具等。

② 数控加工刀具的选择。由于数控机床的主轴转速远高于普通机床，而且主轴输出功率较大，因此对数控加工刀具提出了更高的要求，要求刀具精度高、强度大、刚性好、耐用度高、尺寸稳定、安装调整方便。

刀具的选用取决于被加工零件的几何形状、材料和加工精度要求等。选择刀具时主要考虑以下方面。

a. 根据零件材料的切削性能选择刀具材料。

• 加工奥氏体不锈钢、高温合金、钛合金、超高强度钢等难加工材料时，可以选择高性能高速钢刀具。

• 加工脆性材料，如铸铁等，可以使用钨钴类硬质合金（YG）刀具。加工切屑呈带状的钢料等塑性大的材料，可以选择钨钛钴类硬质合金（YT）刀具。加工有色金属、高温合金、耐热合金及合金铸铁等难加工材料，可选择钨钛钽（铌）钴类硬质合金（YW）刀具。

• 钢、铸铁、高硬度材料及高精度零件的精加工，可以选择陶瓷材料刀具。

• 有色金属以及非金属材料的高速精加工，可以选择金刚石刀具。

• 加工淬硬钢、冷硬铸铁、高温合金等某些难加工材料，可选择立方氮化硼刀具。

b. 根据零件的加工阶段选择刀具。粗加工阶段以去除余量为主，应选择刚性较好、精度较低的刀具。半精加工、精加工阶段以保证零件的加工精度和产品质量为主，应选择耐用度高、精度较高的刀具。

c. 根据加工表面的特点选择刀具。

• 加工凸台、凹槽和平面零件周边时，常采用立铣刀。

• 铣削平面时，常选择硬质合金刀片铣刀。

• 对一些立体型面和变斜角轮廓外形的加工，常采用球头铣刀、环形铣刀、锥形铣刀和盘形铣刀。

• 加工自由曲面时，精加工选择球头铣刀，而对于粗加工，在确保不过切的前提下，尽量选择端铣刀。

• 切削薄壁、超薄壁零件的过中心铣刀的端面切削刃应有足够的向心角，以减小切削力。加工铝、铜等较软材料零件时，应选择前角稍大一些的刀具。在零件结构允许的情况下应选用大直径、长径比小的刀具，以保证刀具的强度要求，并提高切削效率。

d. 优先选择标准化和系列化的刀具。优先使用通用性强的系列化、标准化刀具，有利于刀具的生产、使用和管理。

(6) 工艺参数选择

不同种类的数控机床，其工艺参数的含义有所不同，如切削类数控机床的工艺参数指的是切削速度、进给量和背吃刀量，而数控电火花线切割机床的工艺参数为脉冲间隔比等电加工参数。这里只讨论切削类数控机床工艺参数的选择。

① 选择工艺参数的基本原则。

a. 粗加工阶段。首先选取尽可能大的背吃刀量；其次在机床功率和主轴刚度允许的条件下，选取尽可能大的进给量；最后根据刀具耐用度确定最佳的切削速度。

b. 精加工阶段。首先根据粗加工后的余量确定背吃刀量，其次根据表面粗糙度要求选取进给量，最后在保证刀具耐用度的前提下尽可能选用较高的切削速度。

② 工艺参数的选择。生产中需要综合考虑零件加工质量要求、工件材料、刀具材料、加工效率及加工成本等因素，根据经验或者《切削用量手册》等参考文献，并参考机床说明书，确定工艺参数。

一般情况下，背吃刀量根据加工余量多少而定。粗加工时，一次走刀应尽可能切掉全部余量，中等功率的机床达 8～10mm；半精加工时，可取 0.5～2mm；精加工时，可取 0.1～0.4mm。

(7) 数控机床坐标系确定

数控加工程序中需要给出加工过程中刀具运动轨迹上一些点的坐标值，加工时数控机床根据坐标值和运动类型控制刀具与工件之间的相对运动路线，完成对零件的加工。所以，在进行工艺处理时需要确定坐标系，并据此进行编程计算。

① 标准坐标系。标准坐标系是一个右手笛卡儿直角坐标系，规定了三个直线运动坐标轴 X、Y、Z 和三个旋转运动坐标轴 A、B、C，如图 5-9 所示。

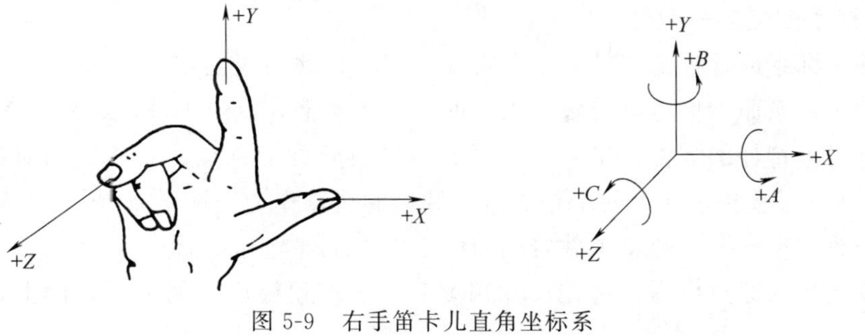

图 5-9　右手笛卡儿直角坐标系

坐标轴的规定如下：

Z 轴：Z 轴平行于机床主轴轴线，正方向为刀具离开工件的方向。若机床没有主轴（如牛头刨床）或者有多个主轴时，则选择垂直于工件安装面的坐标轴为 Z 轴。若主轴能摆动，且在摆动的范围内只与标准坐标系中的某一个坐标轴平行，则这个坐标轴便是 Z 轴；若在摆动的范围内与多个坐标轴平行，则取垂直于工件安装面的方向为 Z 轴。

X 轴：对于数控铣床、数控镗床等刀具旋转的机床，当 Z 轴水平时，从刀具（主轴）向工件方向看，X 轴的正方向指向右边；当 Z 轴垂直时，从刀具向机床立柱方向看，X 轴的正方向指向右边。对于数控车床、数控磨床等工件旋转的机床，X 轴位于工件的径向并平行于横向拖板，刀具离开工件旋转中心的方向为 X 轴的正方向。

Y 轴：根据图 5-9 所示的右手定则确定 Y 轴的正方向。

旋转坐标轴 A、B、C 分别绕 X、Y、Z 轴旋转，其正方向按右手螺旋定则确定。

② 机床坐标系与工件坐标系。数控机床的坐标系有两种类型，即机床坐标系和工件坐标系。

a. 机床坐标系。机床坐标系由机床生产厂家定义，坐标系的组成及坐标系原点的位置依据数控机床类型、功能的不同而不同，例如，数控车床坐标系一般有两个坐标轴，数控铣削加工中心坐标系可有 3～5 个坐标轴。图 5-10 为卧式数控车床坐标系，图 5-11 为数控铣床坐标系。

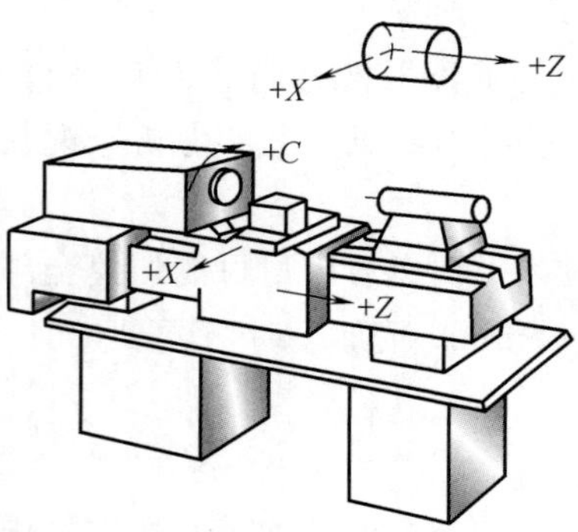

图 5-10　卧式数控车床坐标系

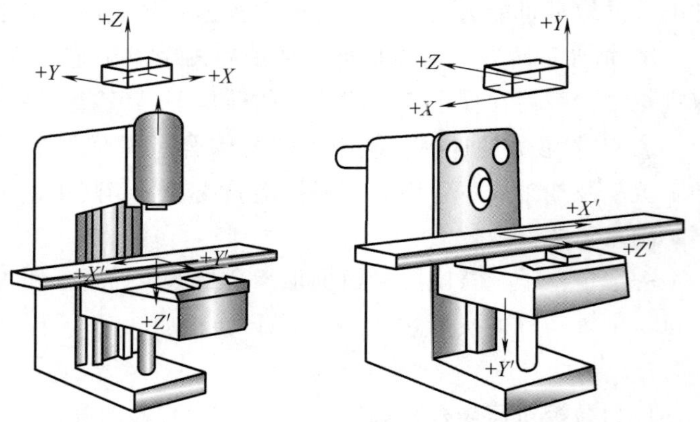

(a) 立式数控铣床坐标系　　(b) 卧式数控铣床坐标系

图 5-11　数控铣床坐标系

b. 工件坐标系。为便于编程计算，经常需要用相应的编程指令在程序中建立或选择工件坐标系。工件坐标系与机床坐标系的组成相同，坐标轴方向相同，区别在于坐标系原点的位置可能不同。

工件坐标系的建立一般遵循以下规则：

• 工件坐标系应保证能够计算出所需要的刀具运动路线上点的坐标值。

• 工件坐标系原点应尽量设置在工件的设计基准上，以便于进行编程计算。

• 具有对称特征的零件，工件坐标系原点应设置在对称点、对称线和对称面上。无对称特征的零件一般选择表面上两个相邻直线棱边的交点作为坐标系原点。

• 对于数控车床，一般将工件右端面中心作为工件坐标系原点。

• 工件坐标系原点应尽量选在尺寸精度高、表面粗糙度小的工件表面上，以提高加工精度。

(8) 工件的装夹

数控加工中，工件一般由夹具进行装夹。下面介绍对数控机床夹具的基本要求及夹具的选择方法。

① 对数控机床夹具的基本要求。

a. 高精度。数控机床一般用于高精度加工，这也要求夹具具有高的定位安装精度和转位、对定精度。

b. 高效率。夹具应能快速装夹工件，减少工件装夹时间，提高机床切削运转利用率。为此，常采用液动、气动等快速夹紧装置。对于切削时间较长的重要夹紧，在夹具液压夹紧系统中附加储能器，以补偿内泄漏，防止可能造成的松夹现象。若对自锁性要求较严格，则可采用快速螺旋夹紧机构进行夹紧。

c. 敞开性好。夹具能为刀具的移动和换刀等动作提供较为宽敞的运行空间。尤其对于多刀具、多工序加工，夹具的结构更应尽量简单、开放，使刀具容易进入，防止刀具运动过程中与夹具碰撞。

d. 易于调整。当工件更换时，能快速调整或更换定位夹紧工件，实现对工件的装夹。对于没有旋转坐标轴的数控机床，夹具应该具有转位、翻转等功能，以弥补机床性能的不足，保证在一次装夹条件下能完成多面加工。

e. 夹具在机床中的位置准确。数控机床夹具的定位基准与机床的坐标轴之间应该满足平行、垂直等几何位置关系，并且定位基准与机床坐标系原点之间的位置关系明确，即可以通过坐标值描述定位基准在机床坐标系中的位置，以保证工件装夹后在机床中的位置准确。

② 数控机床夹具的选用方法。

a. 对于多品种和小批量的加工，一般以通用夹具、组合夹具为主，以减少工装的准备时间。当工件批量较大时，可采用专用夹具。

b. 在数控车床、数控磨床上加工回转体工件时，一般采用通用快速自动夹紧卡盘。

c. 铣削加工底面定位的箱体工件时，可以选用槽系或孔系的组合夹具。图 5-12 为孔系夹具分解图，由于夹具基础板的孔系形成网格式坐标，其他元件可按孔系网格的坐标值安装在基础板上。

d. 加工不规则工件时，或多个工件同时加工时，可以使用专用夹具。

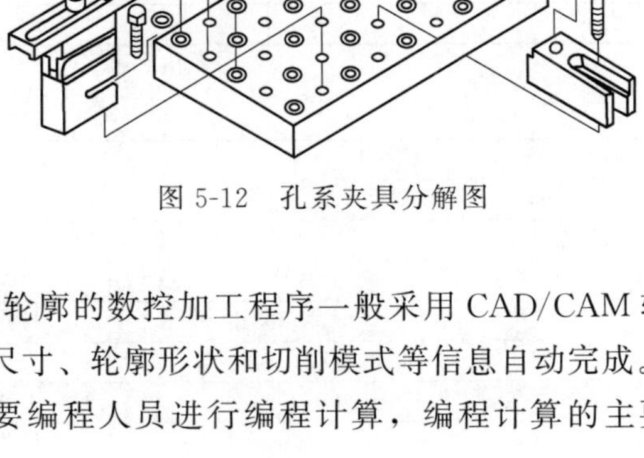

图 5-12　孔系夹具分解图

(9) 数控机床编程计算

对零件图形进行数学处理是编程前的一个关键环节。数学处理的主要内容就是计算编程轨迹上基点或节点的坐标值。

① 自动编程时的编程计算。复杂曲面和曲线轮廓的数控加工程序一般采用 CAD/CAM 软件编写，其编程计算由编程软件根据指定的刀具尺寸、轮廓形状和切削模式等信息自动完成。

② 手工编程时的编程计算。手工编程时需要编程人员进行编程计算，编程计算的主要内容是计算编程轨迹上基点和节点的坐标值。

基点指的是构成零件的各几何元素间的连接点、圆弧轮廓中心、孔的中心等。基点坐标可以根据建立的坐标系及标注的尺寸直接计算。

当零件的形状由直线或圆弧之外的其他曲线构成，而数控装置又不具备该曲线的插补功能时，需要在满足允许的编程误差的条件下，用若干直线段或圆弧段逼近给定的曲线，逼近线段的交点或切点称为节点。此时，除了要计算基点坐标值外，还需要计算节点坐标值。用直线段逼近非圆曲线时，节点坐标值的计算方法有等间距法和等误差法等；用圆弧段逼近非圆曲线时，节点计算方法有曲率圆法、三点圆法、相切圆法和双圆弧法等。考虑到工艺系统及计算误差的影响，允许的逼近误差一般取零件公差的 0.1～0.2 倍。

编程计算时应该注意以下几点：

① 一般在假定工件静止、刀具运动的条件下，计算刀具运动轨迹上点的坐标值。

② 数控机床默认的坐标值为刀具中心的坐标值，即编程轨迹为刀具中心轨迹。对于不同类型的刀具，刀具中心定义不同。例如，将铣刀的端面与轴线的交点定义为刀具中心；将车刀刀尖圆弧中心定义为刀具中心；将钻头的横刃与轴线的交点定义为刀具中心。

③ 使用刀具半径补偿功能编写轮廓加工程序时，编程轨迹为零件的实际轮廓，要按照零件实际轮廓进行编程计算。

（10）编写数控加工工艺文件

数控加工工艺文件主要包括数控加工工序卡、数控刀具调整单和数控加工程序单。

① 数控加工工序卡。数控加工工序卡按已确定的工步顺序填写，是编程人员编写加工程序及操作人员进行数控加工的主要指导性工艺文件。

② 数控刀具调整单。数控刀具调整单主要包括数控刀具明细表（简称刀具表）和数控刀具卡片（简称刀具卡）两部分，如表 5-1、表 5-2 所示。数控刀具明细表包括加工零件所使用全部刀具的刀具号、刀具类型、刀具规格、刀补地址、换刀方式和加工部位等信息。刀具卡主要反映刀具编号、换刀方式、刀具名称与规格等，它是组装刀具和调整刀具的依据。

表 5-1　数控刀具明细表

<table>
<tr><td>零件图号</td><td>零件名称</td><td>材料</td><td colspan="2" rowspan="2">数控刀具明细表</td><td colspan="3">程序编号</td><td>车间</td><td>使用设备</td></tr>
<tr><td>01-08</td><td>定位套</td><td>45 钢</td><td colspan="3">O1011</td><td>机加</td><td>XD40A</td></tr>
<tr><td rowspan="3">刀具号</td><td rowspan="3">刀位号</td><td rowspan="3">刀具图号</td><td colspan="3">刀具</td><td colspan="2">刀补地址</td><td>换刀方式</td><td rowspan="3">加工
部位</td></tr>
<tr><td rowspan="2">类型</td><td>直径</td><td>长度</td><td rowspan="2">直径</td><td rowspan="2">长度</td><td rowspan="2">自动/手动</td></tr>
<tr><td>设定</td><td>设定</td></tr>
<tr><td>T01</td><td>01</td><td></td><td>钻头</td><td>ϕ5mm</td><td>100mm</td><td></td><td>H01</td><td>手动</td><td>ϕ5mm 孔</td></tr>
<tr><td>T02</td><td>02</td><td></td><td>钻头</td><td>ϕ6mm</td><td>100mm</td><td></td><td>H02</td><td>手动</td><td>ϕ6mm 孔</td></tr>
<tr><td>编制</td><td></td><td>审核</td><td></td><td>批准</td><td></td><td>日 期</td><td colspan="2">共　页</td><td>第　页</td></tr>
</table>

表 5-2　数控刀具卡片

<table>
<tr><td colspan="2">零件图号</td><td>01-08</td><td colspan="4" rowspan="2">数控刀具卡片</td><td>使用设备</td></tr>
<tr><td colspan="2">刀具名称</td><td>麻花钻头</td><td>XD40A</td></tr>
<tr><td colspan="2">刀具编号</td><td>T02</td><td>换刀方式</td><td>手动</td><td colspan="2">程序编号</td><td>O1011</td></tr>
<tr><td rowspan="5">刀
具
组
成</td><td>序号</td><td colspan="2">编号</td><td>刀具名称</td><td>规格/mm</td><td>数量</td><td>备注</td></tr>
<tr><td>1</td><td colspan="2">JX-30</td><td>拉钉</td><td>LDA-30</td><td>1</td><td></td></tr>
<tr><td>2</td><td colspan="2">JT40-30</td><td>刀柄</td><td>JT40-QH1-120</td><td>1</td><td></td></tr>
<tr><td>3</td><td colspan="2">QH1-22</td><td>卡簧</td><td>QH1</td><td></td><td></td></tr>
<tr><td>4</td><td colspan="2"></td><td>钻头</td><td>ϕ6</td><td>1</td><td></td></tr>
</table>

③ 数控加工程序单。数控加工程序单由编程人员根据零件的工艺处理结果，经过数值计算，按照所使用数控机床的编程规则编制，是实现数控加工的主要依据。

此外，对于较复杂的走刀路线，还应绘制刀具轨迹图，即刀具中心的运动路线示意图。

5.3　数控机床工具系统

数控机床工具系统是为了适应数控加工过程中刀具的可快换和高效切削而发展起来的，是刀具与机床的接口。

数控机床工具系统按使用范围可分为镗铣类数控工具系统及车削类数控工具系统。其中，镗铣类数控工具系统又包括模块式（TMG，即工具模块夹持）数控工具系统和整体式（TSG，即工具整体夹持）数控工具系统两种形式。

(1) 模块式（TMG）数控工具系统

模块式数控工具系统把工具分成主柄模块、中间连接模块和工作模块三个主要组成部分，如图 5-13 所示。

图 5-14 为 TMG 数控工具系统图，该图表明了 TMG 数控工具系统中各种工具的组合形式。

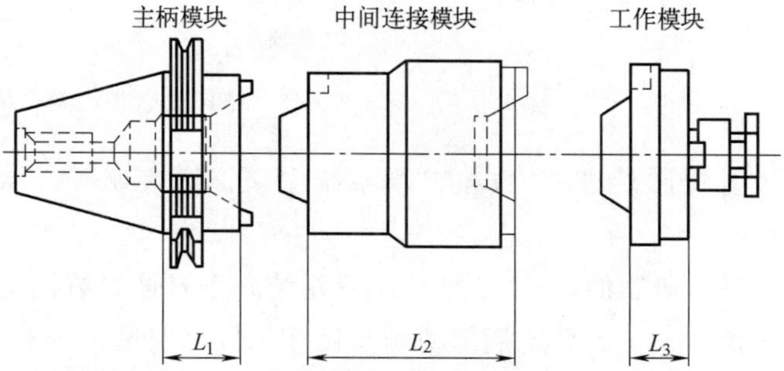

图 5-13　模块式数控工具系统组成

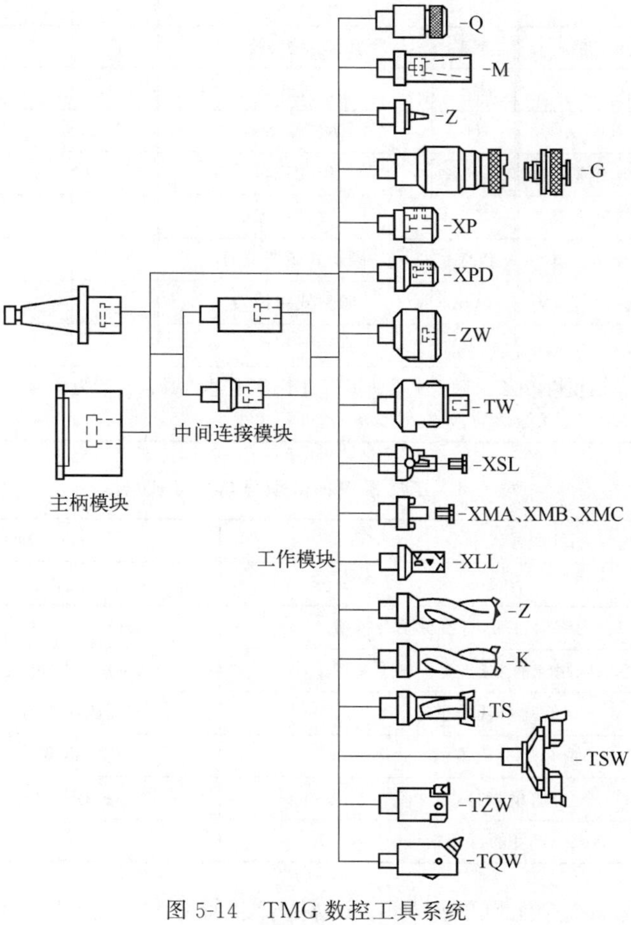

图 5-14　TMG 数控工具系统

(2) 整体式（TSG）数控工具系统

整体式数控工具系统将柄部和接杆连成一体，如图 5-15 所示。

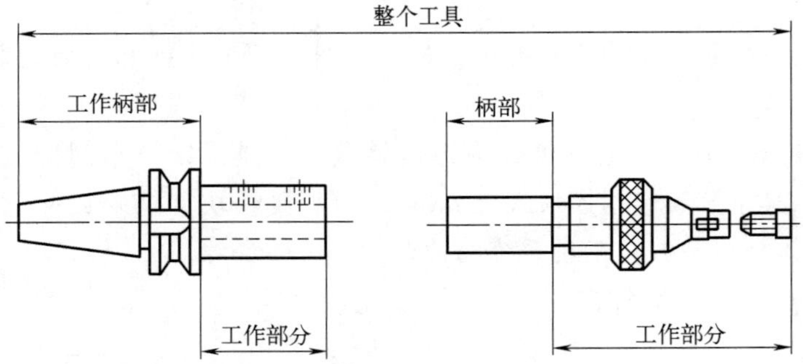

图 5-15　整体式数控工具系统组成

图 5-16 为 TSG 数控工具系统图，该图表明了 TSG 数控工具系统中各种工具的组合形式。

我国研制的 TSG82 数控工具系统属于整体式数控工具系统。TSG82 数控工具系统代码及其含义、工具系统柄部型号及尺寸代号分别见表 5-3、表 5-4。

表 5-3　TSG82 数控工具系统代码及其含义

代码	含义	代码	含义	代码	含义
J	装接长刀杆用刀柄	KJ	用于装扩、铰刀	TF	浮动镗刀
Q	弹簧夹头	BS	倍速夹头	TK	可调镗刀
KH	7∶24 锥柄快换夹头	H	倒锪端面刀	X	装铣削刀具
Z(J)	用于装钻夹头(莫氏锥柄注 J)	T	镗孔刀具	XS	装三面刃铣刀
MW	装无扁尾莫氏锥柄刀具	TZ	直角镗刀	XM	装面铣刀
M	装有扁尾莫氏锥柄刀具	TQW	倾斜式微调镗刀	XDZ	装直角端铣刀
G	攻螺纹夹头	TQC	倾斜式粗镗刀	XD	装端铣刀
C	切内槽刀具	TZC	直角形粗镗刀		
规格	用数字表示工具的规格，其含义随着工具的不同而不同；有些工具该数字为轮廓尺寸；有些工具该数字表示应用范围；还有表示其他参数值的，如锥度号等				

表 5-4　工具系统柄部型号与尺寸代号

柄部型号		柄部尺寸	
代号	含义	含义	举例
JT	加工中心用锥柄刀柄，有机械手夹持槽	ISO 7∶24 锥度	50
ST	普通数控机床用锥柄刀柄，无机械手夹持槽	ISO 7∶24 锥度	40
MTW	无扁尾莫氏锥柄	莫氏锥度号	3
MT	有扁尾莫氏锥柄	莫氏锥度号	1
ZB	直柄接杆	直径尺寸	32
KH	7∶24 锥度的锥柄接杆	锥柄锥度号	45

TSG82 数控工具系统中工具的型号由汉语拼音及符号“-”构成，不同汉语拼音代表不

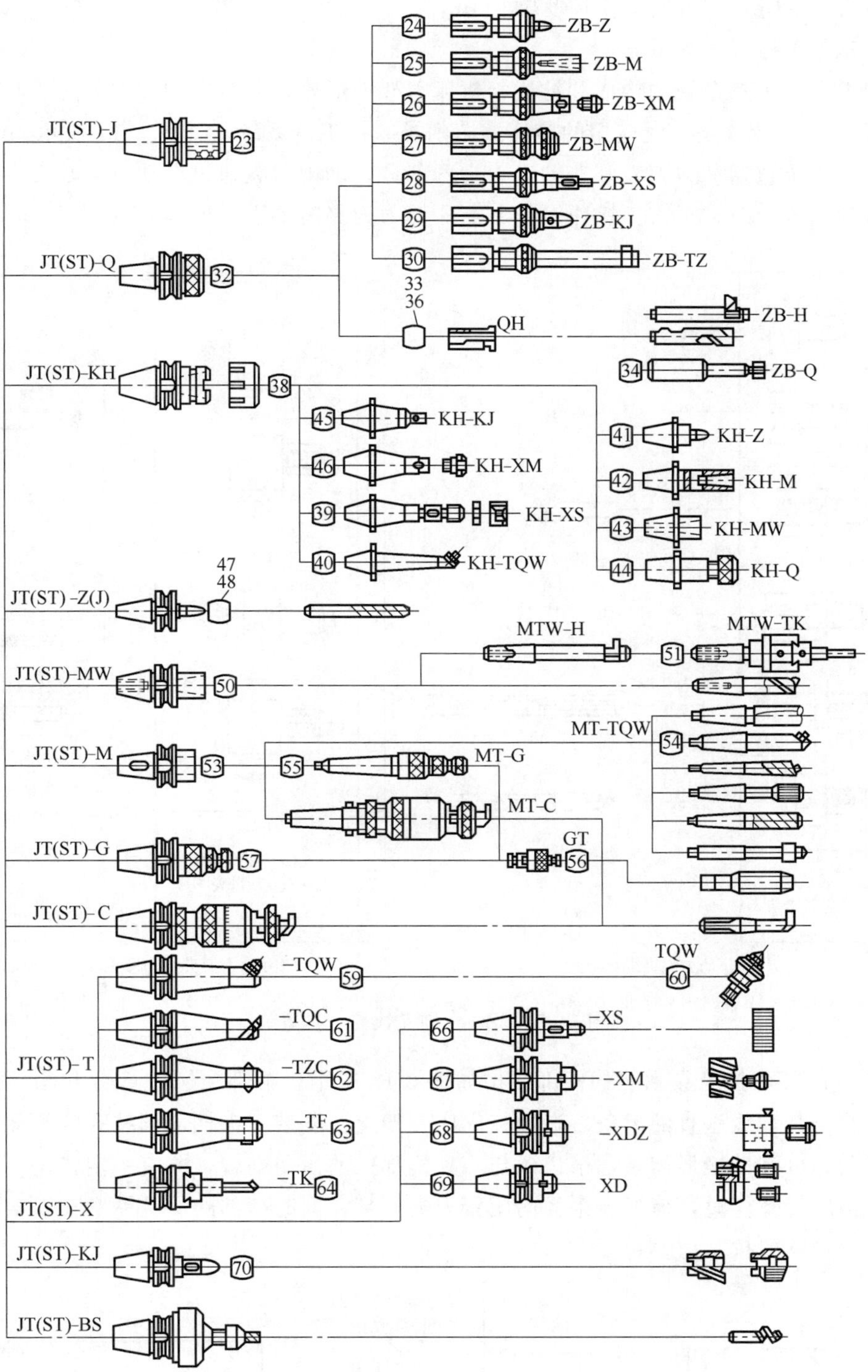

图 5-16　TSG 数控工具系统

同的含义。例如，对于型号 JT45-Q32-120，其中的 JT 代表工具柄部形式；对于圆锥柄，45 表示锥度规格，对于圆柱柄，45 表示直径；Q 为工具用途代号；32 为工具的规格；120 为刀柄的工作长度。

JT45-Q32-120 表示的是：加工中心用 7∶24 圆锥柄，锥度号为 45，前部为弹簧夹头，最大夹持直径 32mm，刀柄工作长度 120mm。

(3) 车削类数控工具系统

车削类数控工具系统的构成和结构与机床刀架的形式、刀具类型和刀具是否具有动力驱动等因素有关。CZG 是广泛应用的整体式车削类数控工具系统，如图 5-17 所示。CZG 车削类数控工具系统包括动力刀夹和非动力刀夹两部分，动力刀夹通过电动机驱动刀夹，可以实现刀具自动取放，节省了人工操作时间，而非动力刀夹需要手动取放刀具。

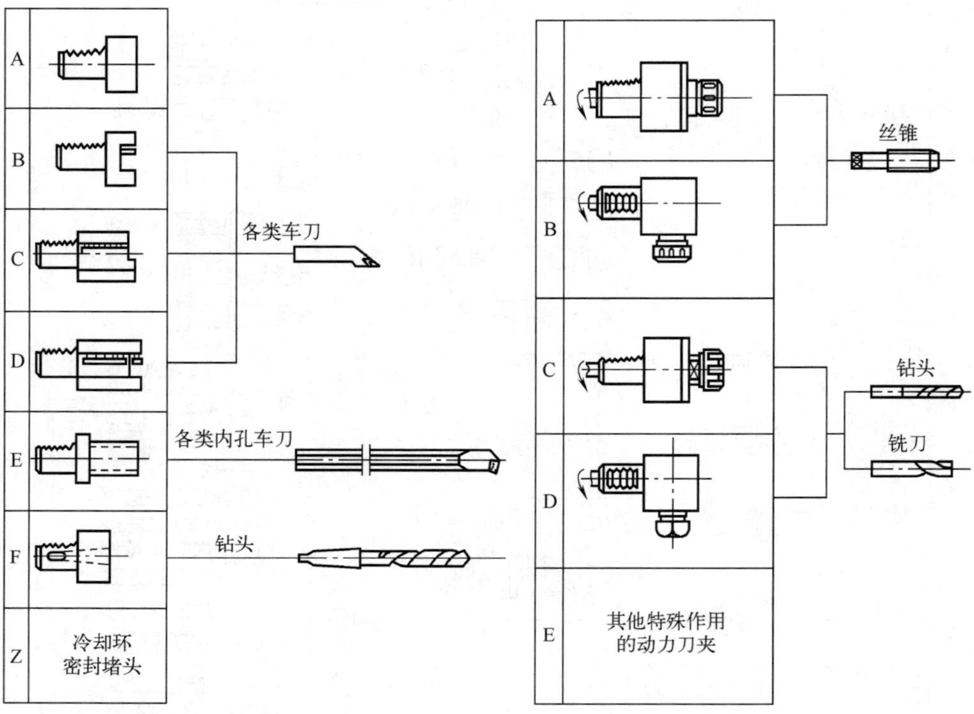

(a) 非动力刀夹组合形式　　(b) 动力刀夹组合形式

图 5-17　CZG 车削类数控工具系统

CZG 车削类数控工具系统的柄部结构如图 5-18 所示，柄部由圆柱部分和法兰组成，圆柱部分带有与其轴线垂直的齿条。在数控车床刀架上，安装刀夹柄部圆柱孔的侧面设有一个由螺栓带动的可移动楔形齿条，该齿条与刀夹柄部上的齿条啮合，并有一定错位。由于错位的存在，当旋转螺栓时，楔形齿条径向压紧刀夹柄部，同时柄部的法兰贴紧在刀架的定位面上，并产生足够的拉紧力。

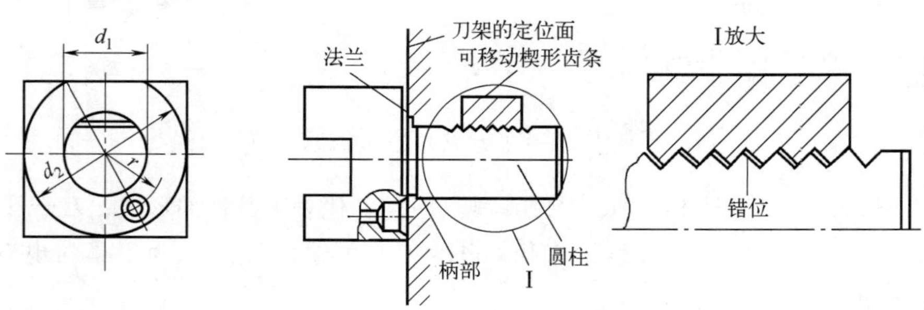

图 5-18　CZG 车削类数控工具系统柄部结构

5.4　数控编程基础知识

数控编程基础知识包括数控加工程序的组成、常用编程指令、刀具补偿功能、子程序功能及数控加工程序的基本结构等内容。

5.4.1　数控加工程序的组成

数控加工程序由程序开始部分、若干个程序段和程序结束部分组成。程序段由若干个程序字组成，一个程序字由地址符和数字组成。

下面是一个数控加工程序实例：

```
O0001;
N10 G55 G90 G17;
N20 G91 G28 Z0;
N30 G90 G01 X-6. Y10.;
N40 G00 Z-16. 8;
N50 M30;
```

(1) 程序开始部分

程序开始部分指的是程序的程序号。程序号由程序号地址和程序的编号组成，程序号必须放在程序的开头。上述程序中的 O0001 就是程序号，其中的字母 O 是程序号地址，0001 是程序编号。

不同的数控系统，程序号地址也有所差别，如 SIMENS 数控系统用符号%，而 FANUC 数控系统用英文字母 O 作为程序号的地址符。编程时需要参考机床编程说明书中规定的格式，否则程序无法执行。

(2) 程序字

程序字也称为功能字或指令代码。程序字是程序的基本组成单位，程序字由表示地址的英文字母和数字组成，如上述程序中的 G55、G90 等。

程序字中每一个不同的地址都代表着一类指令代码，而同类指令代码通过程序字中的数字加以区别。

(3) 程序段

程序段由若干个程序字组成。程序段中的程序字通常按 N、G、X、Y、Z、F、S、T、M 的顺序书写，如：N10 G91 G01 X50. 0 Y60. 0 F200 S400 T05 M03 M08。

一个程序段中可以有多个 G、M 程序字，而 N、X、Y、Z、F、S、T 程序字一般只编入一个。

5.4.2　数控机床编程指令

(1) 编程指令

① 程序段号功能字。程序段号功能字地址用字母 N 表示，格式为 N＃＃＃，如 N100。

程序段号功能字写在一个程序段的最前边，用于指明该程序段在程序中的位置，可用于程序段的检索和调用。在一个程序中，程序段号不能重复，一般按照从小到大的顺序排列，且程序段号之间一般设置一定的间隔，便于修改程序时在两个程序段之间插入其他程序段。如果一个程序中包含的程序段数量较少，也可以不使用程序段号功能字。

② 坐标功能字。坐标功能字的地址符用 X、Y、Z、A、B、C 等表示，其中 X、Y、Z 为直线运动坐标，A、B、C 为旋转运动坐标。坐标功能字中的地址符指明哪个坐标轴运动，而数字为坐标值，指明运动要到达的位置或在某方向的位移量，如程序段“G90 G01 X-6. Y10.;”定义了机床的 X、Y 坐标轴要到达的位置为（−6，10）。

需要注意的是，不同的数控机床其坐标值的输入格式有所不同，如有的数控机床要求整数坐标值后加“.”，如上述程序中的“X-6.”，而有的数控机床则不是这样。在本书中铣削、钻削的加工程序采用整数坐标值后加“.”这种格式。

另外，有的数控机床需将坐标值转换为脉冲当量的倍数，即程序中的坐标值为脉冲当量的倍数，如数控电火花线切割机床经常采用这种方式。

③ 进给功能字。进给功能字用字母 F 表示，用于定义进给运动的速度，速度单位可以为 mm/min、in/min 或 mm/r。数控镗、铣床一般使用“mm/min”作为进给运动的速度单位，数控车床常用“mm/r”作为进给运动的速度单位。进给运动速度的单位可以在机床参数中指定，也可以在程序中用相应的功能字指定。

机床的进给速度在直线运动时为各坐标轴的合成速度，圆弧运动时为切向速度。程序执行过程中，通过操控面板上的进给倍率开关可以调整进给速度。

④ 刀具功能字。刀具功能字用字母 T 表示。T 后面的数字一般用于在程序中指定刀具的编号，如 T04。但在有的数控机床（如多数数控车床）上，刀具功能字除了指定刀具的编号外，也用于指定刀具的补偿号。

⑤ 主轴功能字。主轴功能字用字母 S 表示，用于指定主轴转速，单位一般为 r/min，例如 S1000 表示主轴转速为 1000r/min。

⑥ 辅助功能字。辅助功能字也称为 M 功能字，用字母 M 表示。M 功能字规定机床的辅助动作，如换刀、开/关冷却液、主轴旋转及停止等。M 功能字的种类较多，部分为数控机床标准规定的通用代码，在不同的数控机床上具有相同的含义和功能；另有一些 M 功能字是机床生产厂家定义的，使用时需参考编程说明书。表 5-5 为常用 M 功能字及其功能。

表 5-5 常用的 M 功能字及其功能

M 功能字	功能	备注
M00	程序暂停	程序暂停。按循环启动按钮后，继续执行程序
M01	程序选择停	与机床操控面板上的“选择停”按钮配合使用
M02	程序结束	程序结束，冷却液关、主轴停、进给运动停止
M03	主轴正转	
M04	主轴反转	
M06	自动换刀	铣削加工中心等机床的自动换刀指令
M08	打开冷却液	
M30	程序结束	与 M02 功能基本相同
M98	调用子程序	
M99	子程序返回	返回主程序，写在子程序的末尾

⑦ 准备功能字。准备功能字也称为 G 功能字或 G 代码。G 代码的种类及功能较多，例如用于定义加工平面、运动形式、固定循环、刀具补偿功能，建立和选择坐标系等。

对于不同的数控系统，相同的 G 代码可能有不同的功能。但是，常用的 G 代码已经按照数控机床标准的规定定义为通用代码，在同类数控机床上具有相同的含义。

(2) 关于指令代码的几点说明

① 模态代码与非模态代码。指令代码有模态和非模态之分。模态代码不仅在其所在的程序段中有效，在其后的程序段中仍然有效，直到被同组代码替换或被取消。非模态代码只在当前程序段中有效。

一般来说，全部 T、F、S 代码，多数 G 代码，部分 M 代码为模态代码。

② 指令代码分组。指令代码分组就是将不可能同时执行的指令归为一组，并给予一定的编号，如前述程序中的 G01（直线插补）和 G00（快速直线运动）即为同组代码。同组代码可以相互替换，即可以彼此撤销功能。

③ 开机默认代码。数控系统对每一组的指令代码，指定其中之一作为开机默认代码。开机默认代码在开机后自动生效，例如前述程序中的 G00 就是开机默认代码。

5.4.3 常用准备功能字

(1) 与数控机床坐标系和坐标值有关的 G 代码

① 建立坐标系指令 G92、G50。G92、G50 指令通过指定刀具中心（铣刀端面中心、车刀刀尖圆角的中心、钻头横刃与轴线交点等）当前位置在要建立的坐标系中的坐标值的方式建立工件坐标系。G92 指令一般在铣、镗类数控机床中使用，G50 指令一般在数控车床中使用。

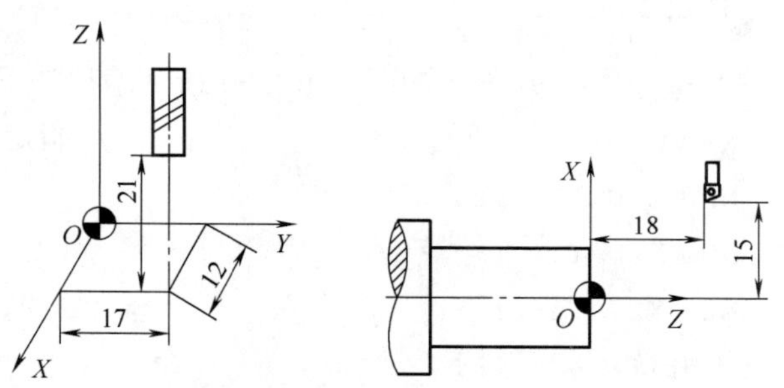

(a) G92建立坐标系　(b) G50建立坐标系

图 5-19　建立工件坐标系

G92 指令格式为：

G92 X ＿ Y ＿ Z ＿；

其中，X ＿、Y ＿、Z ＿为刀具中心当前位置在要建立的工件坐标系下的坐标值，例如建立如图 5-19（a）所示坐标系的程序段为：G92 X12. Y17. Z21. 。

G50 指令格式为：

G50 X ＿ Z ＿

其中，X ＿、Z ＿为刀具中心当前位置在要建立的工件坐标系下的坐标值。在数控车床采用直径编程方式时，建立如图 5-19（b）所示坐标系的程序段为：G50 X30 Z18；。

使用 G92、G50 指令建立工件坐标系时需要注意以下几点：

- 需要在程序中建立坐标系。
- 依赖于刀具中心当前位置，要求刀具中心与坐标系原点之间的位置关系确切。
- G92、G50 指令用于建立坐标系时为非模态指令。
- 只在绝对坐标状态下有意义，在增量坐标下建立的坐标系无效。

② 坐标系选择指令 G53～G59。G53 指令为机床坐标系选择指令，G54～G59 指令为工

件坐标系选择指令。

使用 G54～G59 指令选择工件坐标系时，需要先将工件坐标系原点相对于机床坐标系原点的偏置量（即坐标值）计算或测量出来，并存入数控装置，然后根据需要在程序中使用相应指令进行选择。由于坐标系信息存储在数控装置中，机床断电后相关信息也不会丢失。

使用 G54～G59 指令时，最多可以在程序中指定 6 个工件坐标系，并且可以重复指定。例如：

```
G54 G00 X20. Y40.;        //选择坐标系 1,并运动到该坐标系下(20,40)位置
G55 X80. Y70.;            //选择坐标系 2,并运动到该坐标系下(80,70)位置
G54;                      //重新选择坐标系 1
```

③ 绝对坐标与增量坐标指令 G90、G91。数控加工程序中的坐标值有绝对坐标和增量坐标两种形式。绝对坐标表示程序中的坐标值相对于坐标系原点，增量坐标为各坐标轴的位移增量。

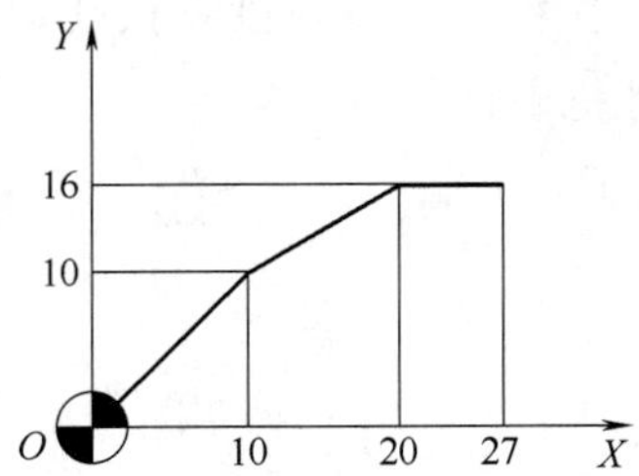

图 5-20　G90/G91 指令应用

数控车床一般使用不同的英文字母区分绝对坐标和增量坐标，例如卧式数控车床用 X、Z 表示绝对坐标，分别用 U、W 表示 *X* 轴和 *Z* 轴方向的增量坐标。镗、铣类数控机床分别用 G90、G91 指令规定坐标的绝对值形式和增量值形式。G90、G91 为同组的模态代码，其中 G90 为开机默认代码。

对于如图 5-20 所示的运动轨迹（*O* 点为运动起点），使用 G90 指令编程如下：

```
N10 G90;                       //指定绝对坐标形式
N20 G00 X10. Y10.;
N30 X20. Y16.;
N40 X27. Y16.;
```

使用 G91 编程如下：

```
N10 G00 X0 Y0;                 //运动到(0,0)点
N20 G91;                       //指定增量坐标形式
N30 G00 X10. Y10.;
N40 X10. Y6.;
N50 X7. Y0;
```

④ 坐标平面选择指令 G17、G18、G19。G17、G18、G19 指令分别指定空间直角坐标系中的 *XY* 平面、*ZX* 平面和 *YZ* 平面为坐标平面，如图 5-21 所示。指定坐标平面的目的是让数控系统在指定的平面上进行插补及刀具补偿。

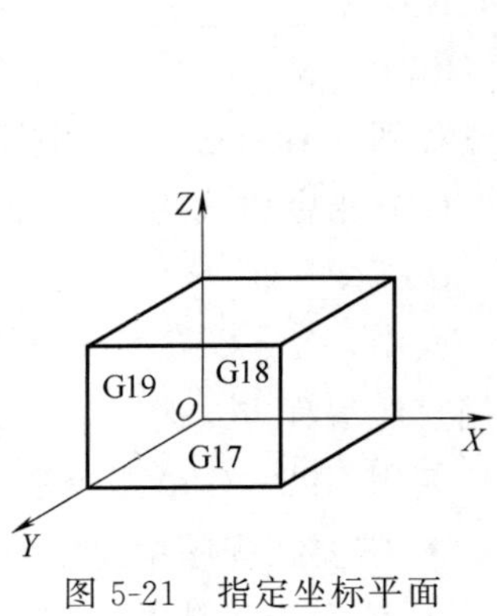

图 5-21　指定坐标平面

对于三坐标数控铣床、数控镗床，默认的加工平面为 *XY* 平面，如果在 *XY* 坐标平面内进行轮廓加工，就不需要使用 G17 进行指定。卧式数控车床的刀架总是在 *ZX* 坐标平面内运动，在程序中也不需要用 G18 指令指定。立式数控车床的刀架总是在 *YZ* 坐标平面内运动，在程序中也不需要用 G19 指令指定。对于多主轴的数控铣床，在主轴方位发生变化时，一定要重新指定坐标平面。

(2) 基本运动指令

① 快速直线运动指令 G00。

指令格式：

G00 X __ Y __ Z __；

指令功能：指令刀具从当前点以数控系统设定的快进速度，移动到程序段所指定的下一个定位点。当前点是直线运动的起点，程序段中指定的坐标值是目标点坐标。

使用 G00 指令时进给速度功能字不起作用，运动速度由机床参数设定，但可以使用机床操控面板上的进给倍率开关调节。

G00 是模态代码，也是开机默认代码。

② 直线插补指令 G01。

指令格式：

G01 X __ Y __ Z __ F __；

指令功能：指令坐标轴以联动的方式，按程序段中规定的合成进给速度 F 做直线运动，由当前位置移动到程序段中规定的位置。当前位置是直线运动的起点，程序段中指定的坐标值是目标点坐标。

使用 G01 指令时必须指明进给速度，否则会以快进速度运动。程序中给定的进给速度可以通过数控机床操控面板上的进给倍率开关调节。

G01 指令是模态代码，与 G00 指令同组。

③ 圆弧插补指令 G02、G03。

G02 为顺时针圆弧插补指令，G03 为逆时针圆弧插补指令。圆弧的顺、逆可以在给定的加工平面内，假定工件静止、刀具运动，按照刀具从圆弧起点运动到终点的运动轨迹判断。

圆弧插补指令的格式有指定圆心坐标和指定半径两种形式。

圆弧在 XY 平面：

G02(G03) X __ Y __ I __ J __ F __；或 G02(G03) X __ Y __ R __ F __；

圆弧在 ZX 平面：

G02(G03) X __ Z __ I __ K __ F __；或 G02(G03) X __ Z __ R __ F __；

圆弧在 YZ 平面：

G02(G03) Y __ Z __ J __ K __ F __；或 G02(G03) Y __ Z __ R __ F __；

其中，X __、Y __、Z __是圆弧终点坐标；I __、J __、K __是圆弧中心相对于圆弧起点的增量坐标；R 表示圆弧半径。

若使用指定圆弧半径方式，则当圆弧的圆心角大于 180°时，R 取负值；等于 180°时，R 取正负值均可；小于 180°时，R 取正值。

需要注意的是，加工整圆时不能使用指定半径方式，只能使用指定圆心坐标方式。

下面以图 5-22 所示零件的轮廓加工为例，说明 G00、G01、G02、G03 指令的使用方法。

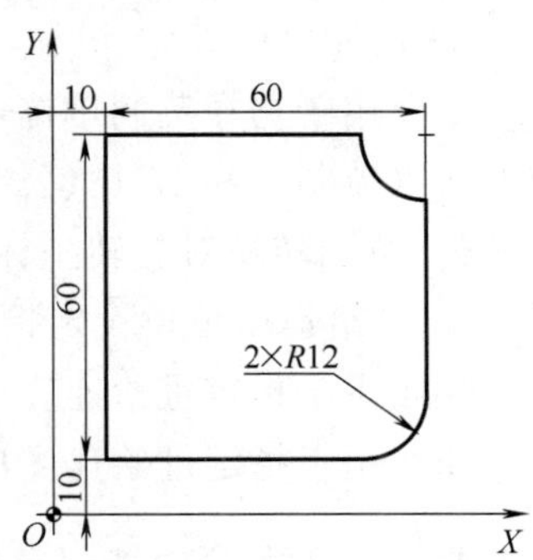

图 5-22　G00、G01、G02、G03 编程

不考虑刀具尺寸，则程序如下：

O0001；

```
N010 G17 G90;
N020 G56;                              //选择坐标系
N030 T01                               //指定刀具
N040 S600 M03 M08;                     //主轴正转,打开冷却液
N050 G00 X8. Y10. ;                    //运动到起点
N060 G01 X58. F150;                    //开始进给运动
N070 G03 X70. Y22. R12. F120;          //逆时针圆弧插补
N080 G01 Y58. F150;
N090 G02 X58. Y70. I0. J12. F120;      //顺时针圆弧插补
N100 G01 X10. F150;
N110 Y8. ;
N120 X0 Y0;                            //退刀
N130 M02;                              //程序结束
```

(3) 回参考点指令 G28

参考点是数控机床上一个设定的基准位置。回参考点就是通过数控机床操控面板上的相关按钮或者在程序中使用相关指令，使机床各坐标轴运动到参考点位置进行定位。

指令格式：

G28 X __ Y __ Z __;

G28 指令使刀具经中间点快速返回到参考点，中间点的位置由指令中的 X __、Y __、Z __坐标值设定。G28 指令常用于“机床回零”操作或用于加工中心自动换刀前将刀具移动到换刀点（参考点作为换刀点）。

(4) 暂停指令 G04

指令格式：

G04 X __;或 G04 P __;或 G04 U __;

其中，X 作为地址时，单位为 s；P 作为地址时，单位为 ms；U 作为地址时，单位为 r。

指令功能：可使刀具做短时的无进给运动（暂停一段时间，再执行下面的程序段）。

G04 指令用于车环形槽、锪平面、钻孔等，能够起到光整作用。

G04 为非模态指令。

(5) 单位设定指令

① 尺寸单位设定指令。程序中尺寸的单位可以通过 G 代码进行公制和英制的转换。G20 指令用于选择英制单位，G21 指令用于选择公制单位。有的数控机床公/英制的设定使用 G70（英制）和 G71（公制）指令。

公/英制转换对旋转坐标轴无效，旋转轴的坐标单位始终是（°）。

② 进给速度单位设定指令。

G94 用于指定进给速度单位为 mm/min 或 in/min。

G95 用于指定进给速度单位为 mm/r 或 in/r。

5.4.4 刀具补偿功能

数控机床的刀具补偿功能包括刀具长度补偿、刀具半径补偿和刀具位置补偿。数控铣

床、数控镗床等一般具有长度补偿和半径补偿功能；数控车床一般具有半径补偿和位置补偿功能。本节只介绍刀具长度补偿和刀具半径补偿。

(1) 刀具长度补偿

刀具长度补偿功能的作用是，编程时不必考虑刀具的实际长度以及各把刀具长度上的差异，也不必考虑刀具磨损或重新换刀之后刀具长度的变化对程序执行的影响，在使用不同长度的刀具，执行同一个加工程序，对同一个表面进行加工时，不会因刀具长度不同（变化）而产生“过切”或“欠切”的情况。

① 刀具长度补偿指令 G43、G44、G49。G43、G44 指令用于建立刀具长度补偿，指令格式为：

```
G43 G00(G01)Z __(X __/Y __)H __(F __);
G44 G00(G01)Z __ H __(F __);
```

其中，X __、Y __、Z __为偏置轴（被补偿坐标轴，多为 Z 轴）坐标值；H __指定刀具长度补偿号，指明刀具长度偏置值在数控装置中的存储位置，如 H01、H08。

G43 指令用于规定刀具离开工件方向为 Z 轴正方向的数控机床。G44 指令用于规定刀具接近工件方向为 Z 轴正方向的数控机床。

G49 指令用于撤销刀具长度补偿，指令格式为：

```
G49 G00(G01)Z __(X __/Y __)(F __);
```

撤销刀具长度补偿也可以通过指定刀具长度补偿号为 H00 实现。

② 刀具长度补偿值。刀具实际长度与编程时设置长度（一般设置为 0）的差值称为刀具长度补偿值。

通常，将所用刀具中的一把刀具（连同刀具的装夹工具）作为测量基准，并将其长度设置为编程长度（一般设置为 0），在专用测量工具上将程序中所使用的其他刀具（连同刀具的装夹工具）与其进行比较，取其长度差值作为刀具长度补偿值。执行加工程序前将刀具长度补偿值输入数控装置，执行程序时通过长度补偿号读取刀具长度补偿值，并进行补偿。

③ 刀具长度补偿的基本原理。假设机床的补偿轴为 Z 轴（通常如此），则程序中的 Z 坐标值可以理解为基准刀具中心的 Z 坐标值。对于使用 G43 指令的数控机床，当换上其他长度刀具进行加工时，系统将当前的 Z 坐标值减去被换上刀具的长度补偿值，得到新换上刀具的刀具中心的 Z 坐标值，然后根据程序中目标点的 Z 坐标值控制刀具在 Z 轴方向的运动，到达正确位置。

④ 使用刀具长度补偿指令时需要注意的问题：

a. G43、G44 和 G49 指令为同组的模态代码，其中 G49 为开机默认代码。

b. 刀具长度补偿指令多应用在数控钻、镗、铣床上。

c. 对于多主轴数控机床，在使用刀具长度补偿指令时需要指定坐标平面。

d. 刀具长度补偿只对补偿轴坐标进行补偿，不影响其他坐标轴。

e. 一般在换刀之后的第一个补偿轴方向的直线运动中建立刀具长度补偿。

f. 刀具长度补偿号对应着刀具长度补偿值在数控装置中的存储位置。

(2) 刀具半径补偿

进行轮廓加工时，可以将刀具中心轨迹或零件实际轮廓作为编程轨迹进行编程计算。

① 刀具中心轨迹法编程。刀具中心轨迹指的是加工过程中刀具中心所经过的轨迹。刀

具中心轨迹法编程将刀具中心轨迹作为编程轨迹，计算刀具中心轨迹上点的坐标值。

对于轮廓加工，刀具中心轨迹可以通过对已知零件轮廓进行偏置得到，偏置量为刀具半径与余量之和。

在不使用半径补偿功能时，数控机床默认程序中的坐标值为刀具中心的坐标值。

② 刀具半径补偿指令 G41/G42、G40。刀具中心轨迹法编程需要构建刀具中心轨迹，且计算复杂，增加了辅助加工时间。加工轮廓时，利用刀具半径补偿功能，将零件实际轮廓作为编程轨迹进行编程计算，可以大大减少编程时间。

使用刀具半径补偿功能时需经过刀补建立、刀补执行和刀补撤销的过程。

G41/G42 指令用于建立刀具半径补偿，指令格式为：

G00(G01)　G41(G42)X __ Y __ D __(F __)；

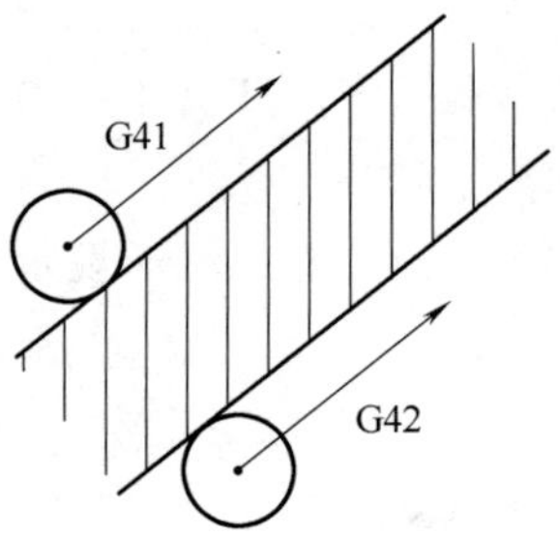

图 5-23　G41/G42 指令

其中，G41/G42 指令用于指定刀具偏置方向。沿刀具移动方向，刀具在工件左侧时使用 G41 指令；刀具在工件右侧时，使用 G42 指令，如图 5-23 所示。

D __指定刀具半径补偿号，指明刀具半径补偿值在数控装置中的存储位置，如 D01、D02。需要指出的是，在数控车床上不需要使用地址 D 指明刀具补偿号，而是使用刀具功能字 T 的附加位指定。

G40 指令用于撤销刀具半径补偿，指令格式为：

G00(G01)　G40 X __ Y __(F __)；

其中，X __、Y __为刀具中心坐标值。

③ 使用刀具半径补偿功能时需要注意的问题：

a. G40、G41 和 G42 指令为同组的模态代码，其中 G40 为开机默认代码。

b. 一般在换刀之后的第一个坐标平面内的直线运动过程中建立刀具半径补偿。

c. 对于多主轴数控机床，在使用刀具半径补偿指令时需要指定坐标平面。

d. 刀具半径补偿功能只对坐标平面内的坐标进行补偿，不影响其他坐标。

e. 刀具半径补偿号对应刀具半径补偿值在数控装置中的存储位置。

f. 刀具半径补偿值为刀具半径与余量之和。

g. 编写孔的加工程序时一般不使用刀具半径补偿功能。

④ 刀具中心轨迹法编程与刀具半径补偿功能编程举例。使用刀具中心轨迹法和刀具半径补偿功能编写图 5-24 所示工件的轮廓铣削加工程序，所用刀具为 ϕ10mm 立铣刀。图 5-24 中的双点画线表示刀具中心轨迹。

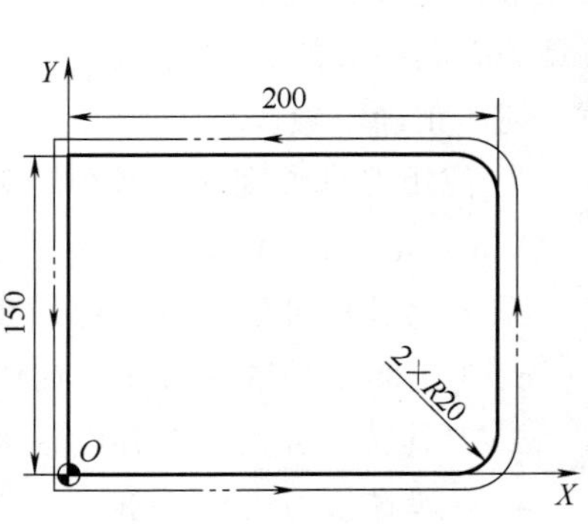

图 5-24　铣削加工零件

a. 使用刀具中心轨迹法编程。程序如下：

```
O0001;
……
N050 X-8. Y-5. ;                    //N050～N060 为进刀程序段
N060 G01 Z-15. F800;
```

```
N070 G01 X180. F120;
N080 G03 X205. Y20. I0 J25. F80;        //加工逆时针圆弧轮廓
N090 G01 Y130. F120;
N100 G03 X180. Y155. I-25. J0 F80;
N110 G01 X-5. F120;
N120 Y-8. ;
……
```

此段程序中，圆心坐标值是圆弧中心相对于刀具中心轨迹上圆弧起点的坐标值，其余坐标值为刀具中心轨迹上点的坐标值。

b. 使用刀具半径补偿功能编程。程序如下：

```
O0002;
……
N060 G42 X-8. Y0 D01;                  //进刀,建立半径补偿
N070 G01 Z-15. F800;
N080 X180. F120;                       //N080～N140为进给程序段
N090 G03 X200. Y20. I0 J20. F80;
N100 G01 Y130. F120;
N110 G03 X180. Y150. I-20. J0 F80;
N120 G01 X0 F120;
N130 Y-8. ;
N140 G40 X-200. Y-200. ;               //撤销半径补偿
……
```

此段程序中，圆心坐标值是圆弧中心相对于零件轮廓上圆弧起点的坐标值，其余坐标值为零件轮廓上点的坐标值。

5.4.5　子程序功能

为了简化程序编写，可以将重复动作编写为单独的程序，并在其他程序中调用，这样的程序称为子程序。调用子程序的程序为主程序。

(1) 子程序的编写格式

```
O1001;                                 //子程序程序号
N10…;                                  //子程序体
……
Nn M99;                                //返回主程序
```

子程序用 M99 指令结束，此功能字的作用是使子程序返回主程序。

(2) 子程序调用

在主程序中使用 M98 指令调用子程序，常用的调用格式如下：

```
M98 P# # # #  L# # # # ;
```

其中，地址 P 后的数字为子程序号；地址 L 后的数字代表调用次数，当只调用 1 次时，L 可以省略。例如，调用子程序“O0001”一次，则调用方式为：M98 P0001;。

(3) 使用子程序时应注意的事项

① 主程序可以调用子程序，子程序也可以调用其他子程序，但子程序不能调用主程序和自身。

② 主程序中的模态代码可被子程序中的同组代码所替换。

③ 子程序一般使用增量坐标编程。

④ 编程时要注意主程序与子程序功能的划分。一般情况下，主程序完成刀具定位，子程序使刀具按照具体的走刀轨迹运动。

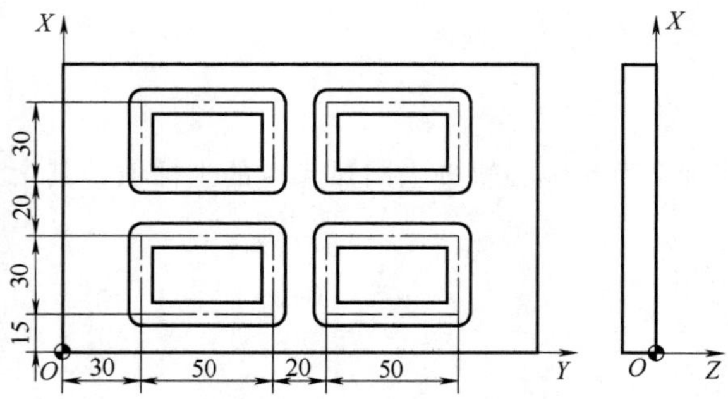

图 5-25 铣削加工零件

(4) 子程序编程举例

如图 5-25 所示的零件，编写其上 4 个深 2mm、宽 10mm 凹槽的铣削加工程序。

主程序如下：

```
O1002;
N010 G55 G90 G40 G49 G17;          //选择坐标系等
N020 T01;                          //手动换刀。本程序使用 φ10mm 立铣刀
N030 S600 M03 M08;
N040 G90 G00 X30. Y15. ;
N050 G43 Z5. H01;                  //建立长度补偿
N060 M98 P1001;                    //调用子程序,加工第 1 个凹槽
N070 G00 X70. ;                    //X 轴正方向移动 70mm
N080 M98 P1001;                    //调用子程序,加工第 2 个凹槽
N090 G00 X-70. Y50. ;              //移刀
N100 M98 P1001;                    //调用子程序,加工第 3 个凹槽
N110 G00 X70. ;                    //移刀
N120 M98 P1001;                    //调用子程序,加工第 4 个凹槽
N130 G90;                          //指定绝对编程方式
N140 G49 G00 Z200. ;               //N140～N150 程序段为退刀
N150 X100. Y100. ;
N160 M02;                          //主程序结束
```

子程序如下：

```
O1001;
N10 G91 Z-7. F50;                  //向Z 轴负方向移动 7mm
N20 X50. F30;
N30 Y30. ;
N40 X-50. ;
N50 Y-30. ;
N60 G00 Z7. ;                      //退刀
```

```
N70 M99;                              //返回主程序
```

5.4.6　数控加工程序的基本结构

一个具体的数控加工程序，应该按照规划好的表面加工顺序进行书写。数控加工程序中用于建立（选择）坐标系、指定刀具、指定主轴旋转和旋转方向、进刀、刀具补偿、切削进给运动及退刀的程序段也要按照合理的顺序书写，这样才能保证数控加工程序的完整、准确。

本节以三坐标数控铣床程序编写为例，说明程序的基本结构。编写其他类型数控机床的加工程序时也可以作为参考。

数控铣床编程时经常使用的程序基本结构如下：

① 加工初始化设置。包括选择/建立坐标系（G54～G59、G92）、指定坐标类型（G90、G91）、撤销刀具补偿功能（G40、G49）、指定坐标平面（G17～G19）等。

② 刀具运动到换刀点（为防止刀具与工件相碰，刀具要运动到工件之外，再进行换刀，这个位置就叫换刀点）。手动换刀时，在程序中用相应的程序段控制刀具向远离工件的方向运动一定距离，以得到足够的换刀空间；自动换刀时，经常将机床的参考点作为换刀点，程序中常使用 G28 指令，使机床返回参考点，然后换刀。

③ 指定刀具、换刀指令。手动换刀时，用刀具功能字指定刀具即可；自动换刀时还需要使用 M06 指令。

④ 指定主轴转速、转向，开冷却液。格式一般为：

```
S__ M03(M04)  M08;
```

⑤ 进刀。进刀指的是刀具从换刀点运动到切削加工起始点的过程。为保证运动过程中刀具与工件（夹具）不发生碰撞，这一过程通常分为几个步骤：

a. 刀具从换刀点运动到逼近点（离工件具有一定距离的位置，保证刀具对工件和夹具的避让）。这个运动可以分两步完成：先在坐标平面内（一般为 XY 平面）做直线运动，在这个运动过程中可以建立刀具半径补偿；然后在深度方向（一般为 Z 轴）做直线运动，并建立刀具长度补偿。这个运动过程一般使用 G00 指令完成。

b. 刀具从逼近点运动到切削加工起始点。这个运动一般也分为两个步骤，即先进行坐标平面内的运动，然后在与坐标平面垂直的方向运动。这个运动过程可以用 G00 或 G01 指令完成，使用 G01 指令时一般设置较大的进给速度。

⑥ 进给运动。刀具按照程序规定的轨迹和速度运动，从切削加工起始点运动到切削加工终点，进行工件的切削加工。

⑦ 退刀。退刀是刀具从切削运动终点离开工件的运动。有时一把刀具需要加工零件上几个不同区域的表面，这时刀具先退刀至安全点（与工件具有一定距离的点），再经过移刀、进刀的过程，运动到另一个加工区域的起点。如果刀具完成了零件表面的加工，这时在保证不和工件、夹具发生碰撞的情况下，使用 G00 或 G01 指令将刀具退到安全点（此时可撤销刀具补偿功能），然后从安全点快速运动到换刀点。

退刀时一般先在与坐标平面垂直的方向运动，然后进行坐标平面内的运动。

⑧ 重复③～⑦过程。

⑨ 程序结束。使用 M02 或 M30 指令，结束程序。

5.5 数控加工程序编写实例

(1) 实例 1

零件如图 5-26 所示，已知毛坯尺寸为 42mm×42mm×10mm，编写 ϕ13mm 孔、30mm×30mm 凸台的数控加工程序。

① 工艺处理。

a. 零件加工方法分析。零件的结构简单，加工表面的质量要求不高。凸台进行粗铣即可，ϕ13mm 孔的加工可以采用钻削或铣削方法，本例中采用铣削加工。

b. 确定加工顺序、刀具参数与切削用量。加工顺序、刀具参数与切削用量如表 5-6 所示。

表 5-6 加工顺序、刀具参数与切削用量（1）

序号	加工顺序	刀具参数			切削用量	
		刀具规格	编号	补偿号	转速	进给速度
1	铣凸台	ϕ10mm 立铣刀	T01	H01、D01	600r/min	40mm/min
2	铣孔	ϕ10mm 立铣刀	T01	H01	600r/min	30mm/min

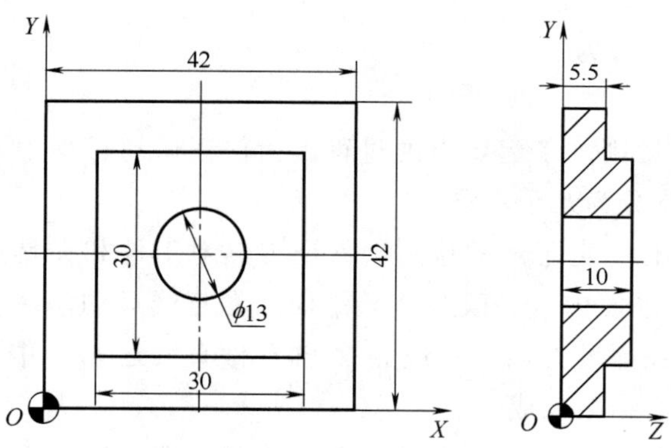

图 5-26 实例 1 零件图

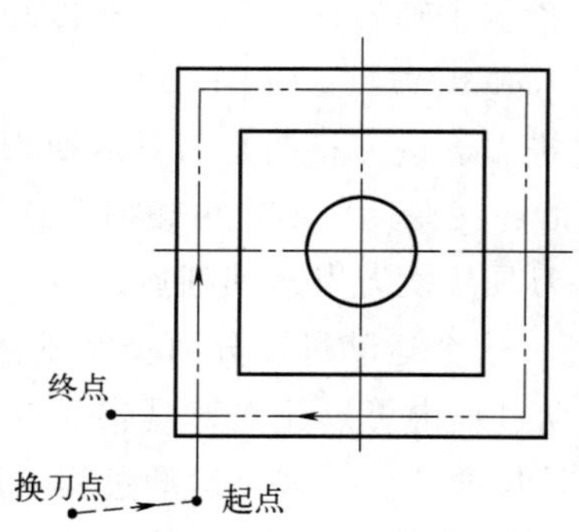

图 5-27 铣凸台走刀路线

c. 建立坐标系。建立如图 5-26 所示坐标系。

d. 确定走刀路线。铣削凸台时，刀具在 XY 平面内的走刀路线如图 5-27 所示。

② 编写加工程序。凸台的加工采用刀具半径补偿功能编程，ϕ13mm 孔的加工采用刀具中心轨迹编程。

程序如下：

```
O1008;
N10 G56 G90 G40 G49;          //选择坐标系等
N20 G28;                      //回参考点
N30 T01 M06;                  //指定刀具,并自动换刀
N40 S600 M03 M08;             //主轴正转,打开冷却液
N50 G00 G41 X6. -Y8. D01;     //进刀,并建立半径补偿
```

```
N60 G43 Z100. H01;              //进刀，并建立长度补偿
N70 G01 Z5.5 F500;              //进刀
N80 Y36. F40;                   //N80～N100 程序段铣削凸台
N90 X36.;
N100 Y6.;
N110 X-8.;
N120 G00 Z120.;                 //退刀
N130 G40 X21. Y21.;             //移刀，撤销半径补偿
N140 Z13.;                      //进刀
N150 G01 Z-2. F30;              //铣 φ10mm 孔
N160 G91 X1.5;                  //增量值编程，刀具沿 X 轴正方向移动 1.5mm
N170 G02 X0 Y0 I-1.5 J0;        //圆弧插补，铣 φ13mm 孔
N180 G90;                       //绝对值编程
N190 G01 Z15. F200;             //退刀
N200 G00 G49 Z120.;             //退刀，撤销长度补偿
N210 M30;                       //程序结束
```

(2) 实例 2

零件如图 5-28 所示，已知毛坯尺寸为 45mm×32.5mm×10mm，编写 ϕ6mm 孔及粗糙度 Ra3.2 表面的数控加工程序。

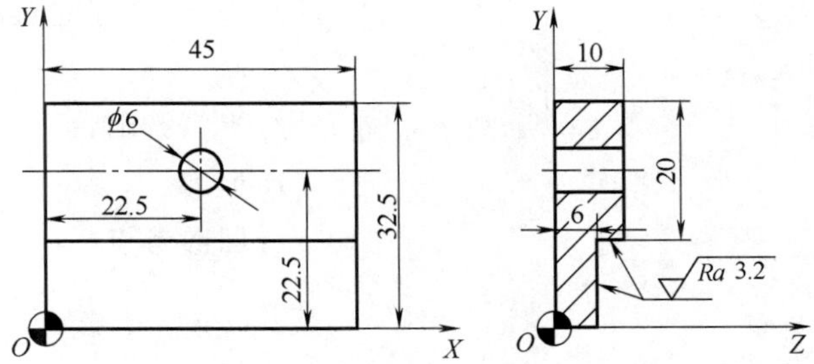

图 5-28　实例 2 零件图

① 工艺处理。

a. 零件加工方法分析。粗糙度为 Ra3.2 的表面，采用半精铣加工即可，ϕ6mm 孔采用钻削加工。

b. 确定加工顺序、刀具参数与切削用量。加工顺序、刀具参数与切削用量如表 5-7 所示。

表 5-7　加工顺序、刀具参数与切削用量（2）

序号	加工顺序	刀具参数			切削用量	
		刀具规格、材料	刀具编号	补偿号	转速/(r/min)	进给速度/(mm/min)
1	粗铣	ϕ14mm 高速钢立铣刀	T01	H01	400	40
2	半精铣	ϕ14mm 硬质合金立铣刀	T02	H02	2000	150
3	钻孔	ϕ6mm 钻头	T03	H03	900	30

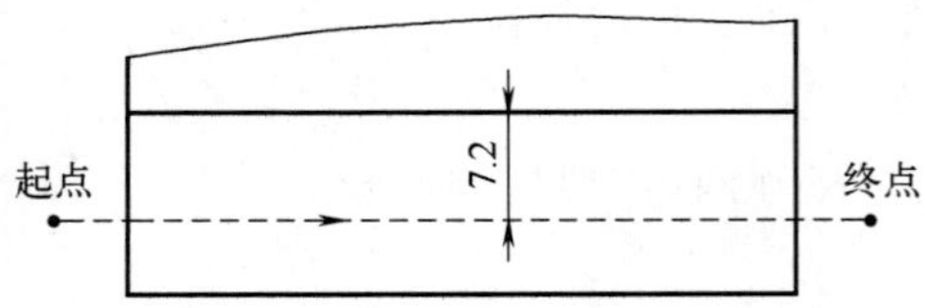

图 5-29　粗铣轮廓的走刀路线

c. 建立坐标系。建立如图 5-28 所示坐标系。

d. 确定走刀路线。粗铣轮廓的走刀路线见图 5-29，半精铣的走刀路线与之类似。

② 编写加工程序。采用刀具中心轨迹法编程，程序如下：

```
O1009;
N10 G56 G90 G40 G17 G49;          //选择坐标系等
N20 G28;                          //回参考点
N30 T01 M06;                      //指定刀具,并自动换刀
N40 S400 M03 M08;                 //主轴正转,打开冷却液
N60 X-10. Y5. 3;                  //N60～N80 程序段为进刀
N70 G43 Z100. H01;                //进刀,并建立长度补偿
N80 G01 Z6. 2 F500;               //底面、侧面留余量 0. 2mm
N90 X55. F40;                     //粗铣凸台
N100 G00 Z120. ;                  //退刀,撤销长度补偿
N110 G28;                         //回参考点
N120 T02 M06;                     //指定刀具,并自动换刀
N130 S2000 M03 M08;
N140 X-10. Y5. 5;                 //N140～N160 程序段为进刀
N150 G43 Z100. H02;               //进刀,并建立长度补偿
N160 G01 Z6. F500;
N170 X55. F150;                   //半精铣凸台
N180 G00 Z120. ;                  //退刀
N190 G28;                         //回参考点
N200 T03 M06;
N210 S900 M03 M08;
N220 X22. 5 Y22. 5;               //N220～N240 程序段为进刀
N230 G43 Z100. H03;               //进刀,并建立长度补偿
N240 G01 Z13. F30;
N250 Z-5. F30;                    //钻孔
N260 G00 G49 Z120. ;              //退刀
N270 M30;                         //程序结束
```

思考与练习

1. 数控机床加工特点有哪些？
2. 如何理解工艺处理在数控编程中的作用？
3. 如何理解数控机床加工工序划分中的“刀具集中”原则？
4. 数控加工刀具及工具系统有哪些种类？如何根据加工要求选择数控加工刀具？

5. 工件坐标系的作用是什么？工件坐标系与机床坐标系的联系和区别是什么？建立工件坐标系的原则有哪些？

6. 刀具中心轨迹法和刀具半径补偿功能各自应用在哪些场合？

7. 模态代码和非模态代码的含义是什么？

8. 刀具长度补偿和刀具半径补偿的作用是什么？使用时应该注意哪些事项？

9. 说明数控加工程序的组成要素及基本结构。

10. 已知毛坯尺寸为 100mm×100mm×17mm，编写图 5-30 所示零件的数控加工程序。

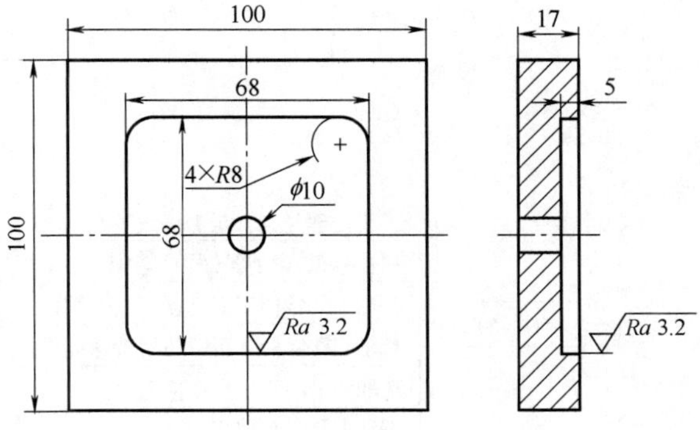

图 5-30　零件图

拓展内容

火箭点火装置只有拳头大小，为打磨好这些不起眼又至关重要的核心零部件，洪海涛一干就是三十年，展现了“在毫厘间挑战极限，于细微处追求极致”的大国工匠风采。读者可去《共产党员》栏目观看视频《洪海涛：匠心铸就航天梦》，思考在实现“中国标准 2035”的目标中，如何将大匡工匠精神与数控技术的专业知识有机结合，提升自己的工程素养与能力。

第6章

数控铣床编程

思维导图

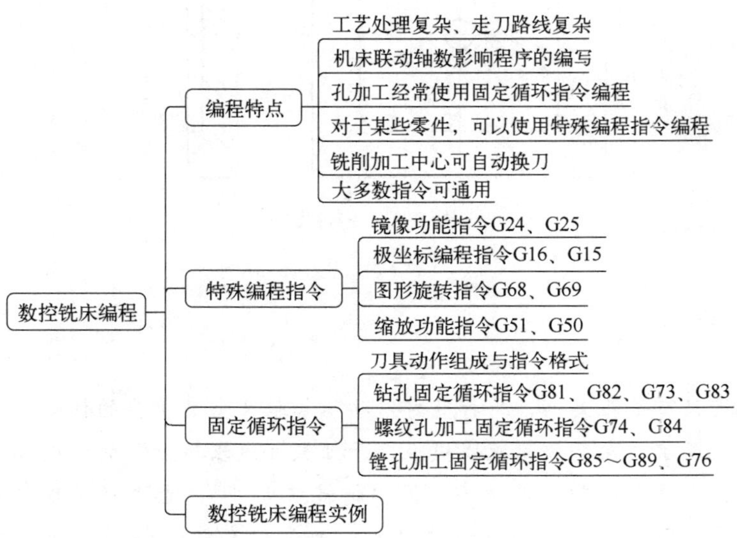

扫码获取资源

学习目标

- 了解数控铣床程序编写的特点。
- 掌握铣削加工特殊编程指令的格式，并能够结合子程序功能编写加工程序。
- 掌握孔加工固定循环指令格式，能够正确选择孔加工固定循环指令并用于加工程序的编写。
- 能够结合第 5 章的相关知识对较复杂零件进行数控加工工艺处理，并编写数控加工程序。

数控铣床是常用的数控加工设备，能够对平面轮廓和曲面轮廓进行加工，同时能完成钻孔、镗孔及攻丝等加工。本章主要介绍数控铣床的编程指令，并通过实例讲解编程指令的应用、数控铣削加工工艺处理和程序编制方法。

6.1 数控铣床编程特点

编写数控铣削加工程序时，第 5 章所介绍的大部分常用编程指令可以直接使用。另外，为了简化程序编写，多数数控铣床具有镜像、图形旋转等特殊编程指令，以及用于孔加工的固定循环指令。

数控铣床编程具有如下特点：

① 工艺处理比较复杂。由于零件结构复杂，往往同一个零件上既有平面需要加工，还有槽和孔等需要加工，并且不同表面的加工要求不尽相同，需要对各个表面的加工方法和加工顺序进行分析和选择。

② 零件加工过程中走刀路线比较复杂，编程计算工作量较大。对于具有平面非圆曲线轮廓和空间曲面轮廓的零件，很难通过手工编程的方式完成，需要使用 CAD/CAM 软件完成加工程序的编写。

③ 数控铣床具有的坐标轴数对程序的编写具有一定的影响。例如，对于 4 轴或 5 轴联动的数控铣床，某些刀具与工件之间的相对运动可以由旋转坐标轴的旋转运动完成，而不用直线运动完成。

④ 孔的加工一般使用固定循环指令编程，以提高编程效率。

⑤ 具有镜像、缩放、图形旋转和极坐标等特殊编程指令。使用这些特殊编程指令，并使用子程序功能可以简化程序编写。

⑥ 数控铣削加工中心与数控铣床的程序编制基本相同，区别主要在于铣削加工中心可以进行自动换刀，即程序中可以使用 M06 指令指定自动换刀方式。

⑦ 数控铣床的大多数编程指令符合 ISO 标准，可以通用。但是由于数控系统不同，编程指令也会有所差异，所以编写程序时需要参照数控机床编程手册。

6.2 数控铣床特殊编程指令

数控铣床的特殊编程指令包括镜像、图形旋转、缩放等。对于某些结构上具有一定特征的零件，使用特殊编程指令能够简化程序的编写。

(1) 镜像功能指令 G24、G25

指令格式：

```
G24 X __ Y __ Z __;                    //建立镜像
M98 P __;                              //调用子程序
G25 X __ Y __ Z __;                    //取消镜像
```

G24、G25 为模态指令，使用时需要指定加工平面。指令中的 X __、Y __、Z __用于指定和撤销对称轴。

例 6-1：使用镜像功能指令编写图 6-1 所示零件上的四个高 2mm 的凸台轮廓的精加工程序。

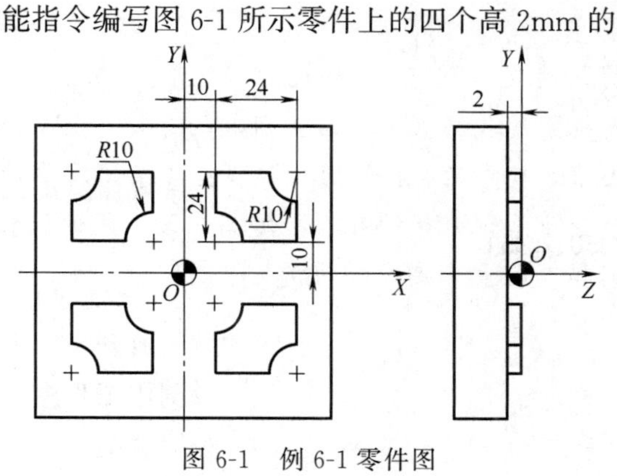

图 6-1　例 6-1 零件图

以工件上表面中心为坐标原点建立工件坐标系，如图 6-1 所示。使用立铣刀加工，刀具直径 ϕ8mm。

程序如下：

```
O1001;
N010 G57 G90 G80 G40 G49;         //指定坐标系等
N020 G28;                         //回参考点
N030 T05 M06;                     //指定刀具
N040 S800 M03 M08;
N050 X0 Y0;                       //刀具运动到逼近点
N060 G43 Z5. H05;                 //建立刀具长度补偿
N070 M98 P1002;                   //调用子程序,加工第一象限内轮廓
N080 G24 X0;                      //关于 Y 轴镜像
N090 M98 P1002;                   //调用子程序,加工第二象限内轮廓
N100 G24 Y0;                      //关于 X 轴镜像
N110 M98 P1002;                   //调用子程序,加工第三象限内轮廓
N120 G25 X0;                      //撤销 Y 轴镜像
N130 M98 P1002;                   //调用子程序,加工第四象限内轮廓
N140 G25 Y0;                      //撤销 X 轴镜像
N150 G00 G49 Z150. ;              //退刀,撤销长度补偿
N160 M30;                         //程序结束
```

子程序：

```
O1002;
N010 G01 G91 Z-7. F80;            //Z 轴方向进刀
N020 G42 X5. Y10. D05;            //建立刀具半径补偿
N030 X29. ;                       //N030～N080 为加工轮廓的程序段
N040 Y14. 0;
N050 G02 X-10. Y10. R10. ;
N060 G01 X-14. ;
N070 Y-14. ;
N080 G02 X10. Y-10. R10. ;
N090 G90 G40 G01 X0. Y0. ;        //回到坐标原点,撤销半径补偿
N100 Z5. F200;                    //退刀
N110 M99;                         //子程序结束,返回主程序
```

(2) 缩放功能指令 G50、G51

指令格式：

```
G51 X__ Y__ Z__ P__;              //缩放开
M98 P__;                          //调用子程序
G50;                              //缩放关
```

G50、G51 为模态指令，使用时需要指定加工平面。指令中的 X __、Y __、Z __用于指定缩放中心，如省略，则以坐标原点为缩放中心；P __用于指定缩放的倍数。

例 6-2：使用缩放功能指令编写图 6-2 所示零件上的两个高 2mm 的凸台轮廓的精加工程序。

建立的坐标系如图 6-2 所示。使用立铣刀加工，刀具直径 ϕ10mm。

程序如下：

```
O0037;
N010 G54 G90 G40 G49;                //选择坐标系等
N020 T07;                            //指定刀具
N030 S500 M03 M08;
N040 G00 X0 Y0;                      //进刀
N050 G43 Z5. H07;
N060 G01 Z-2. F80;                   //进刀
N070 G41 X12. Y0 D07;                //建立半径补偿
N080 M98 P0038;                      //调用子程序,加工轮廓 1
N090 G00 Z5. ;                       //退刀
N100 G40 X0 Y0;                      //撤销半径补偿
N110 G92 X-9. Y-22. Z5. ;            //建立坐标系
N120 G01 G41 X0 Y0 D07 F80;          //建立半径补偿
N130 G01 Z-2. F80;
N140 G51 P0. 5;                      //缩放开
N150 M98 P0038;                      //调用子程序,加工轮廓 2
N160 G50;                            //缩放关
N170 G54;
N180 Z20. ;                          //退刀
N190 G40 X0 Y0;                      //撤销半径补偿
N200 G49 Z200. ;                     //撤销长度补偿
N210 M30;
```

子程序：

```
O0038:
N010 G91;                            //使用增量坐标编写程序
N020 G01 X5. 216 Y6. F80;            //N020～N060 为加工轮廓的程序段
N030 X12. 784;
N040 G02 X0 Y-12. R6. ;
N050 G01 X-12. 784;
N060 X-5. 216 Y6. ;
N070 G90;                            //绝对坐标
N080 M99;                            //子程序结束,返回主程序
```

(3) 图形旋转指令 G68、G69

指令格式：

```
G68 X __ Y __ P __;          //图形旋转功能
M98 P __;                    //调用子程序
G69;                         //取消图形旋转功能
```

G68、G69 为模态指令，使用时需要指定加工平面。指令中的 X __、Y __用于指定旋转中心，如果省略，则以程序原点为旋转中心；P __用于指定旋转角度，使用绝对值坐标编写程序时，0°方向为 X 轴正方向。

例 6-3：使用图形旋转指令编写图 6-3 所示零件上的三个高 2mm 的凸台轮廓的精加工程序。

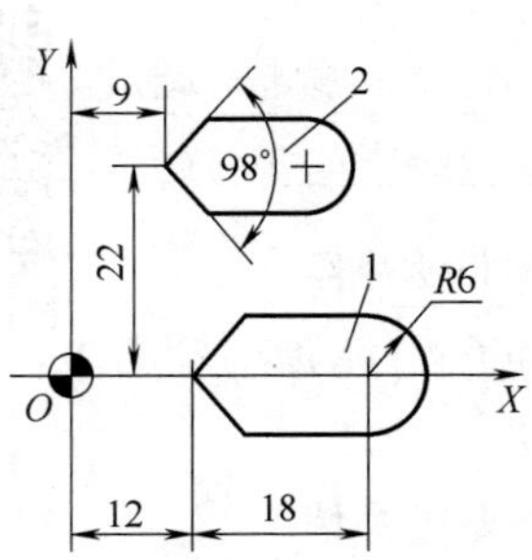

图 6-2　例 6-2 零件图

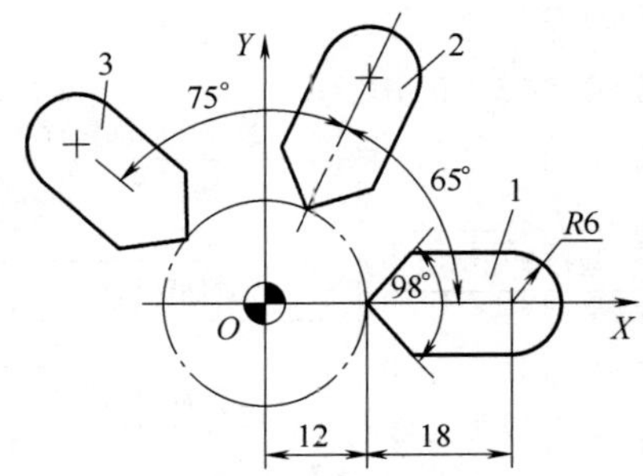

图 6-3　例 6-3 零件图

建立的坐标系如图 6-3 所示。使用立铣刀加工，刀具直径 ϕ8mm。

程序如下：

```
O0039;
N010 G55 G90 G40 G49;        //选择坐标系等
N020 Z200.;                  //运动到换刀点
N030 X200. Y200.;
N040 T04;                    //指定刀具
N050 S500 M03 M08;
N060 G00 X0 Y0;
N070 G43 Z5. H04;
N080 M98 P0040;              //调用子程序加工轮廓 1
N090 G68 P65.;               //调用图形旋转功能,旋转 65°
N100 M98 P0040;              //调用子程序,加工轮廓 2
N110 G68 P140.;              //调用图形旋转功能,旋转 75°
N120 M98 P0040;              //调用子程序,加工轮廓 3
N130 G49 Z150.;
N140 G69;
N150 M30;                    //程序结束
```

子程序：

```
O0040;
```

```
N010 G91 G01 Z-7. F80;              //增量坐标,刀具向Z 轴负方向运动 7mm
N020 G41 X12. Y0 D04;               //建立半径补偿
N030 X5. 216 Y6. ;                  //N030～N070 为加工轮廓的程序段
N040 X12. 784;
N050 G02 X0 Y-12. R6. ;
N060 G01 X-12. 784;
N070 X-5. 216 Y6. ;
N080 Z7. F200;
N090 G90;                           //绝对坐标
N100 G40 G00 X0 Y0;                 //撤销半径补偿
N110 M99;                           //子程序结束,返回主程序
```

(4) 极坐标编程指令 G15、G16

指令格式：

```
G16;                                //极坐标编程生效
G15;                                //撤消极坐标编程
```

G15、G16 为模态指令，使用时需要指定加工平面。加工平面内的第一坐标值作为半径，第二坐标值作为极坐标角度。极坐标的 0°方向为第一坐标轴的正方向。

例 6-4：零件如图 6-4 所示，使用极坐标编程指令编写 ϕ12mm、深 5mm 通孔的加工程序。

建立如图 6-4 所示的坐标系。使用钻头加工孔，刀具直径 ϕ12mm。

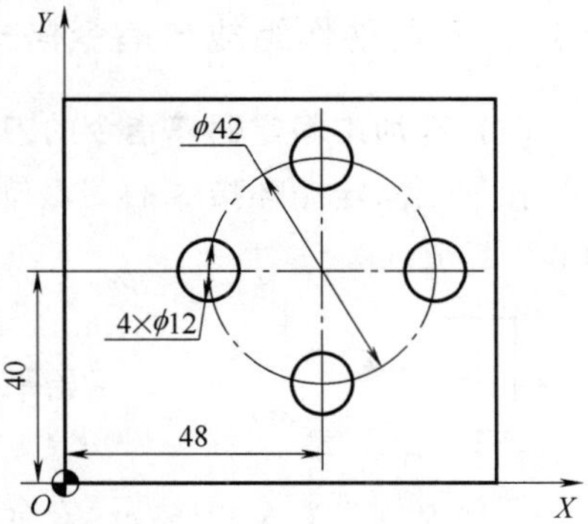

图 6-4　例 6-4 零件图

程序如下：

```
O1001;
N010 G59 G90 G80 G40 G49;
N020 G28;
N030 T03 M06;
N040 S300 M03 M08;
N050 X0 Y0;
N060 G43 Z3. H03;
N070 G92 X-48. Y-40. Z3. ;          //建立坐标系
N080 G16;                           //使用极坐标
N090 X21. 0 Y0;                     //N090～N200 为加工孔程序段
N100 G01 Z-9. 5 F25;
N110 G00 Z3. ;
N120 X21. Y90. ;
N130 G01 Z-9. 5 F25;                //加工孔
N140 G00 Z3. ;                      //退刀
```

```
N150 X21. Y180. ;                         //移刀
N160 G01 Z-9. 5 F25;
N170 G00 Z3. ;
N180 X21. Y270. ;
N190 G01 Z-9. 5 F25;
N200 G00 Z3. ;
N210 G15;                                 //取消极坐标编程
N220 G49 Z200. ;                          //退刀，撤销长度补偿
N230 M02;                                 //程序结束
```

6.3 镗铣类数控机床孔加工固定循环指令

所谓固定循环，实质上是针对零件加工时一些典型的刀具运动过程编写的子程序的集合。这些子程序可用相应的准备功能字调用。孔加工固定循环指令用于钻孔、镗孔及攻螺纹等孔加工程序的编写。

6.3.1 刀具动作组成与指令格式

(1) 孔加工固定循环指令的刀具动作组成与动作顺序

孔加工固定循环指令的刀具动作具有一定规律性，一般由以下六个动作步骤组成，如图 6-5 所示。

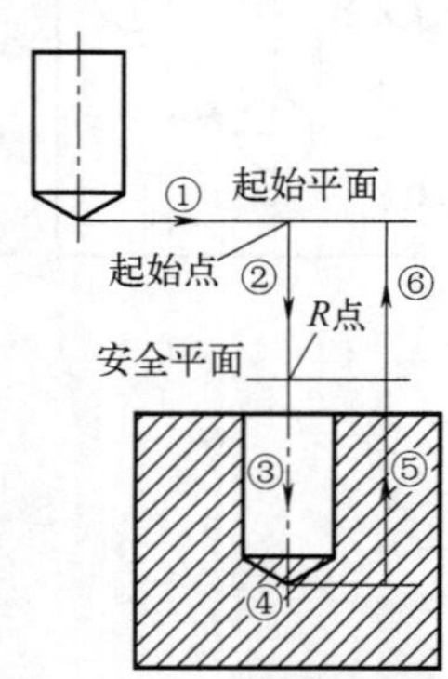

图 6-5 孔加工固定循环刀具动作组成与顺序

① 在起始平面内快速定位至起始点（图 6-5 中孔轴线与起始平面交点）；

② 快速运动至安全点（图 6-5 中孔轴线与安全平面交点），安全点也称为 R 点；

③ 以进给速度进行孔的加工；

④ 孔底部动作（暂停等）；

⑤ 返回安全平面；

⑥ 快速返回至起始平面。

以上是孔加工固定循环指令的一般动作过程。对于一个具体的固定循环指令，其动作组成会略有不同。

(2) 指令格式

指令格式如下：

G90/G91 G98/G99 G__ X__ Y__ Z__ R__ Q__ P__ F__ L__;

其中：

G90/G91——使用绝对坐标编程或增量坐标编程；

G98——规定刀具返回至起始平面；

G99——规定刀具返回至安全平面；

G——孔加工固定循环指令，常用的孔加工固定循环指令共有 13 个，即 G73、G74、G76、G80、G81～G89，其中 G80 指令用于撤销固定循环功能；

X、Y——孔中心的 X、Y 坐标值；

Z——孔底的 Z 坐标值；

R——R 点的 Z 坐标值，用于定义安全平面位置；

Q——每次切削深度或刀尖径向的退刀距离；

P——刀具在孔底部的暂停时间；

F——进给速度；

L——指令的重复调用次数。

需要指出的是，当使用绝对坐标（G90）编程时，根据坐标原点计算 X、Y、Z 及 R 点坐标值；当使用增量坐标（G91）编程时，X、Y 坐标值相对于使用固定循环指令前刀具中心所在位置进行计算，R 点坐标值相对于起始点计算，Z 值相对于 R 点计算。

6.3.2 孔加工固定循环指令

（1）高速深孔加工循环指令 G73

指令格式：

G73 X __ Y __ Z __ R __ Q __ F __ L __；

G73 指令采用间断进给、分层切削的方式进行孔的加工，有利于断屑和排屑，适合深孔钻削。指令中 Q __用于指定每次钻孔深度，一般取 3～10mm，最后一次钻孔深度≤Q。

G73 指令的刀具运动过程如图 6-6 所示，图中尺寸 d 为每次钻孔进给后的退刀量，由机床参数设定，一般为 0.2～1mm。

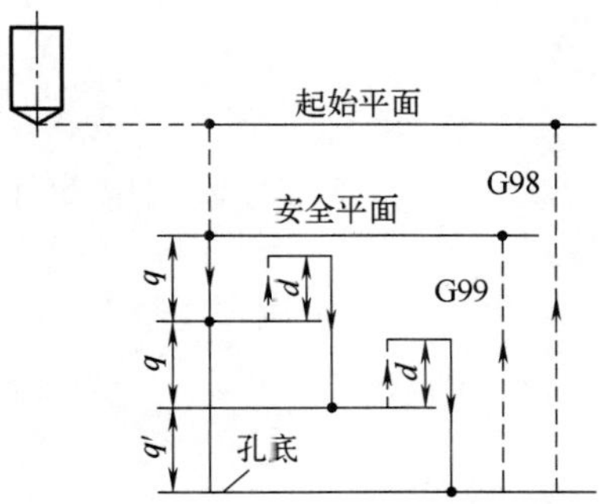

图 6-6　G73 指令走刀过程

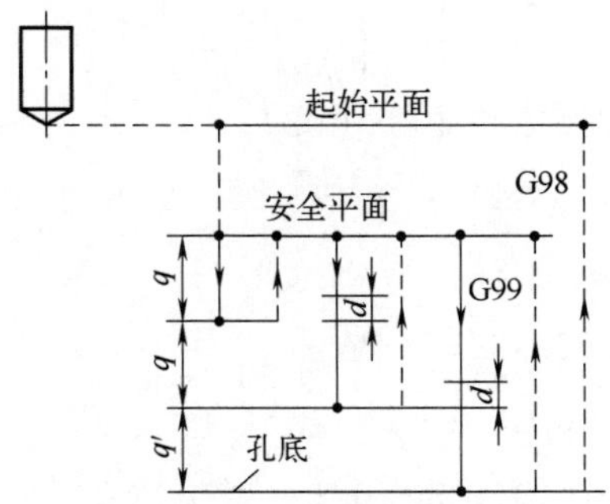

图 6-7　G83 指令走刀过程

（2）排屑钻孔循环指令 G83

指令格式：

G83 X __ Y __ Z __ R __ Q __ F __ L __；

G83 指令用于深孔加工，其动作组成和动作顺序与 G73 指令相同，区别在于 G83 指令每次间歇进给后回退至安全平面。G83 指令的刀具运动过程如图 6-7 所示，图中尺寸 d 表示刀具每次进刀时，由快进转为工作进给的那一点至前一次切削终点之间的距离。

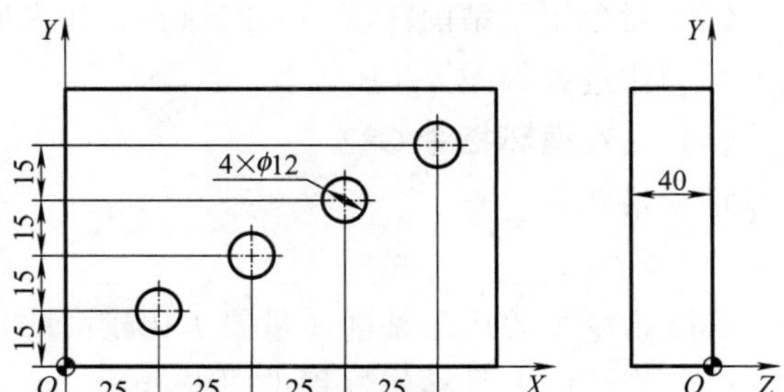

图 6-8　例 6-5 零件图

例 6-5：使用 G73 指令编写图 6-8 所示

零件上 4 个 ϕ10mm 通孔的钻削加工程序。

```
N010 G59 G90 G49 G40 G80;                    //选择坐标系等
N020 G28;                                    //回参考点
N030 T05 M06;
N040 S300 M03 M08;
N050 G00 X0 Y0;
N060 G43 Z20. H05;                           //刀具运动到起始平面
N070 G99 G73 X25. Y15. Z-45. R2. Q12. F50;   //调用固定循环指令
N080 X50. Y30. ;
N090 X75. Y45. ;
N100 G98 X100. Y60. ;                        //加工孔并返回起始平面
N110 G80;                                    //撤销固定循环
N120 G00 Z50. ;                              //退刀
N130 X200. Y200. ;
N140 G49 Z200. ;                             //撤销长度补偿
N150 M02;                                    //程序结束
```

若使用 G91 指令和固定循环指令的重复调用功能编写程序，则从 N050 程序段开始，程序如下：

```
N050 G00 X0 Y0;
N060 G43 Z20. H05;
N070 G91 G99 G73 X25. Y15. Z-47. R-18. Q12. L4 F50;   //重复 4 次调用 G73 指令
N080 G80;
N090 G90;
N100 G00;
N110 G49 Z200. ;
N120 M02;
```

(3) 钻孔循环指令 G81

指令格式：

G81 X __ Y __ Z __ R __ F __ L __;

G81 指令用于钻削深度不大的通孔、孔底质量要求不高的盲孔或螺纹底孔等。G81 指令的刀具动作过程如图 6-9 所示。

(4) 钻孔循环指令 G82

指令格式：

G82 X __ Y __ Z __ R __ P __ F __ L __;

G82 指令主要用于钻削质量要求比较高的盲孔，也用于锪孔和镗阶梯孔。

G82 指令的刀具动作过程见图 6-10。动作过程与 G81 指令类似，不同之处在于加工到孔底位置后暂停一段时间，然后再退刀。暂停时间由 P 指定，时间单位一般设置为 ms。

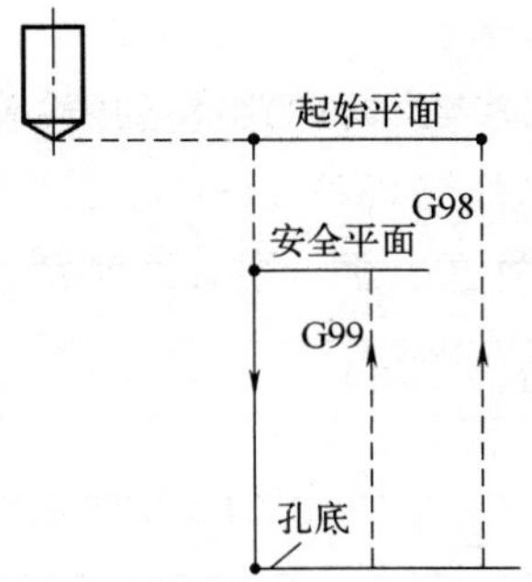

图 6-9　G81 指令走刀过程

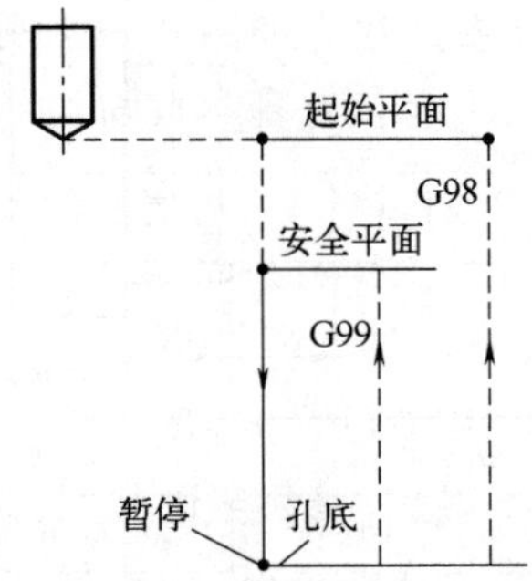

图 6-10　G82 指令走刀过程

(5) 右旋螺纹加工循环指令 G84

指令格式：

G84 X__ Y__ Z__ R__ F__ L__;

指令中 F__表示导程，在切削螺纹期间速率修正无效。

G84 指令用于切削右旋螺纹孔。G84 指令的刀具动作过程如图 6-11 所示，切削时主轴正转，到达孔的底部后主轴反转，再以工作进给速度退回至安全平面。

(6) 左旋螺纹加工循环指令 G74

指令格式：

G74 X__ Y__ Z__ R__ F__ L__;

指令中 F__表示导程，在切削螺纹期间速率修正无效。

G74 指令用于切削左旋螺纹孔。G74 指令的刀具动作过程如图 6-12 所示，切削时主轴反转，到达孔的底部后主轴正转，再以进给速度退出，其他动作均与 G84 指令相同。

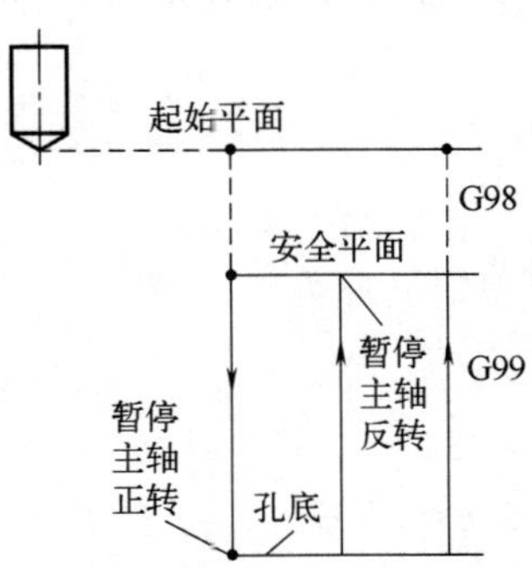

图 6-11　G84 指令走刀过程

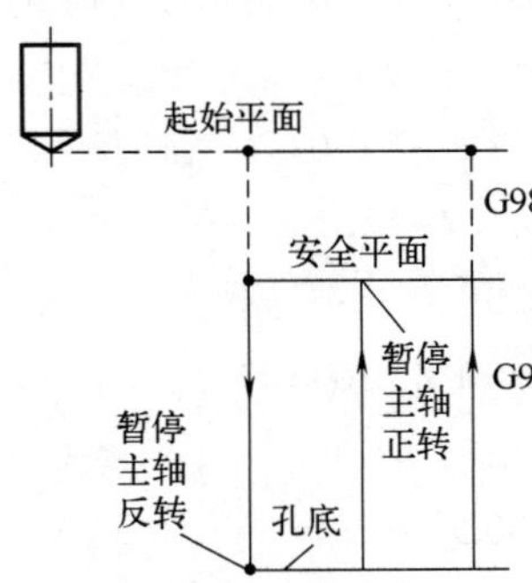

图 6-12　G74 指令走刀过程

例 6-6：使用孔加工固定循环指令编写图 6-13 所示零件上两个螺纹通孔和两个阶梯孔的加工程序。

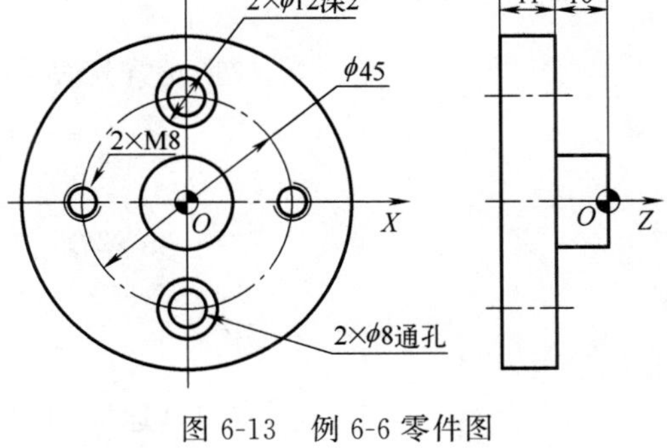

图 6-13　例 6-6 零件图

① 坐标系。建立如图 6-13 所示的坐标系。

② 加工顺序、刀具参数与切削用量。加工顺序、刀具参数和切削用量如表 6-1 所示。

表 6-1 加工顺序、刀具参数与切削用量（1）

序号	加工顺序	刀具参数		切削用量	
		刀具规格	补偿号	转速/(r/min)	进给速度/(mm/min)
1	钻定心孔	ϕ4mm 中心钻	H01	750	40
2	钻 M8 螺纹底孔	ϕ6.8mm 钻头	H02	850	50
3	攻螺纹	M8 丝锥	H03	200	1.5mm/r
4	钻 ϕ8mm 孔	ϕ8mm 钻头	H04	600	45
5	锪 ϕ12mm 孔	ϕ12mm 锪孔刀	H05	200	25

③ 加工程序。

```
O1048;
N010 G59 G90 G49 G40 G80;
N020 G28;                                //回参考点
N030 T01 M06;                            //换ϕ4mm 中心钻
N040 S750 M03 M08;
N050 G00 X22.5 Y0;
N060 G43 Z10. H01;                       //刀具运动到起始平面
N070 G98 G81 Z-15. R-7. F40;             //N070～N100 为加工 4 个中心孔程序段
N080 X0 Y22.5;
N090 X-22.5 Y0;
N100 X0 Y-22.5;
N110 G80;                                //撤销固定循环
N120 G00 Z150.;
N130 G28;
N140 T02 M06;                            //换ϕ6.8mm 钻头
N150 S850 M03 M08;
N160 G00 X22.5 Y0;
N170 G43 Z10. H02;
N180 G98 G81 Z-26. R-7. F50;             //加工螺纹孔底孔
N190 X-22.5 Y0;
N200 G80;                                //撤销固定循环
N210 G00 Z150.;
N220 G28;
N230 T03 M06;                            //换 M8 丝锥
N240 S200 M03 M08;
N250 G00 X22.5 Y0;
N260 G43 Z10. H03;                       //刀具运动到起始平面
```

```
N270 G98 G84 Z-26. R-7. F1.5;            //加工两个 M8 螺纹孔
N280 X-22.5 Y0;
N290 G80;                                //撤销固定循环
N300 G00 Z150.;
N310 G28;
N320 T04 M06;                            //换φ8mm 钻头
N330 S600 M03 M08;
N340 G00 X0 Y22.5;
N350 G43 Z10. H04;                       //刀具运动到起始平面
N360 G98 G81 Z-26. R-7. F45;             //加工两个φ8mm 通孔
N370 X0 Y-22.5;
N380 G80;                                //撤销固定循环
N390 G00 Z150.;
N400 G28;
N410 T05 M06;                            //换φ12mm 锪孔刀
N420 S200 M03 M08;
N430 G00 X0 Y22.5;
N440 G43 Z10. H05;                       //刀具运动到起始平面
N450 G98 G82 Z-12. R-7. P1000 F25;       //加工两个φ12mm 孔
N460 X0 Y-22.5;
N470 G80 G00 G49 Z150.;                  //撤销固定循环,退刀
N480 M02;
```

(7) 镗孔循环指令

① 镗孔循环指令 G85：

指令格式：

G85 X__ Y__ Z__ R__ F__ L__;

G85 指令用于镗孔、铰孔及扩孔加工。G85 指令的刀具动作过程如图 6-14 所示。指令的动作组成与动作顺序与 G81 基本相同，不同之处在于从孔的底部退刀至安全平面时以工作进给速度退出。

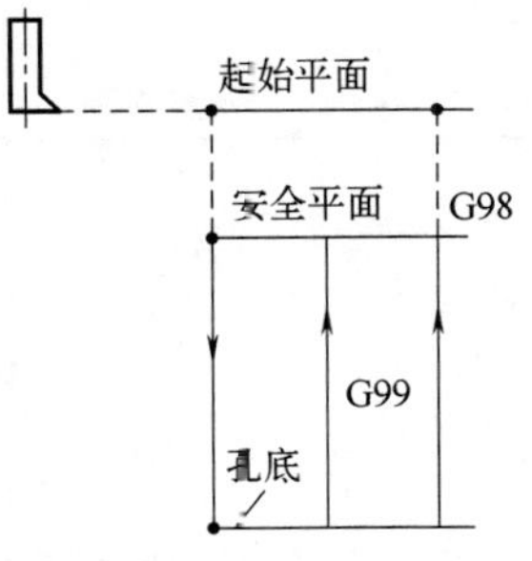

图 6-14　G85 指令走刀过程

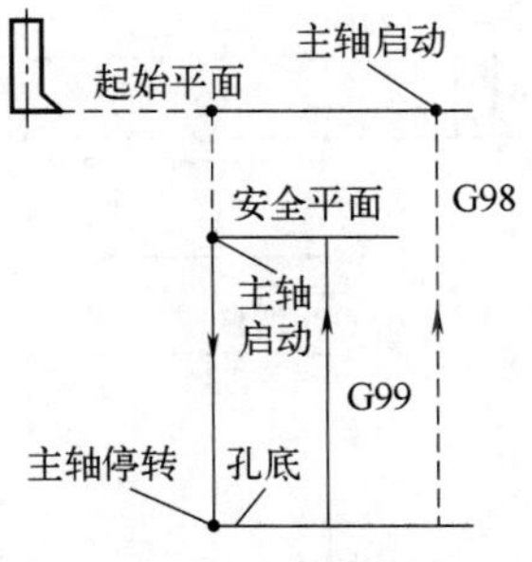

图 6-15　G86 指令走刀过程

② 镗孔循环指令 G86：

指令格式：

G86 X__Y__Z__R__F__L__;

G86 指令用于镗孔加工。G86 指令的刀具动作过程如图 6-15 所示。当镗孔至孔的底部后，主轴停转，刀具快速返回安全平面或初始平面，然后主轴重新启动。

③ 反镗循环指令 G87：

指令格式：

G87 X__Y__Z__R__Q__P__F__L__;

G87 指令用于孔的反镗加工。进给方向与一般孔加工方向相反，一般加工时，刀具沿着 Z 轴负方向运动时加工孔；而使用 G87 指令时，刀具沿着 Z 轴正方向运动时加工孔，安全平面在孔底下方。

G87 指令的动作过程如图 6-16 所示。动作过程如下：

a. 刀具在初始平面内快速移动到孔中心位置；

b. 主轴定向停转；

c. 沿着反刀尖方向快速移动 Q；

d. 沿着 Z 轴负向快速降至安全平面；

e. 沿着刀尖正方向偏移 Q；

f. 启动主轴正向旋转；

g. 沿着 Z 轴正方向以进给速度反镗至孔底部；

h. 暂停，沿着 Z 轴负方向回退 d；

i. 主轴定向停转；

j. 反刀尖方向移动 Q；

k. 沿着 Z 轴正向快速退刀至起始平面；

l. 沿着刀尖正向移动到孔中心位置，主轴再次启动。

使用 G87 指令时，刀具从孔底直接返回至起始平面，不返回安全平面。

④ 镗孔循环指令 G88：

指令格式：

G88 X__Y__Z__R__P__F__L__;

G88 指令的刀具动作过程如图 6-17 所示。刀具在镗孔至孔的底部后，暂停 P 秒，然后主轴停止转动，退刀在手动方式下进行。刀具返回安全平面或起始平面后，主轴启动。

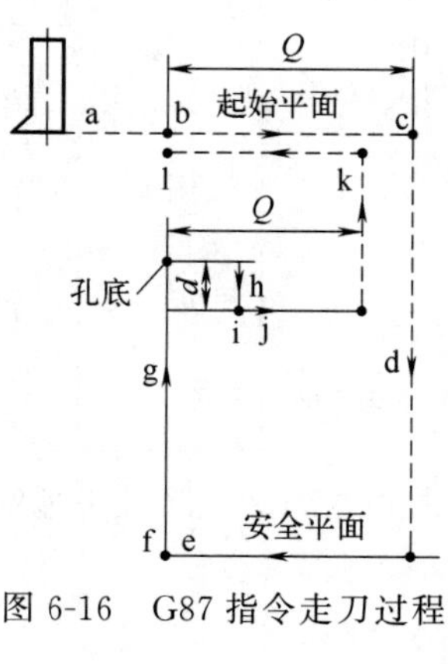

图 6-16　G87 指令走刀过程

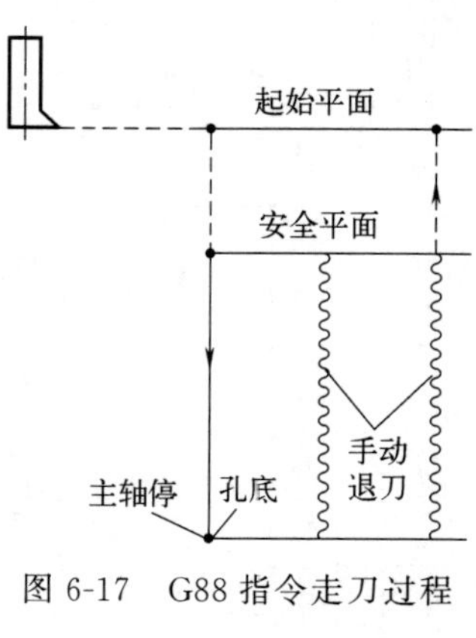

图 6-17　G88 指令走刀过程

⑤ 镗孔循环指令 G89：

指令格式：

G89 X__Y__Z__R__P__F__K__;

G89 指令用于镗阶梯孔或镗盲孔。G87 指令的刀具动作过程如图 6-18 所示。指令动作与 G85 相似，区别在于 G89 指令镗孔至孔底时，增加了暂停动作。

⑥ 精镗循环指令 G76：

指令格式：

G76 X__Y__Z__R__P__Q__F__K__;

G76 指令用于精镗加工，刀具动作过程如图 6-19 所示。刀具在加工平面内快速运动到孔中心位置，再快速运动至安全平面；然后以进给速度镗孔至孔底，暂停；然后刀具抬高距离 d，主轴定向准停，刀具向反刀尖方向快速移动距离 Q 后，快速返回至安全平面或起始平面。

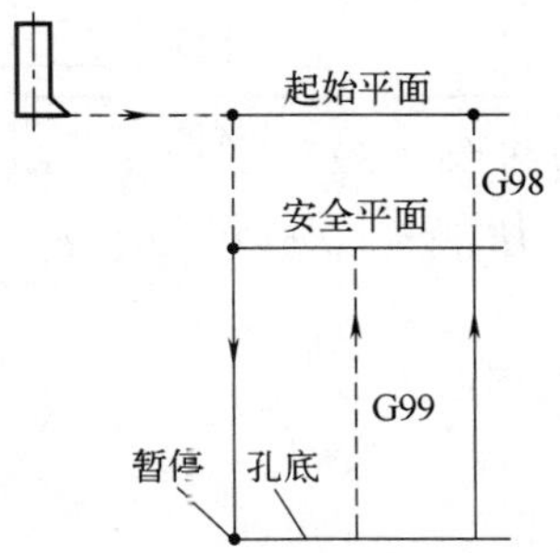

图 6-18　G89 指令走刀过程

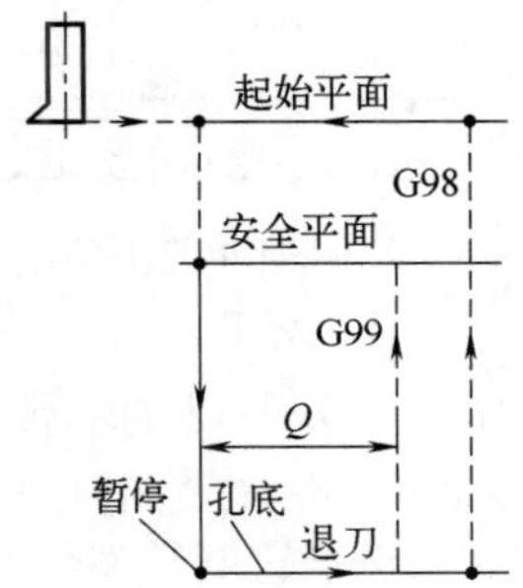

图 6-19　G76 指令走刀过程

6.4 数控铣床编程实例

(1) 实例 1

零件如图 6-20 所示。零件上 ϕ10mm 通孔及凹槽轮廓需要加工，试编写数控加工程序。

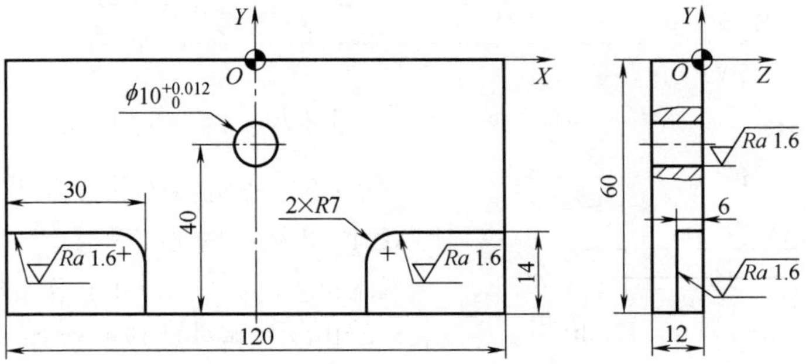

图 6-20　实例 1 零件图

① 坐标系。建立如图 6-20 所示坐标系。

② 加工顺序、刀具参数与切削用量。粗铣凹槽时，凹槽侧面及底面均留 0.3mm 余量。加工顺序、刀具参数与切削用量如表 6-2 所示。

表 6-2　加工顺序、刀具参数与切削用量（2）

加工顺序	刀具参数			切削用量	
	刀具规格/mm	刀具号	补偿号	转速/(r/min)	进给速度/(mm/min)
钻定心孔	ϕ5 中心钻	T01	H01	800	35
钻孔	ϕ9.8 钻头	T02	H02	500	45
铰孔	ϕ10 铰刀	T03	H03	250	30
粗铣凹槽	ϕ10 高速钢立铣刀	T04	H04	600	45
精铣凹槽	ϕ10 硬质合金立铣刀	T05	H05	1500	80

③ 走刀路线。凹槽轮廓粗、精加工的走刀路线分别如图 6-21、图 6-22 中虚线所示。

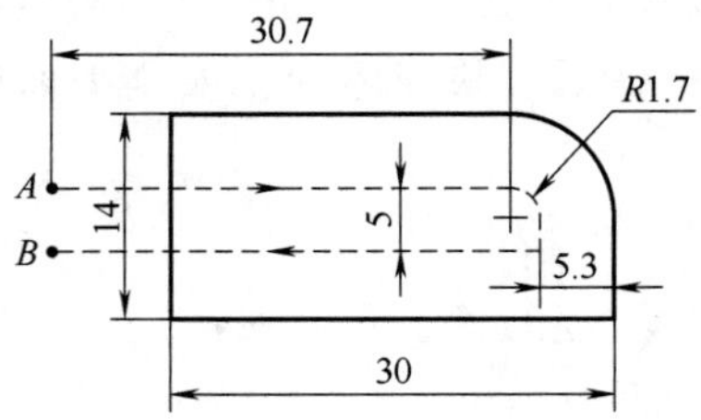

图 6-21　粗加工走刀路线

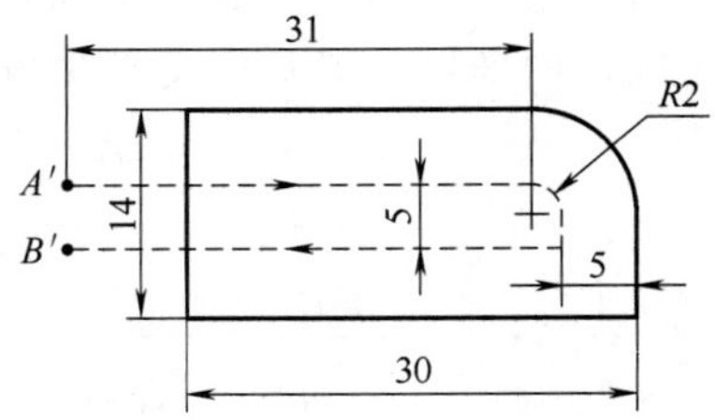

图 6-22　精加工走刀路线

④ 加工程序。

```
O3345;
N010 G59 G90 G49 G40 G80;
N020 G28;                          //回参考点
N030 T01 M06;                      //换 φ5mm 中心钻
N040 S800 M03 M08;
N050 G00 X0. Y-20. ;
N060 G43 Z10. H01;                 //刀具运动到起始平面
N070 G98 G81 Z-6. R3. F35;         //加工中心孔
N080 G80;                          //取消固定循环指令
N090 G00 G49;Z150. ;               //撤销长度补偿
N100 G28;
N110 T02 M06;                      //换 φ9. 8mm 钻头
N120 S500 M03 M08;
N130 G00 X0 Y-20. ;
N140 G43 Z10. 0 H02
N150 G98 G81 Z-17. R3. F45;        //钻底孔
N160 G80;                          //撤销固定循环
N170 G00 Z150. ;
N180 G49;
N190 G28;
N200 T03 M06;                      //换 φ10mm 铰刀
```

```
N210 S250 M03 M08;
N220 G00 X0 Y-20. ;
N230 G43 Z10. H03;                         //刀具运动到起始平面
N240 G98 G85 Z-13. R-7. F30;               //铰孔
N250 G80;                                  //撤销固定循环
N260 G00 Z150. ;
N270 G49;
N280 G28;
N290 T04 M06;                              //换φ10mm 高速钢立铣刀
N300 S600 M03 M08;
N310 G00 X-68. Y-51. 3;                    //进刀,运动到起点A
N320 G43 Z-5. 7;
N330 M98 P3346;                            //调用子程序,加工左侧轮廓
N340 G00 Z10. ;                            //退刀
N350 X68. Y-51. 3;
N360 Z-5. 7;
N370 G24 X0;                               //关于 Y 轴镜像
N380 M98 P3336;                            //调用子程序,加工右侧轮廓
N390 G25 X0;                               //撤销镜像
N400 G00 Z150. ;
N410 G49;
N420 T05 M06;                              //换φ10mm 硬质合金立铣刀
N430 S1500 M03 M08;
N440 G00 X-68. Y-51. D05;                  //进刀
N450 G43 Z-6. ;
N460 M98 P3347;                            //调用子程序,加工左侧轮廓
N470 G00 Z10. ;                            //退刀
N480 X68. Y-51. ;
N490 Z-6. ;
N500 G24 X0;                               //关于 Y 轴镜像
N510 M98 P3347;                            //调用子程序,加工右侧轮廓
N520 G25 X0;                               //撤销镜像
N530 G00 G49 Z150. ;                       //退刀,撤销长度补偿
N540 M02;                                  //程序结束
```

粗加工凹槽子程序:

```
O3346;
N10 G91 G01 X30. 7 F45;
N20 G02 X1. 7 Y-1. 7 R1. 7;
N30 G01 Y-3. 3. ;
```

```
N40 X-32.4;                              //运动到 B 点
N50 G90;
N60 M99;
```

精加工凹槽子程序：

```
O3347;
N10 G91 G01 X31. F80;
N20 G02 X2. Y-2. R2.;
N30 G01 Y-3.;
N40 X-33.;                               //运动到 B′点
N50 G90;
N60 M99;
```

(2) 实例 2

加工图 6-23 所示零件上 ϕ36mm 孔及五边形凸台轮廓，试编写加工程序。

① 加工顺序。

a. 钻、铣 ϕ36mm 孔。先钻 ϕ10mm 孔，深 15.9mm，然后用 ϕ20mm 立铣刀铣孔。

b. 使用 ϕ20mm 立铣刀加工五边形凸台轮廓，由于材料去除量大，分三次走刀完成。

② 刀具参数与切削用量。刀具参数与切削用量见表 6-3。

表 6-3 刀具参数与切削用量

刀具参数				切削用量	
刀具规格/mm	刀号	长度补偿号	半径补偿号	转速/(r/min)	进给速度/(mm/min)
ϕ10 钻头	T01	H01		500	40
ϕ20 立铣刀	T02	H02	D02	400	30
			D03		
			D04		

③ 坐标系。建立如图 6-23 所示坐标系。

④ 加工凸台轮廓的走刀路线。铣削凸台轮廓分三次走刀，走刀路线如图 6-24 所示。

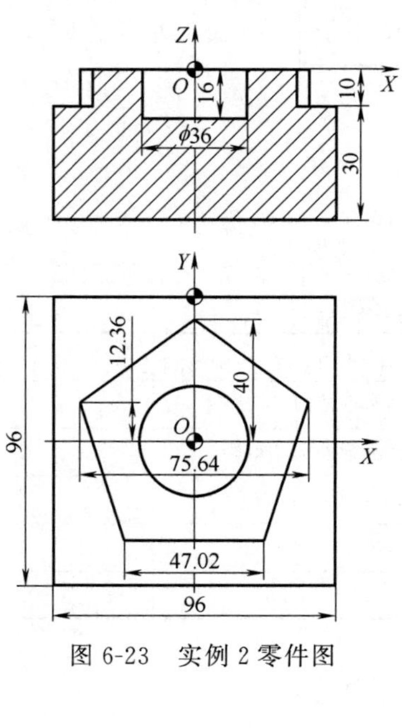

图 6-23 实例 2 零件图

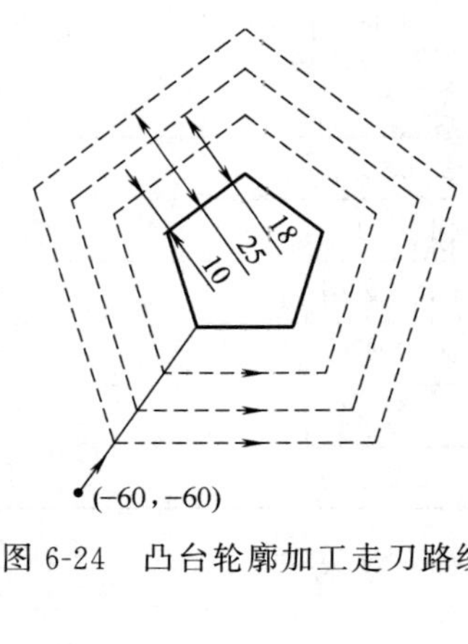

图 6-24 凸台轮廓加工走刀路线

⑤ 加工程序。

```
O2345;
N010 G54 G90 G40 G80 G49;                  //选择坐标系等
N020 G28;                                   //回参考点
N030 T01 M06;                               //换φ10mm钻头
N040 S500 M03 M08;
N050 X0 Y0;
N060 G43 Z5. H01;
N070 G01 Z-15.9 F40;                        //钻φ10mm孔
N080 G00 G49 Z150.;
N090 G28;
N100 T02 M06;                               //换φ20mm立铣刀
N110 S350 M03 M08;
N120 X0 Y0;
N130 G43 Z5. H02;
N140 G01 Z-16. F30;
N150 X8.;
N160 G02 X8. Y0 I-8. J0;                    //铣φ20mm孔
N170 G01 Z5.0 F200;
N180 X-60. Y-60. F1000;
N190 G01 Z-10. F200;                        //加工五边形凸台,分三次走刀
N200 G01 G42 X-23.51 Y-32.362 D02 F30;      //建立半径补偿
N210 M98 P0001;                             //用子程序,第一次走刀
N220 G01 G42 X-23.51 Y-32.362 D03 F30;
N230 M98 P0001;                             //调用子程序,第二次走刀
N240 G01 G42 X-23.51 Y-32.362 D04 F30;
N250 M98 P0001;                             //调用子程序,第三次走刀
N260 G80;
N270 G00 G49 Z250.0;
N280 X200. Y200.;
N290 M30;
```

铣削凸台轮廓子程序：

```
O0001;
N10 G01 X23.51 F30;
N20 X37.82 Y12.36;
N30 X0 Y40.;
N40 X-37.82 Y12.36;
```

```
N50 X-23.51 Y-32.362;
N60 G01 G40 X-60. Y-60. F200;
N70 M99;                                  //子程序结束,返回主程序
```

思考与练习

1. 数控铣床编程有哪些特点?

2. 使用半径补偿功能和子程序功能编写轮廓的粗、精加工程序时有哪些编程技巧?

3. 选择使用孔加工固定循环指令的依据是什么?

4. 零件如图 6-25 所示,零件材料 45 钢,毛坯尺寸 100mm×80mm×14mm,试编写凸台和凹槽的数控加工程序。

5. 零件如图 6-26 所示,零件材料 45 钢,毛坯尺寸 96mm×96mm×40mm,试编写高 5mm 凸台、宽 10mm 通槽、ϕ10mm 光孔和 M10 螺纹孔的数控加工程序。

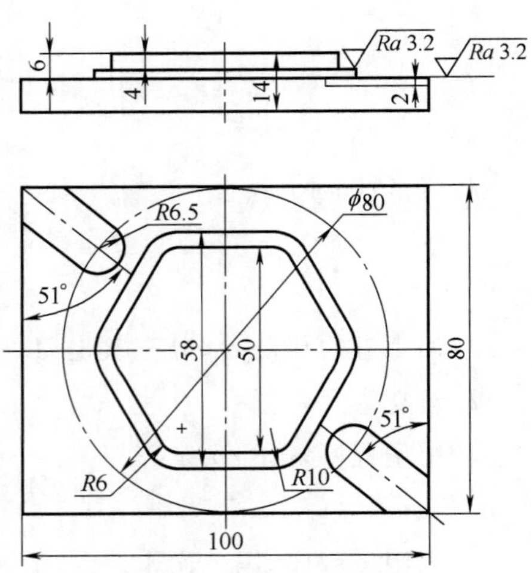

图 6-25　零件图 1

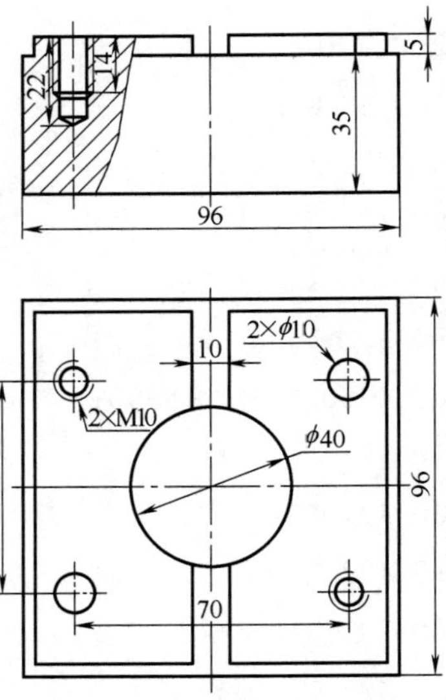

图 6-26　零件图 2

拓展内容

读者可去“共产党员”网观看视频《〈红色财经·信物百年〉:中国自主研制的“争气机”》,了解被称为“争气机”的我国第一台自主研制的 3×10^5kW 汽轮机的研制过程。这台汽轮机系统复杂,制造困难,其中的 1m 长的叶片线型复杂,需要计算的坐标点数量达到几千个。查阅资料,并结合专业知识分析叶片数控加工应该采用的编程方法、对使用的数控机床的要求,以及为了保证加工质量需要采取的措施。

第7章

数控车床编程

思维导图

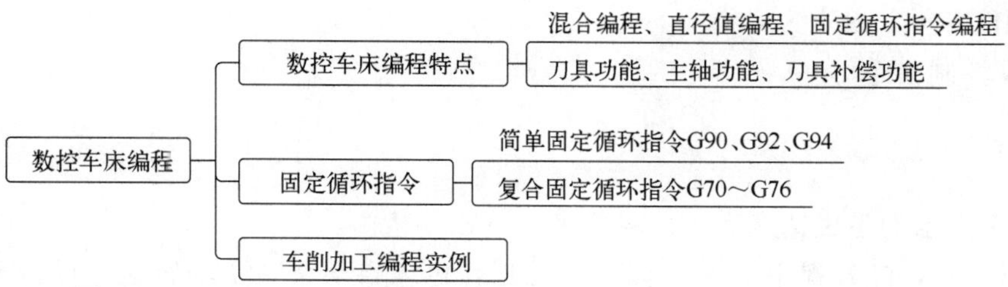

扫码获取资源

学习目标

- 了解数控车床编程特点。
- 掌握控制主轴旋转速度的指令及其使用方法。
- 能够使用简单固定循环指令及复合固定循环指令编写程序。
- 能够结合机械制造工艺相关知识制定数控车削加工的工艺规程，能编写比较复杂的车削加工程序。

数控车床主要用于加工回转体零件的端面、外圆、内孔、内外螺纹及内外圆周面上槽等。轮廓形状复杂或难以控制尺寸的回转体零件、精度要求高的回转体零件及带特殊螺纹的回转体零件更适合使用数控车床进行加工。本章主要介绍数控车床编程特点、常用数控车床编程指令及其使用方法。

7.1　数控车床编程特点

由于数控车削加工的工件结构、走刀过程、使用的刀具等具有其自身特点，因此程序中坐标值的计算方法、常用编程指令中某些指令的使用方式有所不同。另外，编程时还经常使用一些车削加工特有的编程指令。

总的来说，数控车床编程有以下几个方面的特点：

(1) 直径值编程

编写数控车庆加工程序时，*X* 轴坐标值可以使用直径值也可以使用半径值。采用直径值编写程序可以减小编程计算量。一般情况下，数控车床 X 轴坐标值的出厂设置是直径值形式，但可以通过修改机床参数更改为半径值形式。

(2) 绝对坐标、增量坐标混合编程

对于卧式数控车床和倾斜床身的数控车床，编程中使用 X、Z 表示绝对坐标，使用 U、W 分别表示 X、Z 轴的增量坐标。在同一个程序段中既可以有绝对坐标值，又可以有增量坐标值，即混合编程，如：X20 W－10；。当采用直径值编程时，U 坐标值的绝对值为刀尖在 X 轴方向上实际移动距离的 2 倍。

(3) 刀具功能 T

刀具功能字用 T＃＃＃＃表示，其中前两位数字表示刀具序号，后两位数字表示刀具补偿号。刀具补偿号是指刀具补偿寄存器的地址号，执行加工程序前需要将刀具半径补偿值、位置补偿值以及刀尖方位信息输入数控装置。

(4) 主轴功能 S

① 恒线速度控制指令 G96。

指令格式：

G96 S __；

S 后面的数字表示的是线速度大小，单位为 m/min。

使用 G96 指令时，随着程序中 X 坐标值的变化，机床自动调整主轴转速，保持刀尖与工件接触点的线速度不变，以保证连续加工工件不同直径表面时表面质量基本一致。

② 最高转速限制指令 G50。

指令格式：

G50 S __；

S 后面的数字表示最高转速，单位为 r/min。

如果使用了恒线速度控制指令 G96，随着工件直径逐渐变小，主轴转速会越来越高。为防止主轴转速太高，产生危险以及影响机床的使用寿命，使用 G50 指令限制主轴的最高转速。需要指出的是，G50 指令也用来建立工件坐标系，其建立坐标系的原理如第 5 章所述。

③ 主轴转速设定指令 G97。

指令格式：

G97 S __；

S 后面的数字表示主轴旋转速度大小，单位为 r/min。

上述 G50、G96、G97 指令均为模态代码，其中 G97 指令为机床默认指令。

(5) 刀具补偿功能

数控车床的刀具补偿包括刀具位置补偿和刀具半径补偿。

① 刀具位置补偿。数控车床刀具位置补偿的作用在于消除所使用刀具的刀尖与基准刀具刀尖之间的位置差异及刀具磨损后刀尖位置变化对加工的影响。刀尖位置差异如图 7-1 所示，图中 A 点为基准刀具刀尖位置，B 点为所使用的其他刀具刀尖位置，二者在 X 轴和 Z 轴方向上的位置均存在差异。由于程序中的坐标值为基准刀具刀尖的坐标值，若不进行位置补偿，则使用不同刀具，执行相同程序加工工件外圆时，会发生碰撞或加工不足现象。图 7-1 中双点画线表示加工不足时的刀尖运动路线。

加工零件之前，机床操作者需要以某一刀具为基准刀具，利用仪器测量其他刀具刀尖与

基准刀具刀尖在 X 轴和 Z 轴方向上的位置偏差，并将其存入数控装置中。程序中的坐标值是加工过程中基准刀具刀尖所经过的位置，使用其他刀具加工时数控机床根据偏差值进行刀具位置补偿，使其刀尖仍能按照程序中规定的路线运动。

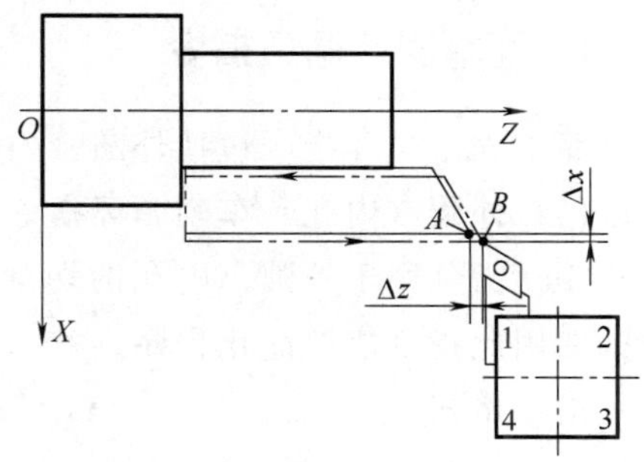

图 7-1　刀具位置补偿

② 刀具半径补偿。数控车床刀具半径补偿功能的建立、使用及撤销方法与第 5 章所述相同。数控车床使用半径补偿功能编写程序时，不仅要在数控装置中输入刀具半径补偿值，还要输入刀尖方位值，表明刀尖的方位。刀尖方位参数共有 10 个（0～9），当使用刀尖圆弧中心编程时，可以选用 0 或 9。前置刀架和后置刀架数控车床刀尖方位的定义有所不同，如图 7-2 所示。

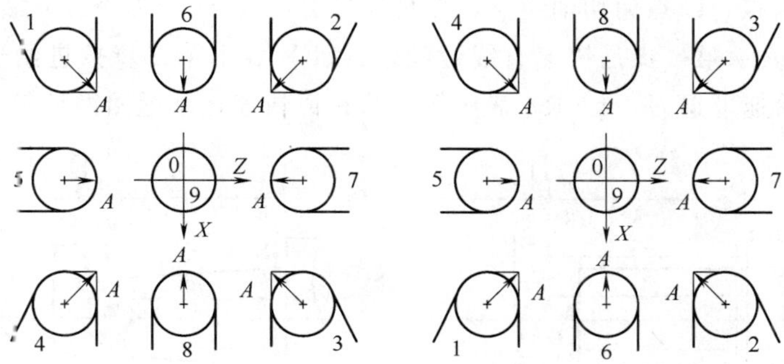

图 7-2　刀尖方位定义

表 7-1 为前置刀架卧式数控车床不同刀位号的应用场合。

表 7-1　前置刀架卧式数控车床刀位号的应用场合

刀位号	应用	刀位号	应用
0	使用刀尖圆弧中心编程	5	一般不使用
1	反车内孔	6	内孔切槽
2	车内孔	7	端面切槽
3	车外圆	8	外圆切槽
4	反车外圆	9	使用刀尖圆弧中心编程

(6) 固定循环指令编程

数控车床一般具有适用于外圆、螺纹等不同加工对象的固定循环指令。采用固定循环指令，能够简化程序的编写。

7.2　车削加工固定循环指令

数控车床除了使用 G00～G03 指令控制刀具运动外，还较多地使用固定循环指令控制刀具的运动。数控车床的固定循环指令分为简单固定循环指令和复合固定循环指令两类。

7.2.1 简单固定循环指令

简单固定循环指令包括外圆（内孔）车削循环、螺纹车削循环和端面车削循环指令等。

(1) 外圆（内孔）车削循环指令 G90

G90 指令用于外圆、内孔的切削。当外圆、内孔的毛坯余量较大，需要多次走刀切削时，使用此指令能够简化程序。

指令格式：

```
G90 X(U)__ Z(W)__ I(R)__ F__;
```

其中，X __、Z __为切削终点坐标值；U __、W __为切削终点相对于循环起点的增量坐标值；R __为圆锥起点与圆锥终点的半径差，当加工圆柱面时为 0，或者省略。

使用 G90 指令时，刀具完成“切入→切削→退刀→返回”动作，运动过程如图 7-3 所示。*A* 点为循环起点，*C* 点为切削终点，刀具经过 *A*→*B*→*C*→*D*→*A* 的路线，完成一次走刀。图中 1（R）表示第一步是快速直线运动，2（F）表示第二步按进给速度切削，3（F）表示第三步按进给速度退刀，4（R）表示第四步是以快速运动返回循环起点 *A*。

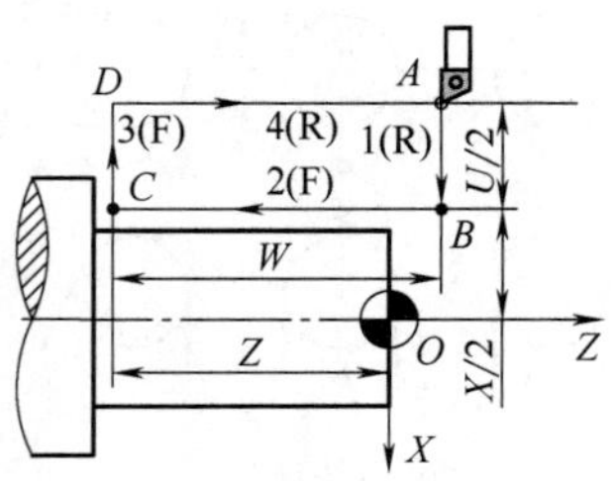

(a) 圆柱面切削

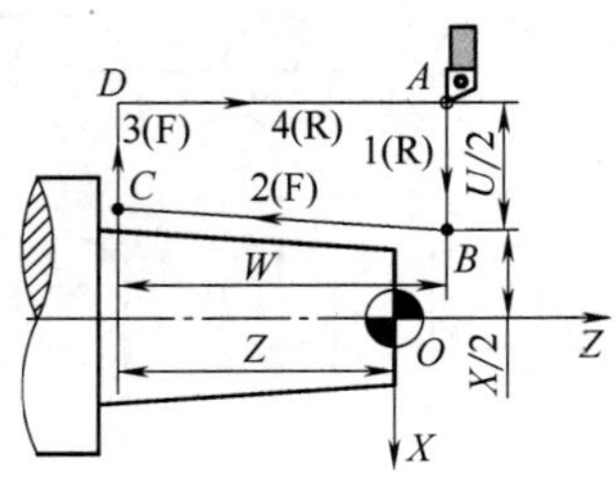

(b) 圆锥面切削

图 7-3 G90 指令走刀过程

(2) 螺纹车削循环指令 G92

G92 指令用于切削圆柱螺纹和锥螺纹。

指令格式：

```
G92 X(U)__ Z(W)__ I(R)__ F__;
```

其中，X __、Z __为螺纹终点坐标值；U __、W __为螺纹终点相对循环起点的增量坐标值；R __为锥螺纹起点与终点的半径差，切削圆柱螺纹时为零，或者省略；F __为螺纹导程。

G92 指令的走刀过程如图 7-4 所示。图中 *A* 点为循环起点，*C* 点为切削终点，刀具经过 *A*→*B*→*C*→*D*→*A* 的运动过程。图中 1（R）表示第一步是快速运动，2（F）表示第二步按进给速度切削，3（F）表示第三步按进给速度退刀，4（R）表示第四步是以快速运动返回循环起点 *A*。

(3) 端面车削循环指令 G94

G94 指令用于端面切削。

指令格式：

```
G94 X(U)__ Z(W)__ I(R)__ F__;
```

其中，X __、Z __为切削终点坐标值；U __、W __为切削终点相对循环起点的增量坐标

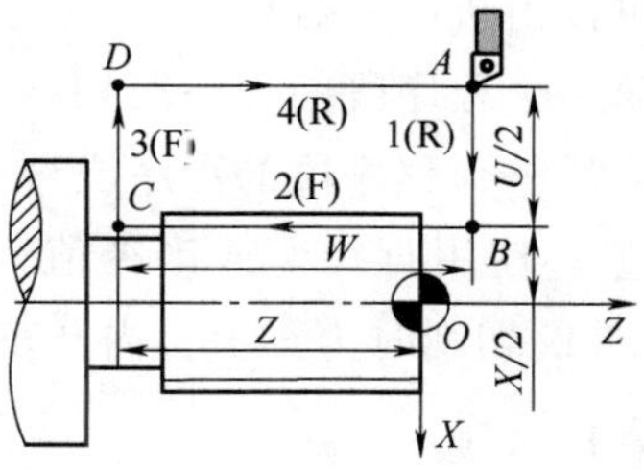

(a) 圆柱螺纹切削　　(b) 锥螺纹切削

图 7-4　G92 指令走刀过程

值；R __为起点与终点的半径差，切削圆柱面时为零，或者省略。

G94 指令的走刀过程如图 7-5 所示。图中 A 点为循环起点，C 点为切削终点，刀具经过 $A \to B \to C \to D \to A$ 的走刀过程。图中 1（R）表示第一步是快速运动，2（F）表示第二步按进给速度切削，3（F）表示第三步按进给速度退刀，4（R）表示第四步是以快速运动返回循环起点 A。

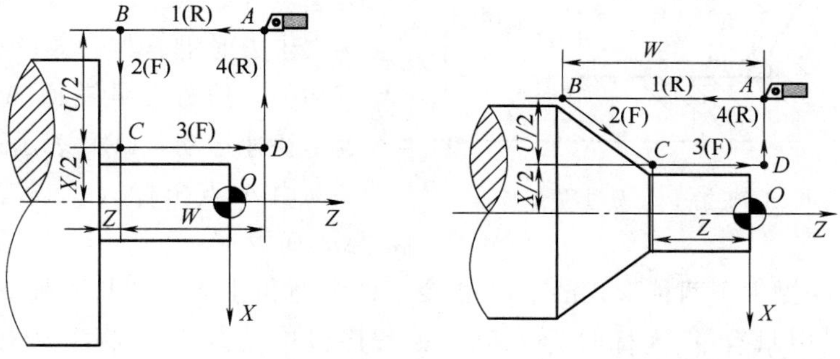

(a) 无锥度端面切削　　(b) 带锥度端面切削

图 7-5　G94 指令走刀过程

7.2.2　复合固定循环指令

对于形状复杂、需要多次走刀加工的零件，多采用复合固定循环指令编写程序。编程时只需要指定零件的形状数据及加工余量等参数，系统会自动规划加工路线和走刀次数，控制刀具的运动过程。

(1) 外圆与内孔粗车复合固定循环指令 G71

G71 指令用于外圆和内孔的粗加工。使用 G71 指令时，只需要根据加工要求确定指令需要的各个参数和给出精加工路线即可，数控机床根据给定的已知条件自动规划粗加工路线和走刀次数。

指令格式：

```
G71 U(Δd) R(e);
G71 P(ns) Q(nf) U(Δu) W(Δw) S(s) T(t) F(f);
```

指令中各参数含义如下：

Δd——切削深度（半径值，无正负号）；

e——退刀量，半径值，也可以由机床参数指定；

ns——精车形状程序段组的第一个程序段的程序段号；

nf——精车形状程序段组的最后一个程序段的程序段号；

Δu——X 轴方向精加工预留量，使用直径值或半径值（由机床参数指定，默认为直径值）。外圆切削时为正值，内孔车削时为负值；

Δw——Z 轴方向精加工预留量；

S(s)、T(t)、F(f)——指定S功能、T功能、F功能。ns和nf之间所指定的S、T、F功能在粗车加工过程中无效。

G71指令的走刀过程如图7-6所示。

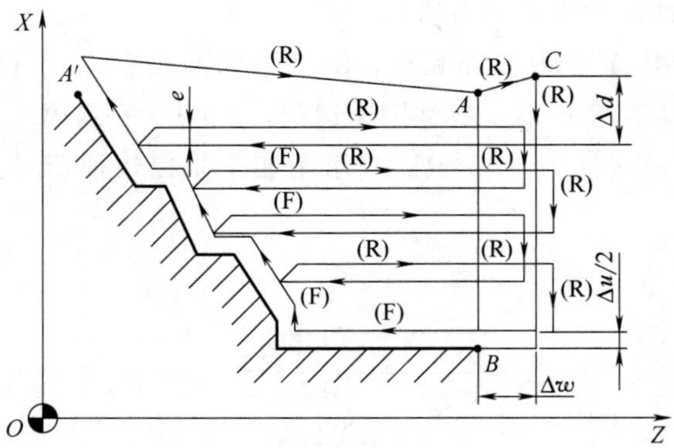

图7-6　G71指令走刀过程

图7-6中 A 点为循环起点，B 点为轮廓的起点，A' 为轮廓终点。刀具先从 A 点快速运动到 C 点，然后从 C 点开始按照图示路线完成第一次走刀，即完成“切入→切削→退刀→返回”动作，再以 C 点为起点开始第二次走刀，依次类推。最后一次走刀时沿着与轮廓形状类似的路线进行切削，然后刀具返回 A 点。图中（R）表示快速运动，（F）表示进给运动。C 点坐标由 A 点坐标 X_A、Z_A 分别加上 Δu、Δw 而得。

有的数控车床提供了两种形式的G71指令，即Ⅰ型和Ⅱ型。二者区别如下：

① ns程序段中只有 X 坐标时为Ⅰ型。ns程序段中既有 X 坐标，又有 Z 坐标时为Ⅱ型，如G01 X4 W1;，即为Ⅱ型。

② 使用Ⅰ型G71指令时，A'—B 之间的形状在 X、Z 轴方向上必须都是单调增加或单调减小。使用Ⅱ型G71指令时，A'—B 之间的形状在 Z 轴方向上必须单调增加或减小，X 轴方向上没有限制。当车削如图7-7所示的轮廓时必须使用Ⅱ型G71指令。

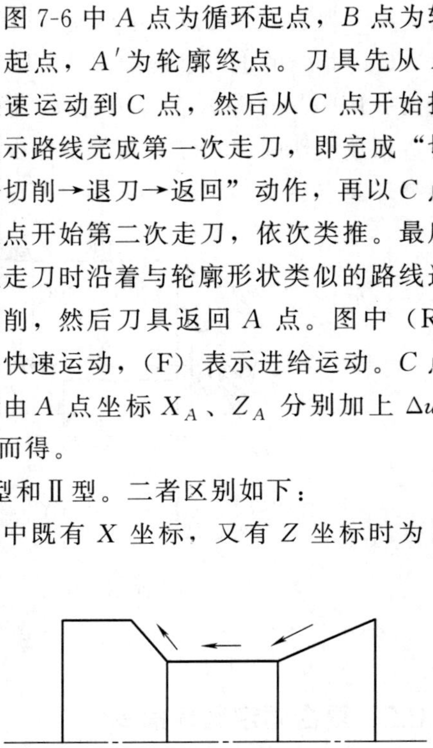

图7-7　使用Ⅱ型G71指令

③ Ⅰ型G71指令切削后沿着45°方向退刀，而Ⅱ型G71指令沿着精车形状进行切削，然后退刀。二者生成的走刀轨迹有较大差别。

使用G71指令编写程序时需要注意以下几个问题：

① 在ns和nf之间不能使用G41、G42、G40指令。G41或G42指令需要在G71指令之前使用，在nf程序段之后用G40指令撤销半径补偿。

② 在ns程序段中需要指定G00或G01。

③ 使用G71指令时，系统忽略 A'—B 之间指定的S、F、T功能。在G71指令之前指定的有效。

(2) 精车复合固定循环指令G70

G70指令用于零件轮廓的精加工，一般和粗车复合固定循环指令一起使用。

指令的格式如下：

G70 P(ns) Q(nf) F(f) S(s) T(t);

G70 指令中各参数的含义与 G71 指令相同。

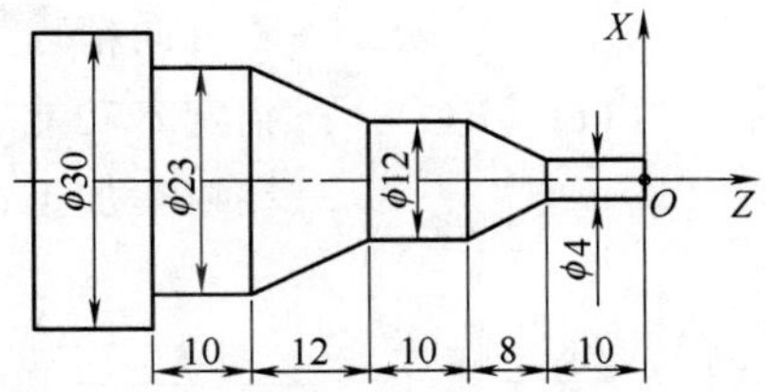

图 7-8　例 7-1 零件图

例 7-1：使用 G71、G70 指令编写图 7-8 所示零件的外圆粗、精加工程序，毛坯直径为 $\phi30$。

程序如下：

```
O0076;
N10 G54 G80 G40 G97;          //选择坐标系,撤销固定循环,撤销半径补偿等
N20 S300 M03 M08;             //指定转速、旋转方向,开冷却液
N30 T0404;                    //指定刀具,换刀
N40 G42 X31 Z1;               //运动到循环起点
N50 G71 U2 R0.5;              //指定切削深度和退刀量
N60 G71 P70 Q130 U2 W1 F0.1;  //指定余量、进给速度、精加工形状的程序组
N70 X4 Z1;                    //精加工形状程序组的第一个程序段
N80 Z-10;
N90 X12 Z-18;
N100 Z-28;
N110 X23 Z-40;
N120 Z-50;
N130 X31;                     //精加工形状程序组的最后一个程序段
N140 G80;                     //撤销固定循环指令
N150 G40 X100 Z200;           //撤销半径补偿,退刀
N160 T0505;
N170 G42 X31 Z1;
N180 G70 P70 Q130 S600 F0.1;
N190 G80;
N200 G40 X100 Z200;           //撤销半径补偿,退刀
N210 T0500;                   //撤销刀补
N220 M30;                     //程序结束
```

(3) 端面粗车复合固定循环指令 G72

G72 指令用于端面的粗加工。

G72 指令的格式：

G72 W(Δd) R(e);

G72 P(ns) Q(nf) U(Δu) W(Δw) F(f) S(s) T(t);

指令中各参数含义如下：

Δd——切削深度，无正负号；

e——退刀行程；

ns——精加工形状程序组的第一个程序段的程序段号；

nf——精加工形状程序组的最后一个程序段的程序段号；

Δu——X 方向精加工预留量，一般为直径值；

Δw——Z 方向精加工预留量；

S(s)、T(t)、F(f)——指定 S 功能、T 功能、F 功能，ns 和 nf 之间所指定的 S、T、F 功能在粗车加工过程中无效。

图 7-9 为 G72 指令的走刀过程。其走刀过程与 G71 指令类似，只不过使用 G72 指令时，刀具沿着径向切削和退刀，沿着轴向进刀。

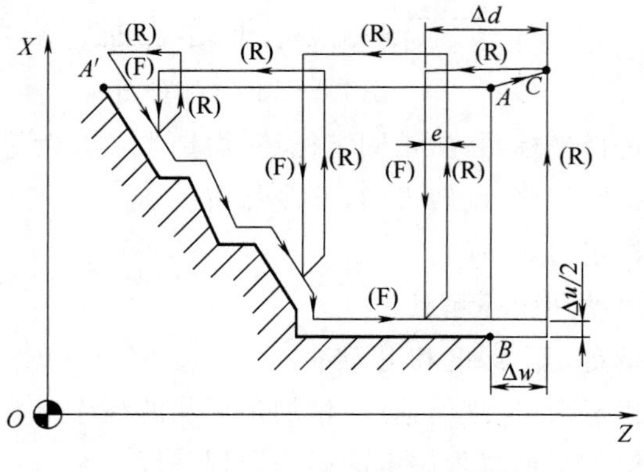

图 7-9　G72 指令走刀过程

(4) 仿形粗车复合固定循环指令 G73

G73 指令适用于已由铸造、锻造等方式加工成型的工件的粗加工。

G73 指令的格式：

```
G73 U(Δi) W(Δk) R(d);
G73 P(ns) Q(nf) U(Δu) W(Δw) F(f) S(s) T(t);
```

指令中各参数的含义如下：

Δi——X 轴方向退刀距离，用半径值指定；

Δk——Z 轴方向退刀距离；

d——走刀次数；

ns——精加工形状程序组的第一个程序段的程序段号；

nf——精加工形状程序组的最后一个程序段的程序段号；

Δu——X 轴方向精加工预留量；

Δw——Z 轴方向精加工预留量；

S(s)、T(t)、F(f)——指定 S、T、F 功能。ns 和 nf 之间所指定的 S、T、F 功能在粗车加工过程中无效。

G73 指令的走刀过程如图 7-10 所示。刀具从 A 点快速运动到 C 点，从 C 点开始进行第一次走刀，再返回到 AC 连线上一点，开始第二次走刀，依次类推完成走刀过程。

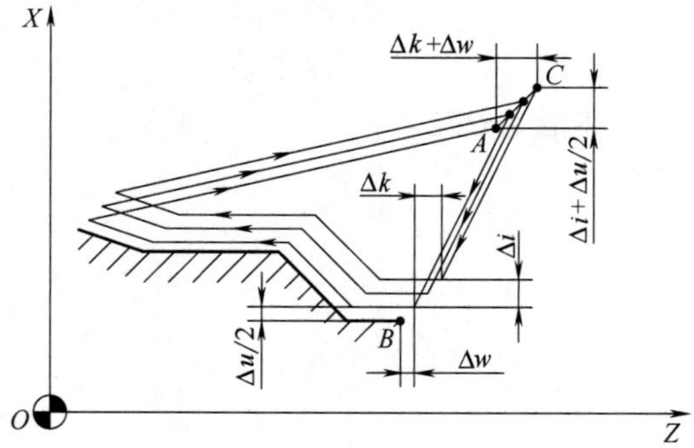

图 7-10　G73 指令走刀过程

例 7-2：使用 G73、G70 指令编写图 7-11 所示零件的粗、精加工程序。

程序如下：

```
O0085;
```

```
N010 G55 G80 G40;                        //选择坐标系、撤销补偿和刀补
N020 T0101;                              //换刀
N030 S400 M03 M08;                       //指定转速、主轴正转，打开冷却液
N040 G00 G42 X120 Z40;                   //运动到循环起点 A，建立半径补偿
N050 G73 U8 W4 R3;                       //G73 指令粗车外圆
N060 G73 P070 Q110 U4 W2 F0.1;
N070 G00 X20 Z2;                         //精加工形状程序组的第一个程序段
N080 G01 Z-8;
N090 X40 W-10;
N100 W-20;
N110 X46 W-9;                            精加工形状程序组的最后一个程序段
N120 G70 P70 Q110 S800 F0.1;             精车外圆
N130 G80;                                撤销固定循环
N140 G00 G40 X200 Z200;                  退刀，撤销半径补偿
N150 T0100;                              取消刀补
N160 M02;                                程序结束
```

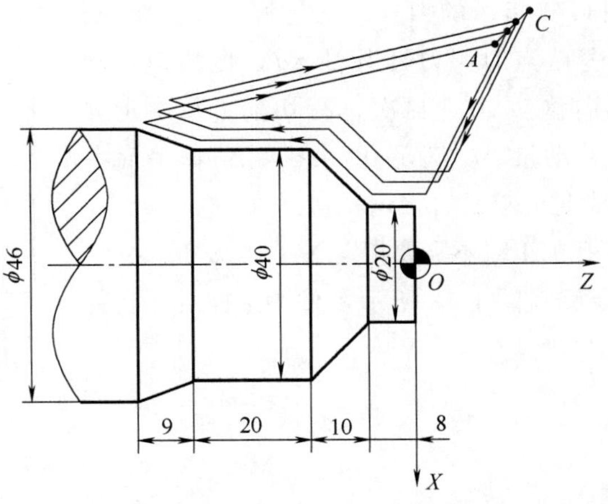

图 7-11　例 7-2 零件图与走刀路线

(5) 底侧切除复合固定循环指令 G74

G74 指令用于内、外圆的断续切削，或者端面深孔钻削加工。

G74 指令格式：

```
G74 R(e);
G74 X(u) Z(w) P(Δi) Q(Δk) R(Δd) F(f);
```

结合图 7-12，说明指令中各参数的含义如下：

e——后退量；

X——*B* 点的 *X* 坐标；

u——从 *A* 至 *B* 增量；

Z——*C* 点的 *Z* 坐标；

w——从 *A* 至 *C* 增量；

Δi——X 方向的移动量；

Δk——Z 方向的移动量；

Δd——在切削底部的刀具退刀量，为正数；

f——进给速度。

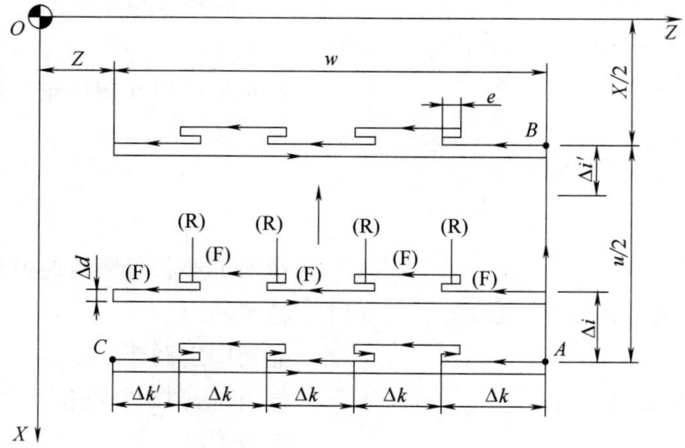

图 7-12　G74 指令刀具运动过程

从图 7-12 可以看到 G74 指令的刀具运动过程。在指令执行过程中反复进行切削 Δk、返回 e 的动作。当切削到达 C 点时，刀具退刀 Δd，以快速运动方式返回，朝着 B 点方向移动 Δi，再次进行切削。每次走刀时，最后一次 Z 方向的移动量 $\Delta k'$满足 $0<\Delta k'\leqslant\Delta k$；最后一次 X 方向的移动量 $\Delta i'$满足 $0<\Delta i'\leqslant\Delta i$。

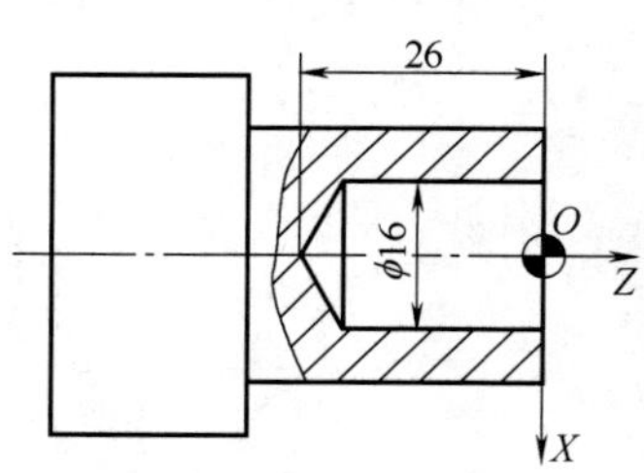

图 7-13　例 7-3 零件图

G74 指令用于端面深孔加工时不需要指定 X（u）及 P（Δi）。

例 7-3：用 G74 指令编写图 7-13 所示零件中 ϕ16mm 孔的数控加工程序。

程序如下：

```
O4458;
G54 G40 G80;
T0404;
S300 M03 M08;
G00 X0 Z5;                 //循环起点
G74 R1.5;                  //指定退刀量为 1.5mm
G74 Z-26 Q8 F0.1;          //指定孔底 Z 坐标、Z 向移动距离和进给速度
G80;                       //撤销固定循环指令
G00 Z150;
X150;
T0400;                     //撤销刀补
M30;                       //程序结束
```

(6) 外径/内径切槽复合固定循环指令 G75

G75 指令用于外圆、内孔切槽加工及切断加工。图 7-14 为 G75 指令刀具运动过程。

G75 指令格式：

```
G75 R(e);
G75 X(u) Z(w) P(Δi) Q(Δk) R(Δd) F(f);
```

结合图 7-14，说明指令中各参数的含义如下：

e——后退量；

X——B 点的 X 坐标；

u——从 A 至 B 增量；

Z——C 点的 Z 坐标；

w——从 A 至 C 增量；

Δi——X 方向的移动量；

Δk——Z 方向的移动量；

Δd——在切削底部的刀具退刀量，若没有足够退刀空间，则缺省设置；

f——进给速度。

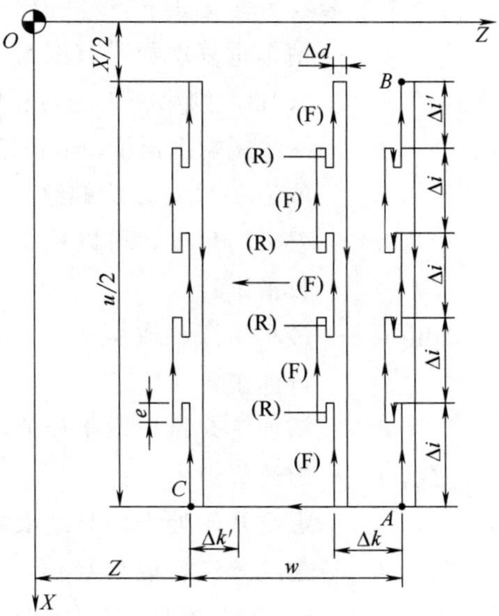

图 7-14　G75 指令刀具运动过程

在 G75 指令执行过程中反复进行切削 Δi、返回 e 的动作。当切削到达 B 点时，刀具退刀 Δd，以快速运动方式返回，朝着 C 点方向移动 Δk，再次进行切削。若 G75 指令中缺省 Z、Q、R，则直接切槽，Z 方向不移动刀具。每次走刀时，最后一次 X 方向的移动量 $\Delta i'$满足 $0<\Delta i'\leqslant\Delta i$；最后一次 Z 方向的移动量 $\Delta k'$满足 $0<\Delta k'\leqslant\Delta k$。

例 7-4：使用 G75 指令编写图 7-15 所示零件中两个 ϕ22mm×2 槽的加工程序。

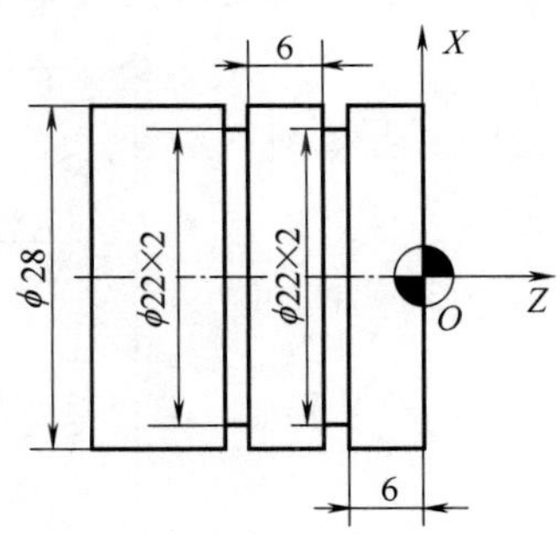

图 7-15　例 7-4 零件图

使用宽度为 2mm 的切槽刀加工。

程序如下：

```
O0123;
G55 G40 G80;
T0303;
S100 M03;
G00 X29 Z-8;                //移刀至循环起点
G75 R0.5;                   //切槽循环
G75 X22 Z-16 P1.5 Q8 F0.05; //X 轴每次切深 1.5mm,Z 轴移动 8mm
G80;
G00 X60;                    //X 轴方向退刀
Z150;                       //Z 轴方向退刀
T0300;
M30;                        //程序结束
```

(7) 螺纹切削复合固定循环指令 G76

G76 指令用于多次自动循环切削螺纹，可加工不带退刀槽的圆柱和圆锥螺纹。

G76 指令格式：

```
G76 P(m)(r)(α) Q(Δdmin) R(d);
G76 X(u) Z(w) R(i) P(k) Q(Δd) F(f);
```

指令中各参数的含义如下：

m——精车重复次数，范围为 00～99，必须输入两位数字，一般取 1～3 次，如输入 03，则第一刀进行精车，后两次走刀重复精车，没有加工余量；

r——螺纹尾端倒角量，取值范围为 00～99，必须输入两位数，一般取 00～20（单位为 0.1L，L 为螺纹导程），设置该数值后，可实现无退刀槽螺纹加工；

α——刀尖的角度，可以选择 80°、60°、55°、30°、29°、0°六种，角度数值用两位数指定；

Δdmin——最小切深，取半径值，如果加工过程中切深小于此值，就采用最小切深进行加工；

d——精加工余量，取半径值，一般取 50～100μm；

X(u)、Z(w)——螺纹终点坐标；

i——螺纹开始处半径与结束处半径之差，取 0 时切削圆柱螺纹；

k——螺纹牙深，取半径值，普通螺纹的牙型理论高度 $H=0.866P$，实际高度 $h=0.6495P$，P 为螺距；

Δd——第一次的切入量，用半径值指定，后次切深按（$\sqrt{n}-\sqrt{n-1}$）Δd 计算，n 表示第 n 次进刀，切深不足时，按 Δdmin 切削；

f——螺纹导程。

Δdmin、d、i、k、Δd 的单位由系统参数设定，一般为 μm。

G76 指令的走刀过程如图 7-16 所示。

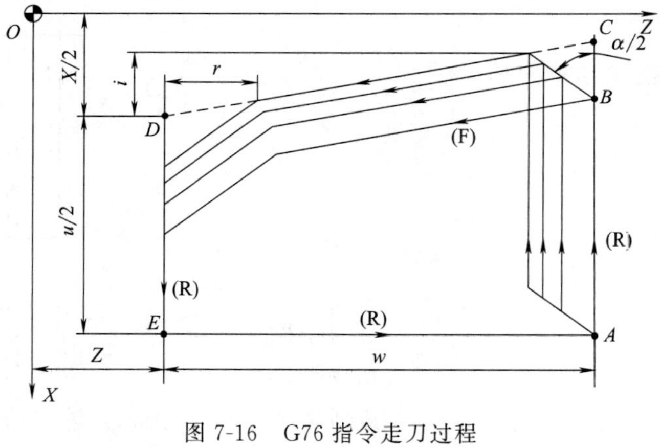

图 7-16 G76 指令走刀过程

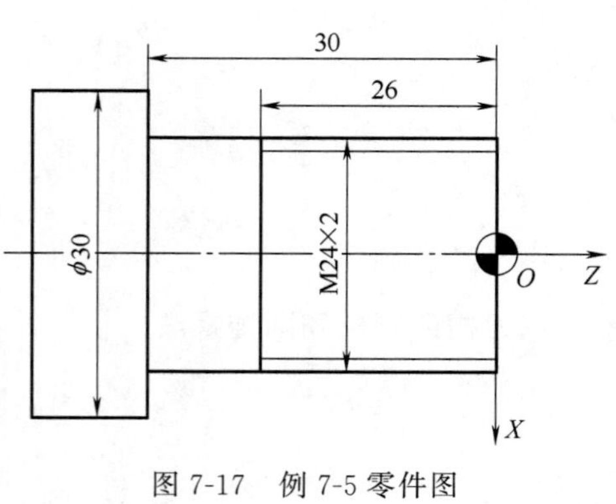

图 7-17 例 7-5 零件图

例 7-5：使用 G76 指令编写图 7-17 所示零件上 M24×2 螺纹的加工程序。

加工过程：先用 G90 指令加工 ϕ23.8mm 外圆，再用 G76 指令完成螺纹加工。

螺纹的精车次数为 2，螺纹尾端倒角量为 1.1 倍螺距，刀尖角度为 60°。

程序如下：

```
O3340;
G57 G40 G80;
```

```
T0404;
S500 M03 M08;
C00 X31 Z2;
G90 X24 Z-30 F0.2;                 //使用 G90 指令，车外圆
G90 X23.8 Z-26 F0.3;               //车外圆直径至 φ23.8mm
G80;
X100 Z150;
T0505;
G00 X31 Z2;
G76 P021160 Q100 R100;             //车削螺纹
G76 X21.84 Z-26 R0 P1300 Q500 F2;  //螺纹小径 φ21.84mm
G80;
G00 X150 Z150;
T0500;                             //取消刀补
M30;
```

7.3　车削加工编程实例

(1) 实例 1

编写图 7-18 所示零件的数控加工程序，毛坯直径 ϕ94mm。

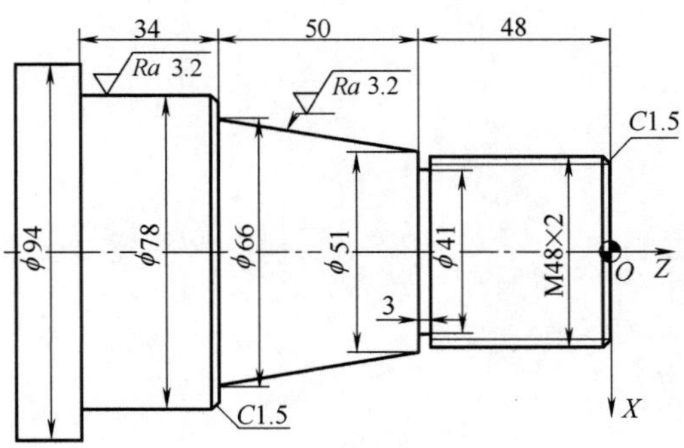

图 7-18　实例 1 零件图

① 加工顺序与刀具参数。加工顺序与刀具参数如表 7-2 所示。

表 7-2　加工顺序与刀具参数

加工顺序	刀具号	刀具类型	补偿号
粗车外圆	T01	90°高速钢外圆车刀	01
半精车外圆	T01	90°高速钢外圆车刀	01
切槽	T02	宽 3mm 外圆槽刀	02
车螺纹外圆	T01	90°高速钢外圆车刀	01
车螺纹	T03	60°螺纹车刀	03

② 数控加工程序。

```
O2234:
N010 G56 G40 G80;
N020 T0101;
N030 S400 M03 M08;
N040 G00 X95 Z1;
N050 G71 U2. 5 R0. 5;
N060 G71 P070 Q150 U2 W0. 4 F0. 1;            //粗车外圆
N070 G00 X42. 8 Z1;
N080 G01 X47. 8 Z-1. 5;
N090 G01 Z-48;
N100 X51;
N110 X66 W-50
N120 X75;
N130 X78 W-1. 5;
N140 W-32. 5;
N150 X95;
N160 G70 P070 Q150 S800 F0. 1;                //精车外圆
N170 G80;
N180 G00 X100 Z100;
N190 T0100;
N200 T0202;
N210 S300 M03;
N220 G00 X53 Z-48;
N230 G75 R1;
N240 G75 X41 P3 F0. 1;                        //切宽 3mm 槽
N250 G80;
N260 G00 X100 Z100;
N270 T0200;
N280 T0101;
N290 S800 M03 M08;
N300 X49 Z1;
N310 G90 X47. 8 Z-47 F0. 2;                   //车螺纹外圆
N320 G80 G00 X100 Z100;
N330 T0303                                    //N360～N390 为车螺纹程序段
N340 S400 M03 M04;
N350 G00 X48 Z1;
N360 G92 X46. 5 Z-47. 5 F2;
N370 G92 X45. 9;
N380 G80;
```

```
N390 G00 X100 Z100;                     //退刀
N400 M30;                               //程序结束
```

(2) 实例 2

零件如图 7-19 所示。材料为 45 钢，加工件数为 10 件。若毛坯尺寸为 ϕ80mm × 40mm，编写零件的车削加工程序。

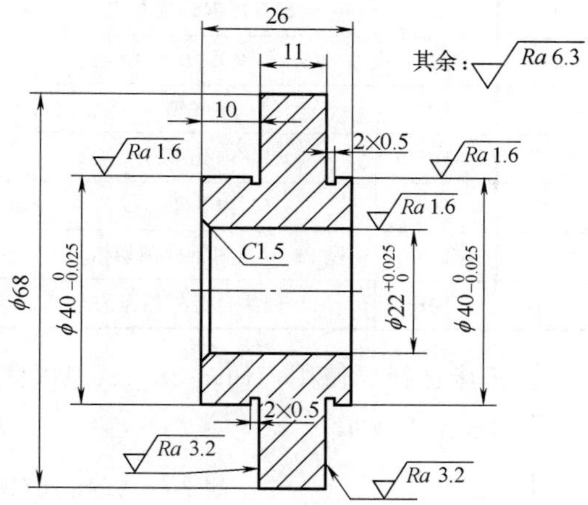

图 7-19　实例 2 零件图

① 零件图样分析。零件由外圆、内孔、退刀槽等组成。零件结构比较简单，无复杂非圆曲线轮廓和曲面轮廓。零件各表面中，ϕ22mm 孔、ϕ40mm 外圆的加工精度要求较高，其尺寸精度为 IT7 级，表面粗糙度为 *Ra*1.6，需要进行精车加工；各轴段的长度没有尺寸公差要求，长 11mm 轴段端面的粗糙度为 *Ra*3.2，需要采用半精车加工；ϕ68mm 外圆没有加工要求，粗车加工即可。零件的数量为 10 件，批量较小，适合采用数控机床加工。

② 表面加工方法确定。

a. 工件两端面手动车削；

b. ϕ40mm 外圆采用粗车、半精车和精车加工；

c. ϕ68mm 外圆采用粗车加工；

d. ϕ22mm 内孔采用钻孔、粗车、半精车、精车加工；

e. 2mm×0.5mm 槽采用粗车加工。

③ 加工顺序确定。

a. 夹持毛坯，手动平 ϕ40mm×10mm 外圆端面，切除 5mm；

b. 手动钻中心孔；

c. 钻 ϕ16mm 通孔；

d. 粗车、半精车、精车 ϕ22mm 孔，倒角；

e. 粗车 ϕ68mm 外圆、粗车 ϕ40mm×10mm 外圆；

f. 车 2mm×0.5mm 槽；

g. 半精车、精车 ϕ40mm×10mm 外圆；

h. 掉头，夹持 ϕ40mm×10mm 外圆，手动平 ϕ40mm×5mm 外圆端面；

i. 粗车 ϕ68mm 外圆、粗车 ϕ40mm×5mm 外圆；

j. 车 2mm×0.5mm 槽；

k. 半精车、精车 ϕ40mm×5mm 外圆。

④ 工件装夹。采用自定心三爪卡盘装夹。两次安装工件，每次安装都需要找正。

⑤ 刀具选择。刀具选择如表 7-3 所示。

表 7-3　刀具选择

序号	刀具号	刀具名称与规格	用途	数量	刀尖圆角半径/mm	补偿号
1	T01	45°硬质合金端面车刀	车端面	1	0.5	01

续表

序号	刀具号	刀具名称与规格	用途	数量	刀尖圆角半径/mm	补偿号
2	T02	90°高速钢外圆车刀	粗车外圆	1	0.5	02
3	T03	ϕ5mm 硬质合金中心钻	钻中心孔	1		03
4	T04	ϕ16mm 钻头	钻孔	1		04
5	T05	95°内孔车刀	粗车内孔	1	0.4	05
6	T06	95°内孔车刀	精车内孔	1	0.4	06
7	T07	宽 2mm 高速钢外圆切槽刀	切退刀槽	1	0.4	07
8	T08	90°硬质合金外圆车刀	精车外圆	1	0.2	08

⑥ 机床选择。使用 Vturn-26/100 型数控车床，该机床具有倾斜床身及后置刀架，其主要参数如表 7-4 所示。

表 7-4 Vturn-26/100 型数控车床主要参数

参数	规格	参数	规格
标准切削直径	ϕ260mm	主轴电机功率	18.5kW
最大切削直径	ϕ350mm	主轴转速	35～3500r/min
横向最大行程	240mm	刀座数目	10
纵向最大行程	1130mm	主轴孔锥度	1∶20

⑦ 尺寸变换。对于零件图中标注公差的尺寸，编程时应该转换为对称公差，以转换后的尺寸编写程序，因而，$\phi40_{-0.025}^{\ 0}$ 改为 $\phi39.988\pm0.012$，$\phi22_{\ 0}^{+0.025}$ 改为 $\phi22.012\pm0.012$，单位为 mm。

⑧ 数控加工工序卡片填写。数控加工工序卡片如表 7-5 所示。

表 7-5 数控加工工序卡片

<table>
<tr><td colspan="2" rowspan="2">单位名称</td><td colspan="4" rowspan="2">数控加工工序卡片</td><td>产品型号</td><td>YXJ-150</td><td>零件图号</td><td>YXJ-01-32</td></tr>
<tr><td>产品名称</td><td>压雪机</td><td>零件名称</td><td>连接套</td></tr>
<tr><td>材料牌号</td><td>45 钢</td><td>毛坯种类</td><td>棒料</td><td colspan="2">毛坯外形尺寸</td><td colspan="2">ϕ80mm×40mm</td><td>备注</td><td></td></tr>
<tr><td>工序号</td><td>工序名称</td><td>设备名称</td><td>设备型号</td><td colspan="2">程序编号</td><td>夹具代号</td><td>夹具名称</td><td>冷却液</td><td>车间</td></tr>
<tr><td>3</td><td>数控车</td><td>数控车床</td><td>Vturn-26/100</td><td colspan="2">O0001,O0002</td><td>JJ-01-022</td><td>三爪卡盘</td><td>水基</td><td>数控车间</td></tr>
<tr><td>工步号</td><td colspan="3">工步内容</td><td>刀具号</td><td>主轴转速/(r/min)</td><td>进给速度/(mm/r)</td><td>背吃刀量/mm</td><td colspan="2">备注</td></tr>
<tr><td>1</td><td colspan="3">手动平端面</td><td>T01</td><td>350</td><td></td><td></td><td colspan="2"></td></tr>
<tr><td>2</td><td colspan="3">钻中心孔</td><td>T03</td><td>1000</td><td>0.02</td><td></td><td colspan="2"></td></tr>
<tr><td>3</td><td colspan="3">钻孔</td><td>T04</td><td>250</td><td>0.05</td><td></td><td colspan="2"></td></tr>
<tr><td>4</td><td colspan="3">粗车内孔</td><td>T05</td><td>400</td><td>0.15</td><td>1</td><td colspan="2">单边余量 1mm</td></tr>
<tr><td>5</td><td colspan="3">半精车、精车内孔，倒角</td><td>T06</td><td>400</td><td>0.1</td><td></td><td colspan="2"></td></tr>
<tr><td>6</td><td colspan="3">粗车 ϕ68mm、ϕ40mm×10mm 外圆</td><td>T02</td><td>350</td><td>0.2</td><td>2</td><td colspan="2">ϕ40mm 外圆余量 2.4mm</td></tr>
<tr><td>7</td><td colspan="3">车 2mm×0.5mm 槽</td><td>T07</td><td>350</td><td>0.05</td><td></td><td colspan="2"></td></tr>
<tr><td>8</td><td colspan="3">半精车、精车 ϕ40mm×10mm 外圆</td><td>T08</td><td>400</td><td>0.1</td><td></td><td colspan="2">半精车余量 0.2mm</td></tr>
<tr><td>9</td><td colspan="3">掉头；手动平端面</td><td>T01</td><td>350</td><td></td><td></td><td colspan="2"></td></tr>
</table>

续表

工步号	工步内容		刀具号	主轴转速/(r/min)	进给速度/(mm/r)	背吃刀量/mm	备注
10	粗车 ϕ68mm、ϕ40mm×5mm 外圆		T02	350	0.2	2	ϕ40mm 外圆余量 2.4mm
11	车 2mm×0.5mm 槽		T07	350	0.05		
12	半精车、精车 ϕ40mm×5mm 外圆		T08	400	0.1		半精车余量 0.2mm
13	检查						
编制		审核		批准		共　页	第　页

⑨ 工件坐标系建立。加工零件时需要两次安装，所以需要建立两个工件坐标系。

图 7-20（a）为加工 ϕ40mm×10mm 轴段及内孔的坐标系。图 7-20（b）为加工 ϕ40mm×5mm 轴段的坐标系。

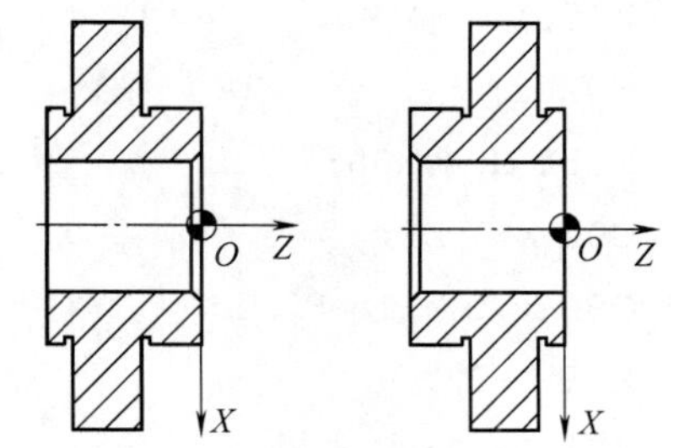

(a) 加工 ϕ40mm×10mm轴段及内孔的坐标系　(b) 加工 ϕ40mm×5mm轴段的坐标系

图 7-20　工件坐标系

⑩ 数控加工程序编写。

a. 加工 ϕ40mm×10mm 轴段及内孔的程序：

```
O0001;
G54;                        //选择坐标系
G00 X100 Z350;              //换刀点
T0303;                      //换定心钻
G00 X0 Z3;                  //进刀
S1000 M04 M08;
G01 Z-8 F0.02;              //钻定心孔
C00 Z3;                     //退刀
G00 X100 Z350;              //回换刀点
T0404;                      //换φ16mm 钻头
X0 Z3;                      //进刀
S250 M04 M08;
G74 R1.5;                   //钻孔
G74 Z-42 Q12 F0.05;
G80;                        //撤销固定循环
G00 X100 Z350;              //回换刀点
T0505;                      //换刀
X15 Z4;                     //进刀
S400 M04 M08;
G90 X18 Z-42 F0.15;         //粗车孔
X20;
G80;                        //撤销固定循环
G00 X100 Z350;              //回换刀点
T0606;
G00 X19 Z4;
```

```
S400 M03 M08;
G90 X21.6 Z-42 F0.1;          //半精车孔
G80;
G00 X29.013 Z2;
G01 X22.013 Z-1.5 F0.1;       //倒角
Z-42;                         //精车孔
G00 X20;                      //退刀
Z350;                         //回换刀点
X100;
T0202;                        //换刀
S350 M04 M08;
G00 X81 Z2;
G90 X79 Z-18 F0.2;            //粗车φ68mm外圆
X75 Z-22;
X71 Z-22;
X68 Z-22;
G80;
G00 X69 Z2;
G90 X66 Z-9.9 F0.2;           //粗车φ40mm×10mm外圆
X62 Z-9.9;
X58 Z-9.9;
X54 Z-9.9;
X50 Z-9.9;
X46 Z-9.9;
X42.4 Z-9.9;
G80;
G00 X100 Z350;                //回换刀点
T0707;                        //换切槽刀
G00 X81 Z-10;
S350 M04 M08;
G01 X39 F0.05;                //切槽
G00 X81;
X100 Z350;
T0808;                        //换刀
X40.4 Z2;                     //进刀
S400 M04 M08;
G01 Z-9.9 F0.1;               //半精车φ40mm外圆
G00 X43 Z2;                   //退刀
X39.988;                      //进刀
```

```
G01 Z-9.9 F0.1;              //精车φ40mm外圆
X50 Z2;                      //退刀
G00 X100 Z350;               //回换刀点
T0800;
M02;                         //程序结束
```

b. 加工 ϕ40mm×5mm 轴段的程序：

```
O0002:
T0202;                       //换刀
S350 M04 M08;
G00 X81 Z2;
G90 X79 Z-6 F0.2;            //粗车φ68mm外圆
X75 Z-6;
X71 Z-6;
X68 Z-6;
G80;                         //撤销固定循环
G00 X69 Z2;
G90 X66 Z-4.9 F0.2;          //粗车φ40mm×5mm外圆
X62 Z-4.9;
X58 Z-4.9;
X54 Z-4.9;
X50 Z-4.9;
X46 Z-4.9;
X42.4 Z-4.9;
G80;                         //撤销固定循环
G00 X100 Z350;               //换刀点
T0707;                       //换切槽刀
G00 X70 Z-5;
S350 M04 M08;
G01 X39 F0.05;               //切槽
G00 X70;                     //退刀
X100 Z350;                   //回换刀点
T0808;                       //换刀
X40.4 Z2;
S400 M04 M08;
G01 Z-4.9 F0.1;              //半精车φ40mm外圆
G00 X42 Z2;                  //退刀
X39.988;                     //进刀
G01 Z-4.9 F0.1;              //精车φ40mm外圆
G00 X50 Z2;                  //退刀
```

```
G00 X100 Z350;              //回换刀点
T0800;
M02;                        //程序结束
```

思考与练习

1. 零件数控车削加工之前需要输入的刀具信息有哪些？
2. 前置刀架与后置刀架数控车床的程序编写有哪些异同点？
3. 使用简单固定循环指令 G90、G92、G94 时，如何确定循环起点？
4. 复合固定循环指令 G71、G72、G73 如何构建走刀路线？
5. 螺纹加工指令 G92、G76 各自有何特点？如何应用？
6. G76 指令中各参数有何含义？如何设置？
7. G90 指令与 G71 指令各自应用在哪些场合？
8. 编写图 7-21 所示零件的精车加工程序，其中 ϕ60mm 外圆不需要加工。
9. 完成图 7-22 所示零件的数控车削加工程序。图中未注倒角为 1×45°，零件材料为 45 钢，毛坯尺寸为 ϕ45mm×150mm。

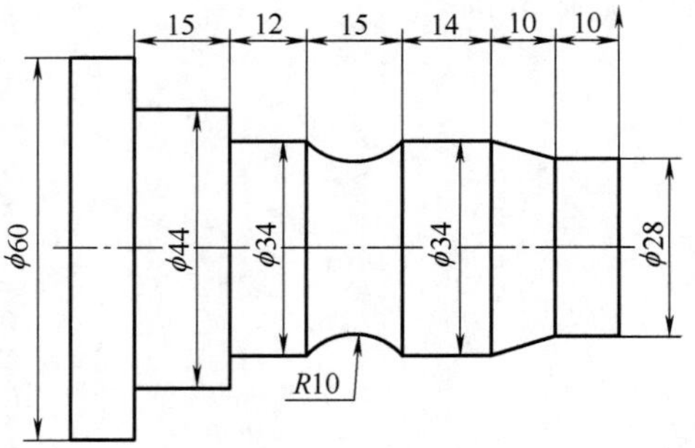

图 7-21　零件图 1

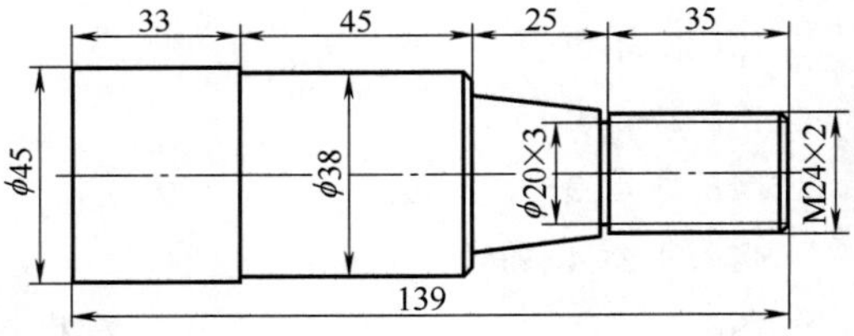

图 7-22　零件图 2

10. 完成图 7-23 所示零件的数控加工工艺处理，并编写数控加工程序。零件材料为 45 钢，毛坯尺寸为 ϕ70mm×25mm，加工件数为 15 件。

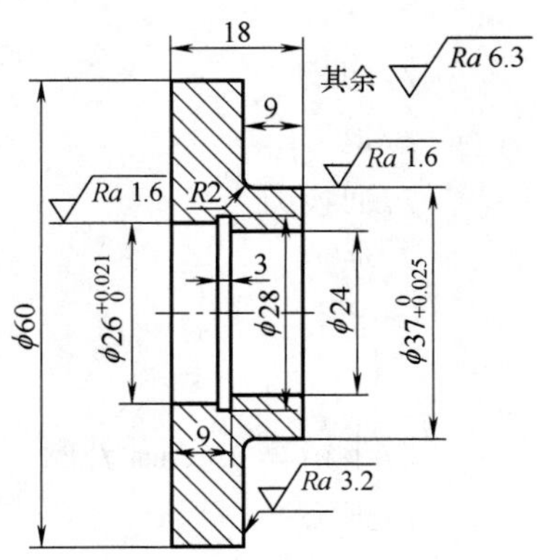

图 7-23　零件图 3

第 8 章

数控电火花线切割机床编程

思维导图

扫码获取资源

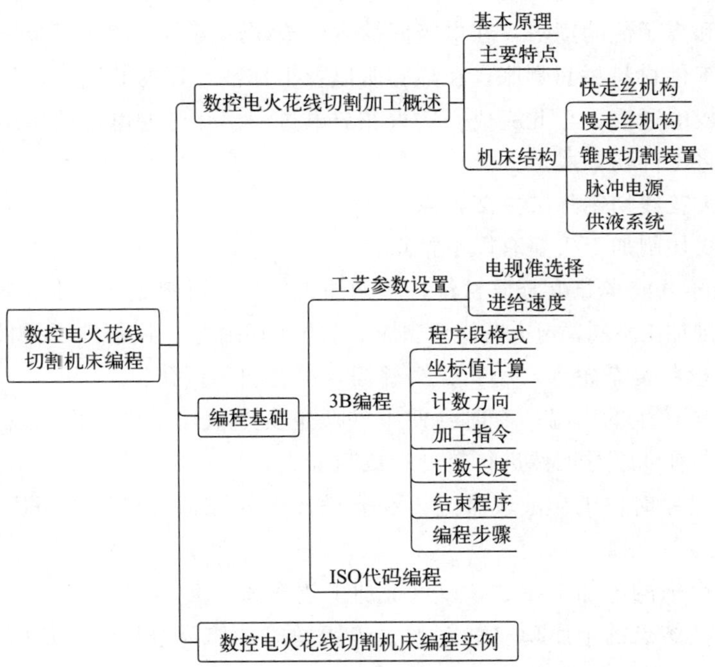

学习目标

- 理解数控电火花线切割加工的基本原理、应用范围及特点。
- 理解电火花线切割加工参数与切割速度之间的关系。
- 掌握 3B 编程及 ISO 代码编程方法。能够应用 3B 编程及 ISO 代码编程方法编写数控电火花线切割机床加工程序。

数控电火花线切割是一种利用电能对材料进行加工的方法，在机械加工中有重要地位，广泛应用于模具、电极、成型刀具等的加工。电火花线切割加工对材料性能要求较低，只要是具有导电性的金属材料即可进行加工，尤其适合加工高硬度、高强度、高脆性的材料。

8.1 数控电火花线切割加工概述

下面简要介绍数控电火花线切割加工的原理、特点及数控电火花线切割机床。

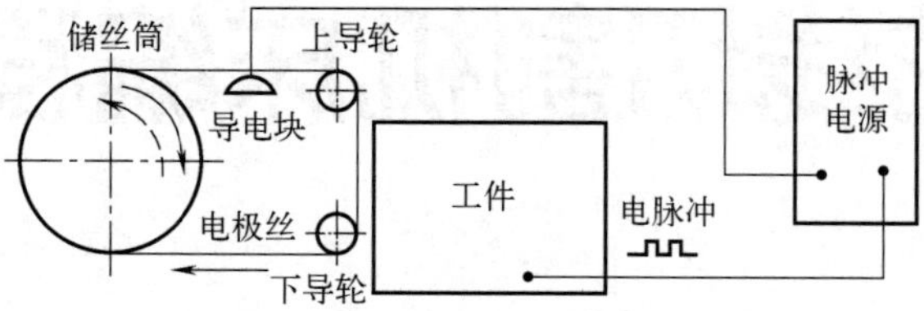

图 8-1 电火花线切割加工原理

(1) 数控电火花线切割加工原理

数控电火花线切割通过电火花放电原理对零件进行加工，其加工原理如图 8-1 所示。采用钼丝、钨钼丝等作为电极丝，电极丝接高频脉冲电源负极作为工具电极，将工件接到脉冲电源正极。在正负极间施加脉冲电压，并不断喷注具有一定绝缘性能的工作液。在数控加工程序的控制下，电极丝与工件逐渐靠近，当二者之间的间隙小到一定程度时，在电场的作用下，阴极和阳极表面分别受到电子流和离子流的撞击，在电极间隙内形成瞬时高温，使局部金属熔化和汽化。汽化后的工作液和工件材料瞬间膨胀，在热膨胀以及工作液冲压的共同作用下，熔化和汽化的工件材料被抛出放电通道，至此完成一次火花放电过程。在脉冲电源的作用下，继续重复以上的放电过程，将工件切割成形。

(2) 数控电火花线切割加工主要特点

数控电火花线切割加工主要有以下特点：

① 只能加工导电或半导电金属材料，不能加工非导电材料或导电非金属材料。

② 与金属切削加工不同，电火花线切割加工不产生切削力，不受工件材料硬度和刚度影响。

③ 适合加工形状复杂轮廓、小孔、窄槽等，不能加工盲孔。

④ 加工过程中产生的高温，有时会使工件产生变形或使工件表面出现裂纹。为了提高加工精度，加工之前可以对工件进行热处理或粗加工。

⑤ 工件材料过厚时，工作液较难进入和充满放电间隙，会对加工精度和表面粗糙度造成影响。

⑥ 需要设置合适的电加工参数，以保证加工效率和精度。

⑦ 一般采用高熔点的金属丝（如钼丝、钨钼丝等）作为电极丝。加工过程中高熔点的电极丝损耗小，易于保证加工精度。

⑧ 通过数控加工程序对工件与电极丝之间的相对运动进行控制，自动化程度高。

(3) 数控电火花线切割机床结构组成

数控电火花线切割机床由床身、立柱、工作台、脉冲电源、走丝机构、锥度切割装置、数控系统和供液系统等部分组成。下面主要介绍数控电火花线切割机床的脉冲电源、走丝机构、锥度切割装置及供液系统。

① 脉冲电源。脉冲电源是电火花线切割机床的关键组成部分之一，保证加工过程中脉冲性、间歇性的火花放电，以在电极间隙内形成瞬时高温，将局部金属熔化和汽化。脉冲电源对线切割加工的表面质量、加工速度、加工过程的稳定性和电极丝损耗等有很大影响。

② 走丝机构。走丝机构是电火花线切割机床的重要组成部分，用于控制金属丝（电极丝）连续运动。根据走丝方式和速度的不同，将电火花线切割机床分为快走丝和慢走丝两种类型，二者的走丝机构也有所不同。

a. 快走丝机构。快走丝线切割机床的走丝机构（快走丝机构）使电极丝做高速往复运动，速度可达 6～12m/s。快走丝机构主要由储丝筒、走丝滑座、走丝电机、张丝装置、丝架和导轮等部件组成，部分部件如图 8-2 所示。

储丝筒是缠绕并带动电极丝做高速运动的部件，安装在走丝滑座上。工作时储丝筒通过电机驱动做正、反转运动，同时通过传动机构由走丝滑座带动沿轴向移动。电机的正、反转由安装在走丝滑座上的行程限位挡块控制。

快走丝机构的张丝装置由紧丝重锤、张紧轮和张丝滑块等构成。紧丝重锤在重力作用下带动张丝滑块和张紧轮产生预紧力，使电极丝在加工过程中始终处于拉紧状态，防止电极丝因松弛、抖动造成加工不稳定或脱丝。

b. 慢走丝机构。慢走丝线切割机床加工时电极丝做低速单向运动，速度一般为 0.2m/s。慢走丝机构的部分部件如图 8-3 所示。

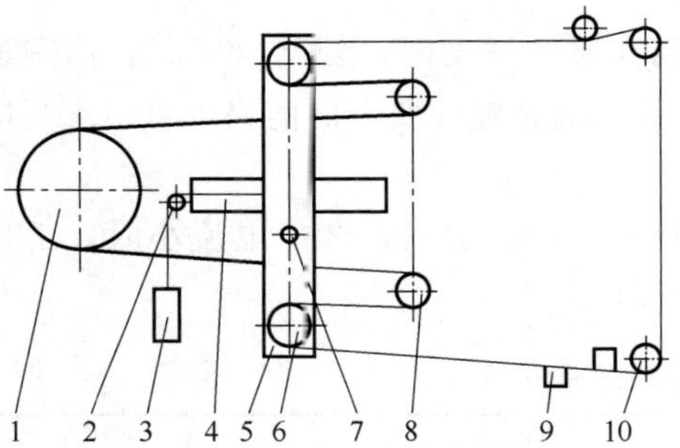

图 8-2　快走丝线切割机床的走丝机构

1—储丝筒；2—定滑轮；3—紧丝重锤；4—导轨；5—张丝滑块；6—张紧轮；7—固定销孔；8—副导轮；9—导电块；10—主导轮

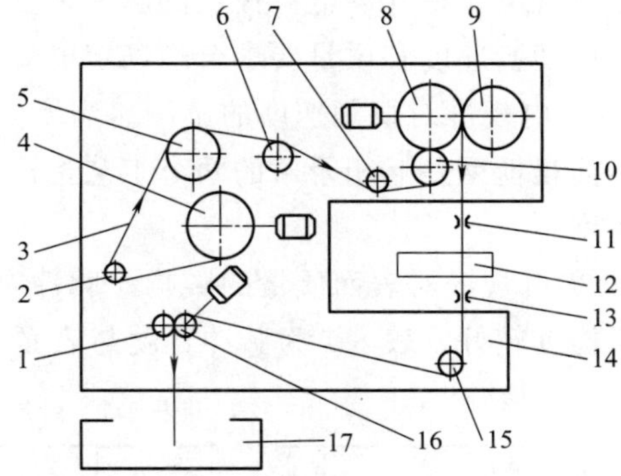

图 8-3　慢走丝线切割机床的走丝机构（慢走丝机构）

1,9,10—压紧卷筒；2—滚筒；3—电极丝；4—供丝绕线轴；5,6,7,15—导轮；8—恒张力控制轮；11—上导向器；12—工件；13—下导向器；14—丝架；16—拉丝卷；17—废丝回收箱

慢走丝机构主要由供丝绕线轴、伺服电动机、恒张力控制装置（如恒张力控制轮）、导向器和电极丝自动卷绕机构组成。电极丝一般采用成卷的黄铜丝，可达数千米长，预装在供丝绕线轴上，为防止电极丝散乱，轴上装有力矩很小的预张力电动机。切割时电极丝由供丝绕线轴送出，经一系列轮组、恒张力控制装置、上导向器引至工作台处，再经下导向器和导轮走向自动卷绕机构。电极丝被拉丝卷筒和压紧卷筒夹住，靠拉丝卷筒的等速回转使电极丝缓慢移动。在运行过程中，电极丝由丝架支撑，并依靠恒张力控制装置使电极丝稳定运行。电极丝使用后成为废弃物，不再使用。

③ 锥度切割装置。锥度切割装置用于加工工件上带有锥度的内外表面，其结构形式有多种，比较常见的是数控四轴联动锥度切割装置。位于立柱头部的两个步进电动机直接与两根滑动丝杠相连，带动滑板做 U 向、V 向移动，与坐标工作台的 X、Y 轴驱动构成数控四轴联动，使电极丝倾斜一定的角度，从而实现工件上的斜面切割和上下截面的异形加工。

④ 供液系统。供液系统是线切割机床不可缺少的组成部分，其作用是持续提供具有一定绝缘性能的液体放电介质，以利于产生脉冲性的火花放电，并降低电极丝温度和减少排屑。

供液系统由液压泵、工作液箱、喷嘴、管路等组成。

8.2 数控电火花线切割机床编程基础

数控电火花线切割加工需要合理设置电规准和进给速度，以保证切割速度和加工质量。数控电火花线切割加工除了可以使用ISO指令编写加工程序外，还可以按照3B格式编写加工程序。

8.2.1 工艺参数设置

电火花线切割加工中，应该根据工件的质量和加工效率要求，合理地设置加工参数。加工参数包括电规准和进给速度。

(1) 电规准

电规准是指脉冲电源提供的脉冲宽度、脉冲间隔比和峰值电流这一组电参数，加工时需要根据切割速度和质量要求合理确定电规准。

① 电规准对切割速度的影响。当增大短路电流和脉冲宽度时，切割速度高。切割速度和表面粗糙度是互相矛盾的两个工艺指标，须在满足表面粗糙度要求的前提下再追求高的切割速度。

② 电规准对表面质量的影响。脉冲宽度小、脉冲占空比适当及峰值电流小时，工件表面粗糙度较好。表8-1为脉冲宽度与表面粗糙度之间的关系。

表8-1　脉冲宽度与表面粗糙度关系

粗糙度 $Ra/\mu m$	1.6	2.0	2.3	2.5	2.8	3.2	3.5	4.0	4.5	5.0
脉冲宽度/μs	2	4	6	8	12	16	24	32	48	64

③ 工件厚度对电规准选择的影响。采用相同的电规准加工不同厚度的工件时，加工效果有所不同。电规准须根据工件厚度的变化而变化，厚度小时，采用小的电规准；厚度大时，采用大的电规准。

表8-2为最大电流与工件厚度关系，表8-3为脉冲间隔比与工件厚度关系。

表8-2　最大电流与工件厚度关系

工件厚度/mm	10	20	30	40	50	60	70	80	90	100～120	120以上
最大电流/A	1	2	3	4	5	6	7	8	9	10	11

表8-3　脉冲间隔比与工件厚度关系

工件厚度/mm	3	6	10	20	30	40	50	60	90	90以上
脉冲间隔比	1	2	3	4	5	6	7	8	9	10

需要说明的是，表8-1～表8-3中的数据均摘自DK7740C型数控电火花线切割机床使用说明书。

④ 电规准对电极丝损耗的影响。前阶梯脉冲波形或脉冲前沿上升缓慢的波形，可以减小电极丝损耗。减小最大电流也可以有效降低电极丝的损耗。

(2) 进给速度

进给速度大于工件的蚀除速度时，会频繁地出现短路，造成加工不稳定，降低实际切割效率，工件加工表面呈褐色，上下端面处有过烧现象。

进给速度小于工件的蚀除速度时，极间将开路，使得脉冲利用率过低，降低了切割速度。

进给速度适宜时，加工过程稳定，加工表面细而亮，可获得较高的加工精度和表面质量。

8.2.2　数控电火花线切割机床编程方法

根据零件几何特点及编程工作量的大小选择编程方法。轮廓形状简单的零件采用手工编程，轮廓形状复杂的零件采用 CAD/CAM 软件编程。

数控电火花线切割加工程序可以使用 3B 格式或 ISO 代码编写。3B 格式为我国数控电火花线切割机床常用的手工编程的程序格式，ISO 代码是国际通用的编程指令。

(1) 3B 编程

① 程序段格式。程序段格式为：

```
BXBYBJGZ
```

其中，B 为间隔符，作用是将 X、Y、J 分开；X、Y 为坐标值，单位为 μm，计算坐标值时应考虑电极丝直径和放电间隙值；J 为计数长度，指工作台在计数方向上进给的总长度，单位为 μm；G 为计数方向；Z 为加工指令。

② 坐标值计算。加工直线时，直线起点为坐标原点，X、Y 为直线终点坐标值。当直线与 X、Y 轴平行时，X 或 Y 值为零，可以不写，但分隔符必须保留；加工圆弧时，坐标原点取在圆心，X、Y 为圆弧起点坐标值。

编程时点的坐标值取绝对值，即取 $|X|$、$|Y|$。

③ 计数方向 G。有两种计数方向，即计 X 向和计 Y 向，分别写成 GX 和 GY。

对于直线段加工，按直线终点坐标值确定计数方向，方法如下：

$|X|>|Y|$ 时，记为 GX；$|Y|>|X|$ 时，记为 GY；$|X|=|Y|$ 时，记为 GX 或 GY 均可。

直线加工计数方向 G 如图 8-4 所示。

对于圆弧段加工，按照圆弧终点坐标值确定计数方向，方法如下：

$|X|>|Y|$ 时，记为 GY；$|X|<|Y|$ 时，记为 GX；$|X|=|Y|$ 时，记为 GX 或 GY。

圆弧加工计数方向 G 如图 8-5 所示。

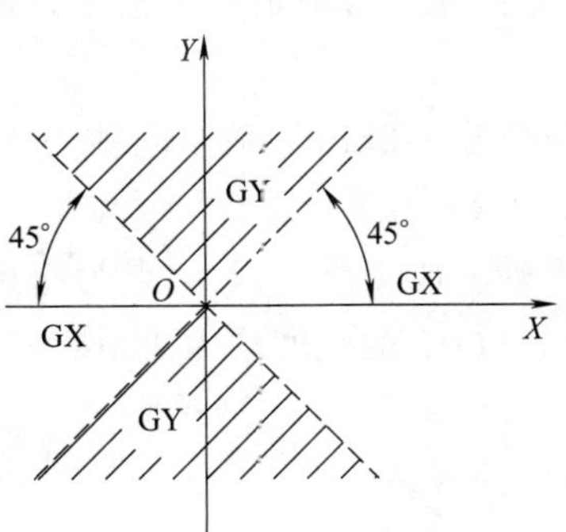

图 8-4　直线加工计数方向

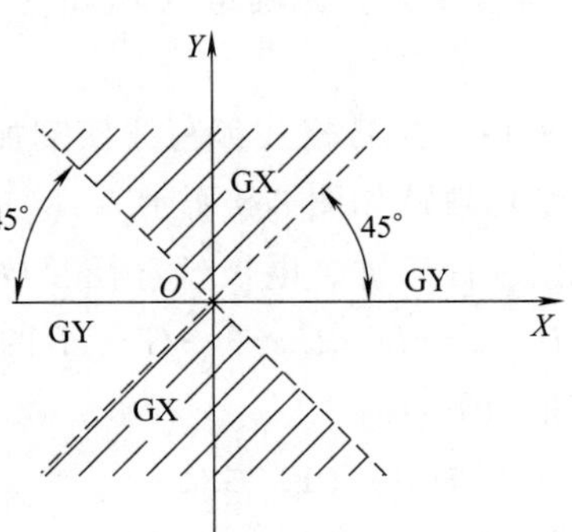

图 8-5　圆弧加工计数方向

④ 加工指令 Z。加工指令 Z 用于确定切割轨迹的形状、起点或终点、所在象限和加工方向等信息。对于直线轮廓加工，加工指令 Z 用 L1、L2、L3、L4 指定。当直线在第Ⅰ象限（包括 X 轴正向）时，记作 L1；当处于第Ⅱ象限（包括 Y 轴正向）时，记作 L2；当处于第Ⅲ象限（含 X 轴负向）时，记作 L3；当处于第Ⅳ象限（包括 Y 轴负向）时，记作 L4。直线加工指令定义如图 8-6 所示。

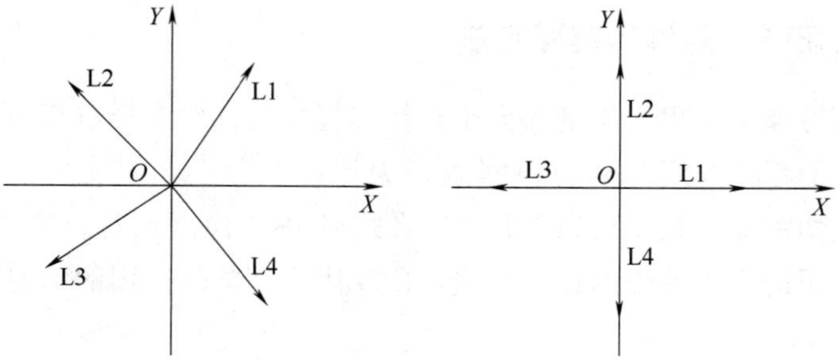

图 8-6　直线加工指令定义

对于圆弧轮廓加工，按照圆弧起点所在象限及切割方向的不同，加工指令分为 SR1、SR2、SR3、SR4 及 NR1、NR2、NR3、NR4。SR 表示顺时针圆（圆弧），NR 表示逆时针圆（圆弧），数字表示圆弧起点所在象限。圆弧加工指令定义如图 8-7 所示。

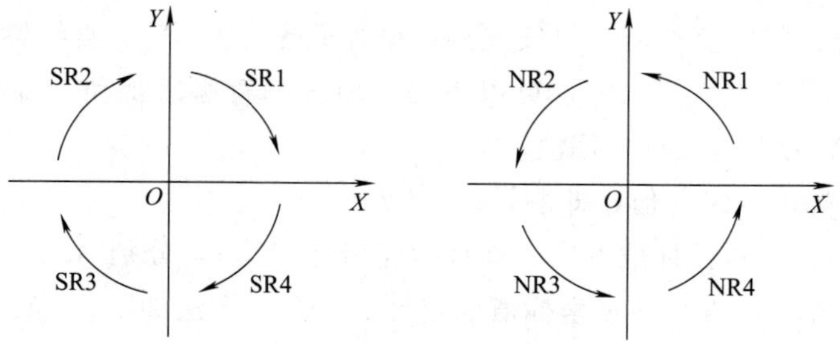

图 8-7　圆弧加工指令定义

⑤ 计数长度 J。计数长度是指被加工轮廓在计数方向上的投影长度（即绝对值）总和，单位为 μm。有些线切割机床的计数长度 J 需要写满六位数，如计数长度为 16，应写为 000016。

⑥ 结束程序。3B 编程时，使用 DD 结束程序。

⑦ 编程步骤。先确定 X 值和 Y 值、计数方向和计数长度，再确定加工指令，最后编写程序单。

例 8-1：按 3B 格式编写线切割加工程序。电极丝直径为 0.2mm，放电间隙为 0.01mm。零件及编程轨迹如图 8-8 所示。

根据零件轮廓、电极丝直径及放电间隙确定编程轨迹。加工路线以 A 点为起始点，按照 $A \to B \to C \to D \to E \to F \to G \to H$ 的顺序进行加工，OA、OH 的长度均为 1mm。

程序如下：

```
B26110B0B026110GXL1          //以 A 为起点,加工 AB 段
B0B8110B008110GYNR4          //加工圆弧 BC
B0B39000B039000GYL2          //加工 CD 段
```

```
B8110B0B008110GXNR1          //加工圆弧 DE
B13584B0B013584GXL3          //加工 EF 段
B11526B43082B043082GYL3      //加工 FG 段
B0B13138B013138GYL4          //加工 GH 段
DD                           //程序结束
```

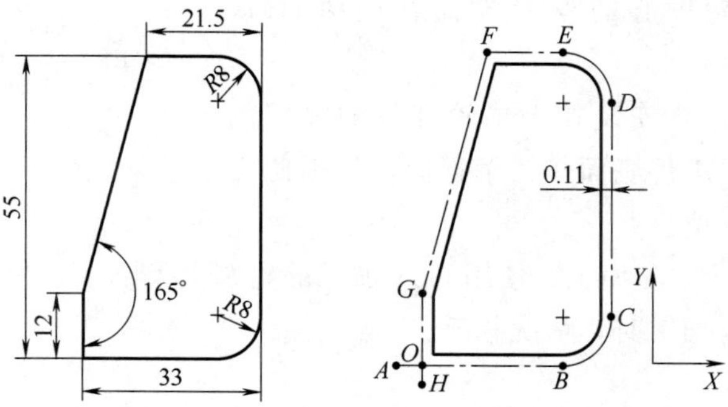

(a) 零件图　　(b) 编程轨迹

图 8-8　零件及编程轨迹

(2) ISO 代码编程

常用线切割 ISO 编程指令如表 8-4 所示。

表 8-4　常用线切割 ISO 编程指令

代码	功能	代码	功能
G00	快速定位	G92	建立工件坐标系
G01	直线插补	G90	绝对坐标
G02	顺时针圆弧插补	G91	相对坐标
G03	逆时针圆弧插补	M00	程序暂停
G41	左偏补偿	M02	程序结束
G42	右偏补偿	M30	程序结束
G40	取消补偿	M98	调用子程序
G51	锥度左偏	M99	返回主程序
G52	锥度右偏	W	下导轮中心到工作台面距离
G50	取消锥度	H	工件厚度
G54～G59	选择工件坐标系	S	工作台面到上导轮中心距离

ISO 代码编程是国际通用的一种编程方式。表 8-4 中的部分指令与前面介绍的相关代码功能相同，下面只对锥度加工指令进行介绍。

锥度加工指令用于加工工件上带有锥度的内、外表面。机床根据指令驱动上导轮在 X 轴、Y 轴方向上平移，使电极丝倾斜一定角度，从而加工出带有锥度的轮廓。

锥度加工指令的格式如下：

```
G51 (G52) A_
```

其中，A 用于指定锥度值。如倾斜 3°，写为 A3。

在进行锥度加工时，还需要输入工件及工作台参数，即下导轮中心到工作台面的距离 W、工件厚度 H、工作台面到上导轮中心距离 S。W、H、S 的含义如图 8-9 所示。

使用锥度加工指令时，需要注意以下几个问题：

① 锥度左偏（G51）、锥度右偏（G52）程序段必须放在进刀线之前。

② 取消锥度（G50）指令必须在退刀线之前。

③ 下导轮中心到工作台面的距离 W、工件的厚度 H、工作台面到上导轮中心的距离 S 需在使用 G51、G52 之前输入。

④ 对于 U、V 工作台安装在上导轮部位的线切割机床，锥度加工时，以工件底面作为编程面，依据此面上的编程轨迹计算坐标值。

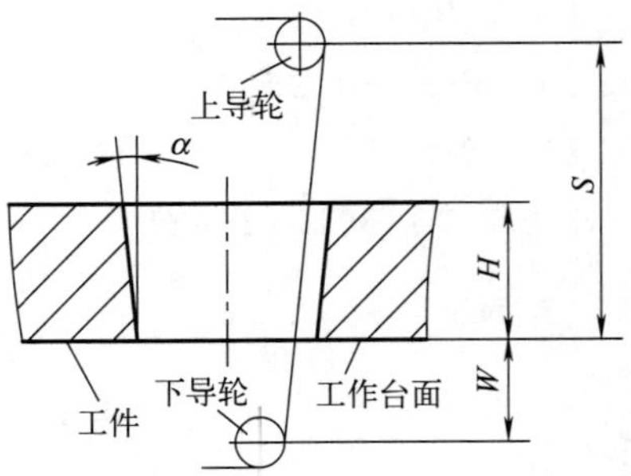

图 8-9　工件与工作台参数

⑤ 如果按照顺时针方向加工，使用 G51 加工的轮廓上大下小，使用 G52 加工的轮廓上小下大；当逆时针方向加工时，情况相反。

8.3　数控电火花线切割机床编程实例

（1）实例 1

零件如图 8-10 所示，使用 ISO 指令编写数控线切割加工程序。电极丝直径 0.2mm，放电间隙 0.01mm。

建立如图 8-10 所示坐标系，A 点为加工起始点，I 为终点，切入、切出距离均为 1mm。编程轨迹为：$A\rightarrow B\rightarrow C\rightarrow D\rightarrow E\rightarrow F\rightarrow G\rightarrow H\rightarrow I$。

程序如下：

```
G54                              //选择工件坐标系
G90
G01 G41 X-1000 Y0 D110           //运动到 A 点,建立半径补偿,补偿值为 110μm
G01 X38000                       //切割直线 AB
G02 X50000 Y-12000 I0 J-12000    //切割圆弧 BC
G01 Y-38000                      //切割直线 CD
G03 X38000 Y-50000 I0 J-12000    //切割圆弧 DE
G01 X12000                       //切割直线 EF
G03 X0 Y-38000 I-12000 J0        //切割圆弧 FG
G01 Y-12000                      //切割直线 GH
G02 X12000 Y0 I12000 J0          //切割圆弧 HI
G01 Y1000                        //切出 1mm
M02                              //程序结束
```

（2）实例 2

零件如图 8-11 所示。编写锥孔的线切割加工程序，电极丝直径 0.2mm，放电间隙 0.01mm。ϕ15mm 孔所在表面为工件底面，也是编程面。

建立如图 8-11 所示坐标系。先加工带有锥度的方孔，再加工带有锥度的圆孔。下导轮到工作台面的距离为 100mm，工件厚度 10mm，工作台面到上导轮的距离为 300mm。

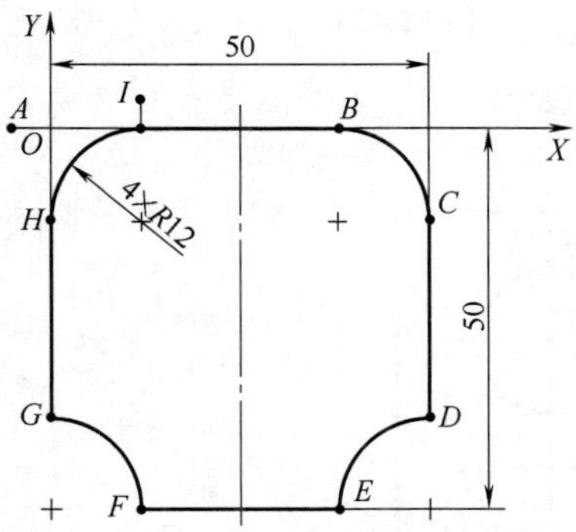

图 8-10　实例 1 零件图

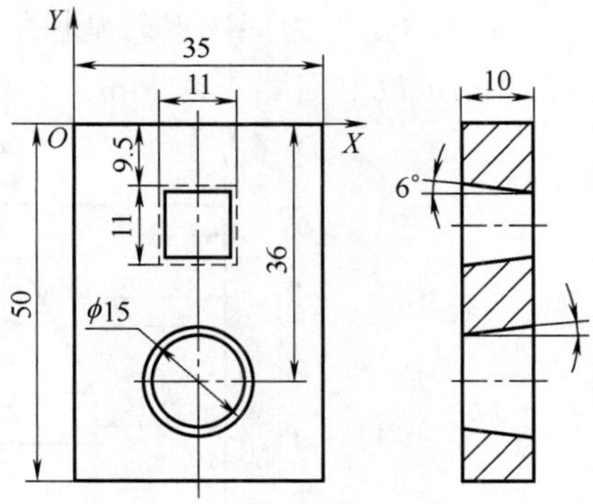

图 8-11　实例 2 零件图

程序如下：

```
W100000                          //下导轮到工作台面距离
H10000                           //工件高度
S300000                          //工作台面到上导轮高度
G54                              //选择工件坐标系
G90                              //绝对坐标
M00                              //暂停,拆电极丝
G52 A6                           //锥度指令
G00 X17500 Y-15000               //运动到穿丝点(方孔中心)
M00                              //暂停,穿丝
G01 G42 X23000 D110              //开始切割
Y-20500
X12000
Y-9500
X23000
Y-16000                          //完成方孔切割
G50                              //撤销锥度加工
G00 G40 X17500 Y-15000           //回穿丝点
M00                              //暂停,拆丝
G54
G00 X17500 Y-36000               //运动到穿丝点(圆孔中心)
M00                              //暂停,穿丝
G51 A6                           //锥度加工
G01 G42 X25000 Y-36000 D110
G02 I-7500 J0                    //切割圆孔
G50                              //撤销锥度加工
G00 G40 X17500 Y-36000           //回穿丝点
M02                              //程序结束
```

(3) 实例 3

零件如图 8-12 所示，编写零件上的长方形、等边三角形和圆形轮廓的线切割加工程序。

图中 P_1、P_2 和 P_3 点为穿丝点，坐标依次为（43，55）、（100，55）、（63.5，20.5），电极丝直径 0.2mm，放电间隙 0.01mm。

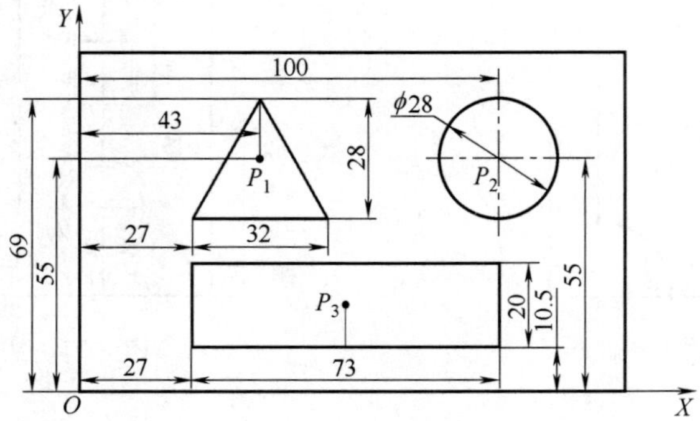

图 8-12　实例 3 零件图

建立如图 8-12 所示的坐标系。切割顺序为：三角形轮廓→圆形轮廓→矩形轮廓。

程序如下：

```
O1000:                          //主程序
G90
M00                             //暂停,拆丝
G56                             //选择坐标系
G00 X43000 Y55000               //快速移动到 P1 点
M00                             //穿丝
M98 P1001;                      //调用子程序
M00                             //暂停,拆丝
G56                             //选择坐标系
G00 X100000 Y55000              //快速移动到 P2 点
M00                             //暂停,穿丝
M98 P1002;                      //调用子程序
M00                             //暂停,拆丝
G56                             //选择坐标系
G00 X63500 Y20500               //快速移动到 P3 点
M00                             //暂停,穿丝
M98 P1003;                      //调用子程序
M02                             //主程序结束
```

子程序如下：

```
O1001:                          //子程序
G01 G42 X43000 Y69000 D110      // 开始切割三角形轮廓
X59000 Y41000
X27000
X43000 Y69000                   //完成三角形轮廓切割
G40 X43000 Y55000               //回穿丝点
M99                             //子程序结束,返回主程序
```

```
O1002:                          //子程序
G01 G41 X114000 Y55000D110
G03 I-14000 J0                  //切割圆
G40 G01 X100000 Y55000          //回穿丝点
M99                             //子程序结束,返回主程序
O1003:                          //子程序
G01 G42 X100000 Y20500 D110     //运动到矩形的右边中心
G01 Y10500                      //开始切割矩形轮廓
X27000;                         //运动到矩形左下角处
Y30500;                         //运动到矩形左上角处
X100000                         //运动到矩形右上角处
Y20000                          //完成矩形轮廓切割
G40 X63500 Y20500               //回穿丝点
M99                             //子程序结束,返回主程序
```

思考与练习

1. 加工带有锥度的轮廓时，如何根据运动方向和工件几何特点选择使用 G51、G52 指令？
2. 电火花线切割主要工艺参数有哪些？如何影响加工效率和加工质量？
3. 使用 3B 代码编写图 8-13 所示零件的数控线切割加工程序。
4. 使用 ISO 代码编写图 8-14 所示零件的数控线切割加工程序。

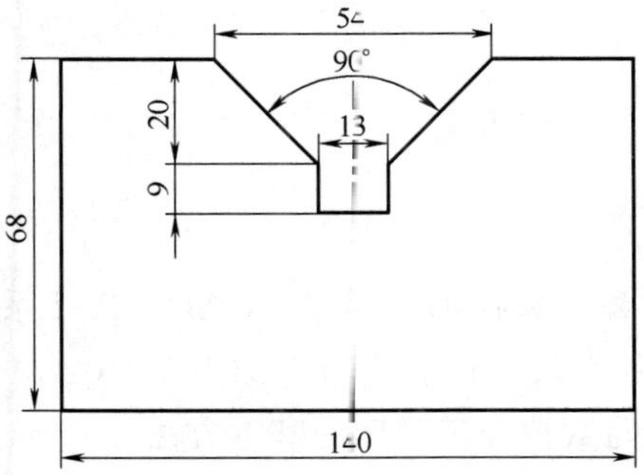

图 8-13　零件图 1

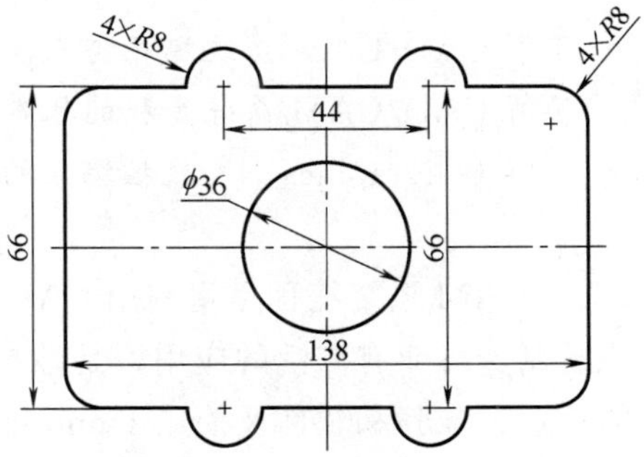

图 8-14　零件图 2

拓展内容

读者可去《学习强国》平台观看视频《制造业的影响和绿色制造》(《生态文明五十讲》第 30 集)，了解生态文明的实质和内涵，思考制造业对环境和社会的影响及绿色制造的意义。

第9章

CAD/CAM系统编程

思维导图

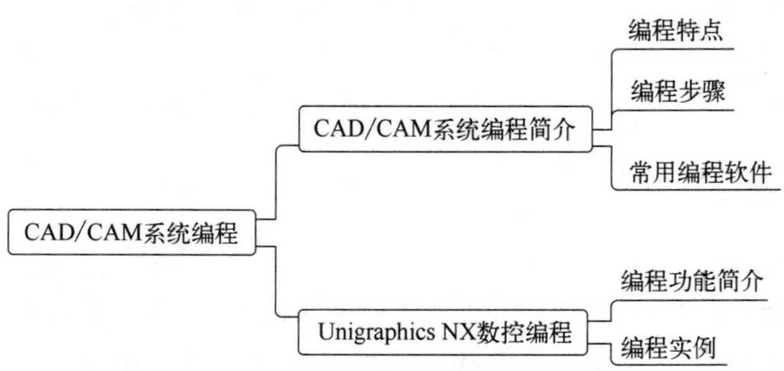

扫码获取资源

学习目标

- 了解 CAD/CAM 系统编程特点。
- 了解 CAD/CAM 系统编程的基本过程。
- 了解 Unigraphics NX 数控编程的基本方法。

CAD/CAM 系统编程是指利用 CAD/CAM 软件编写数控加工程序。CAD/CAM 系统编程在机械制造行业有广泛的应用，是数控编程技术的发展方向。本章介绍 CAD/CAM 系统编程的特点、步骤和软件及使用 Unigraphics NX 编写数控加工程序的基本方法。

9.1 CAD/CAM 系统编程简介

应用 CAD/CAM 软件编写数控加工程序时，需要依据零件的三维模型在软件的 CAM 模块中建立 CAM 数据模型，然后才能生成数控加工程序。CAD/CAM 软件除了能够生成数控加工程序外，还能够完成刀具轨迹的验证与仿真等任务。

(1) CAD/CAM 系统编程特点

① 编程过程是在计算机上直接面向零件的三维几何模型交互进行，直观准确，便于检查。

② 有利于实现系统的集成。不仅能够实现产品设计与数控加工的集成，还便于集成工艺设计、夹具设计等其他生产环节。

③ 将零件几何造型、刀位计算、图形显示及后置处理等过程集成起来，有效地解决了编程数据来源、图形显示、走刀模拟和交互修改等问题。

(2) CAD/CAM 系统编程的步骤

采用 CAD/CAM 系统编程时，首先需要根据零件的三维模型，在软件的 CAM 模块环境下采用人机交互的方式，指定零件的被加工部位，确定并输入相应的加工参数；然后根据相关设置自动进行数学处理并生成刀具轨迹；最后经过后置处理生成数控程序。

CAD/CAM 系统编程的一般步骤如下：

① 获得 CAD 模型数据。编程前必须获得 CAD 模型数据，即被加工零件的三维实体模型。三维实体模型可以由所用的 CAD/CAM 软件直接进行实体造型获得，也可以由其他软件创建三维模型，经数据转换后获得。

② 工艺处理。根据零件的加工内容和加工要求，分析零件数控加工工艺性和表面加工方法，完成工序划分、走刀路径规划、切削用量选择、刀具和机床选择等工艺处理内容。

③ 建立 CAM 数据模型。建立 CAM 数据模型包括以下内容：

a. 指定加工区域。根据毛坯与被加工零件的形状和尺寸，明确需要去除的材料区域，并根据被加工表面的形状和加工要求，对被加工表面进行定义（指定）。

b. 参数输入。根据工艺处理的结果输入刀具参数、切削用量等信息，以及指定切削模式、安全平面、线性逼近误差、刀具轨迹间的残留高度、进刀和退刀方式等。

④ 刀具轨迹生成与编辑。CAD/CAM 软件根据几何信息与工艺信息，计算刀具位置数据，并存入指定的刀位文件中。刀具轨迹生成后，可以通过人机交互方式对刀具轨迹进行编辑与修改。

⑤ 刀具轨迹的验证与仿真。利用 CAD/CAM 软件提供的仿真功能，可以对刀具运动轨迹进行动态模拟，检查是否存在过切、欠切，以及干涉、碰撞等情况。

⑥ 后置处理。后置处理是指利用后置处理器，根据刀位数据文件为不同数控机床生成所需的加工程序。

⑦ 加工程序输出。CAD/CAM 软件生成数控加工程序后要对程序进行输出，输出程序的方式主要有以下几种：

a. 打印输出。利用打印机打印出数控加工程序清单，供人工阅读。

b. 标准通信接口输出。通过数控机床的标准通信接口将数控加工程序直接输出到数控装置。

c. 网络输出。利用网络将数控加工程序输出到数控装置。

d. 利用介质输出。可以利用 U 盘、磁盘、光盘等将数控加工程序复制到数控装置。

(3) 常用 CAD/CAM 编程软件介绍

CAD/CAM 软件种类较多，这里仅简单介绍几款常用的软件。

① Unigraphics NX。Unigraphics NX 是德国西门子公司 PLM（Product Lifecycle Management，产品生命周期管理）产品组成部分，是应用比较广泛的 CAD/CAM 软件。Unigraphics NX 具有 CAD、CAM 等多个模块，具有产品设计、分析、加工、过程管理和虚拟运作等功能。

② Cimatron。Cimatron 是以色列 Cimatron 公司开发的产品，具有功能齐全、操作简便、学习简单等特点，在小型加工企业，特别是模具制造企业中，有比较多的应用。

③ Master CAM。Master CAM 是美国 CNC Software 公司研制开发的 CAD/CAM 系统，具有设计模块、铣床加工模块、车床加工模块和线切割加工模块等，是一种小型的 CAD/CAM 软件。

④ CAXA ME 系统。CAXA ME 系统是北京北航海尔软件有限公司开发的一款 CAD/CAM 软件，作为一款国产的 CAD/CAM 软件，符合国内工程师的操作习惯，为数控加工企业提供了从产品设计到数控加工程序生成、加工仿真、程序校验等一体化的解决方案。

⑤ PowerMILL 系统。PowerMILL 系统是英国 Delcam Plc 公司开发的数控加工编程软件系统，软件具有中文界面，能够对刀柄进行干涉检查，具有仿真模拟功能。

9.2 Unigraphics NX 数控编程

Unigraphics NX（UG）是一款应用很广的 CAD/CAM 软件，包含多种模块，能够完成产品三维造型、创建工程图、有限元分析、运动分析、编写数控加工程序等任务。本节介绍 UG 软件的数控编程功能，并通过实例介绍 UG 数控编程方法和基本操作过程。

9.2.1 UG 数控编程功能简介

UG 的 CAM 模块包括平面铣削、型腔铣削、固定轴轮廓铣削、可变轴轮廓铣削、点位加工、线切割、车削、切削仿真和后置处理等十几个子模块，能够针对零件的铣削加工、车削加工、线切割加工等编写数控加工程序，并能够进行走刀过程和材料去除过程的动态仿真。表 9-1 为 UG 的 CAM 模块包括的主要子模块及其功能。

表 9-1 UG 的 CAM 模块包括的主要子模块及其功能

模块名称	功能
CAM 基础(CAM Base)	提供连接 UG 所有加工子模块的基础
平面铣削(Face Milling)	用于加工直壁平底的零件,可用作平面轮廓、平面区域或平面岛屿的粗加工和精加工
型腔铣削(Cavity Milling)	用于大部分非直壁的、岛屿和型腔底面为曲面的零件粗加工,直壁或斜度不大的侧壁精加工,平面粗、精加工及清角加工
固定轴轮廓铣削(Fixed-Axis Milling)	用于 3 轴联动数控铣床编程,可加工曲面轮廓
可变轴轮廓铣削(Variable-Axis Milling)	用于 4 轴及 4 轴以上联动的铣削加工,一般要求使用 5 轴数控铣床,是复杂曲面轮廓零件精加工的主要手段
车削(Turning)	编写车削加工程序
点位加工(Drilling)	为钻孔、镗孔、攻螺纹等操作编写数控加工程序
线切割(WireEDM)	编写 2 轴、4 轴数控电火花线切割机床加工程序
切削仿真(Visualize)	模拟刀具运动过程和材料去除过程
后置处理(Postprocessing)	将刀位文件转换为特定机床的数控加工程序
车间工艺文档(Shop/Doc)	生成车间文档

9.2.2 UG 数控编程实例

以图 9-1 所示零件的凹槽铣削加工为例，介绍 UG 数控编程的方法和基本操作过程。

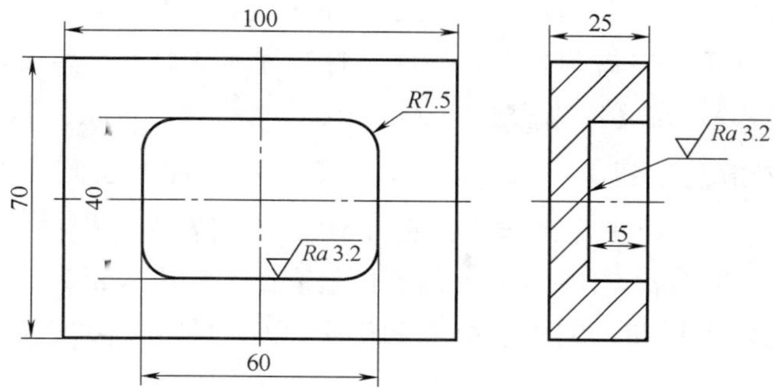

图 9-1　零件图

根据凹槽的几何特征，选择“平面铣削”方法编写加工程序。因为凹槽侧壁与底面的表面粗糙度为 $Ra3.2$，所以分粗铣和精铣两个步骤进行加工。表 9-2 为切削用量与刀具参数。

表 9-2　切削用量与刀具参数

加工步骤	切削用量		刀具参数		
	主轴转速	进给速度	类型	直径	刀号
粗加工	800r/min	40mm/min	立铣刀	ϕ14mm	T01
精加工	2500r/min	100mm/min	立铣刀	ϕ10mm	T02

编程过程如下：

(1) 进入 UG12.0 加工环境，并选择加工类型

图 9-2 【加工环境】对话框

图 9-3 【创建几何体】对话框

在 UG12.0 建模环境下打开零件三维模型。选择【文件】/【加工】，进入加工环境，打开【加工环境】对话框，如图 9-2 所示。在【CAM 会话设置】中选择【cam_general】选项，在【要创建的 CAM 组装】中选择【mill _ planar】选项，单击【确定】按钮。

(2) 建立坐标系及安全平面

单击工具栏中的创建几何体按钮 创建几何体，打开【创建几何体】对话框。在【创建几何体】对话框中单击 MCS 按钮，在【几何体】下拉列表中选择【MCS_MILL】选项，在【名称】文本框中输入坐标系名称“MCS”，如图 9-3 所示。单击【确定】按钮，打开【MCS 铣削】对话框。在图 9-4 所示的【MCS 铣削】对话框中，打开【细节】下拉列表，在其中的【用途】下拉列表中选择【局部】，在【特殊输出】下拉列表中选择【装夹偏置】，在【装夹偏置】文本框中输入“1”。单击按钮，用鼠标单击图 9-5 所示工件上表面的顶点作为坐标原点，并按图 9-5 定义坐标轴，完成坐标系建立。在【MCS 铣削】对话框中的【安全设置】下拉列表中选择【平面】，用鼠标单击图 9-6 中的工件上表面，并输入距离值 20，单击【MCS 铣削】对话框中的【确定】按钮，完成坐标系和安全平面的创建，并返回【创建几何体】对话框。

图 9-4 【MCS 铣削】对话框

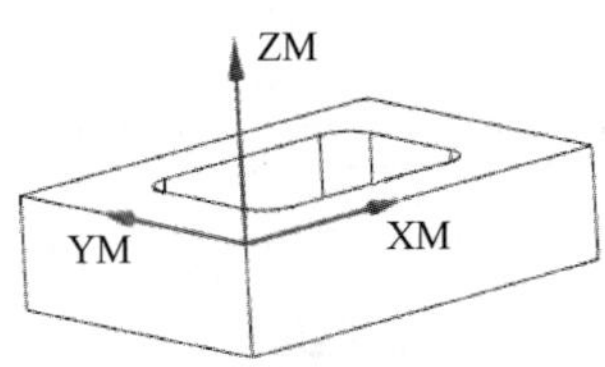

图 9-5 定义坐标系

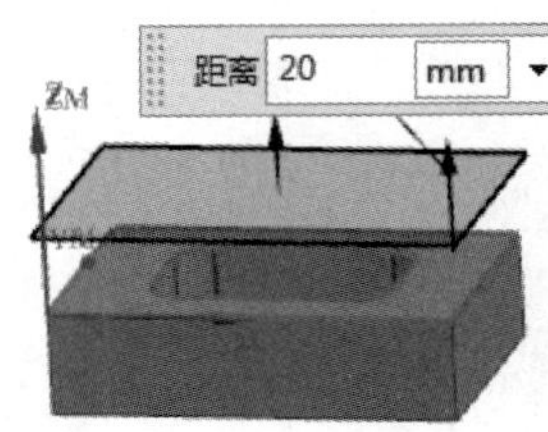

图 9-6 定义安全平面

(3) 创建部件几何体和毛坯几何体

在【创建几何体】对话框中，单击按钮。在【几何体】列表中选择【MCS】，在【名称】文本框中输入 WORKPIEDE_1。单击【确定】按钮，打开【工件】对话框，如图 9-7 所示。

单击【工件】对话框中的【指定部件】按钮，打开【部件几何体】对话框，如图 9-8 所示。用鼠标单击零件几何模型，单击【部件几何体】对话框中的【确定】按钮，返回【工件】对话框。

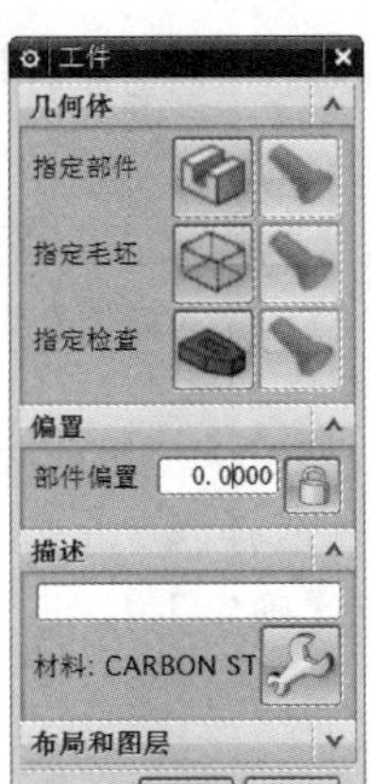

图 9-7 【工件】对话框

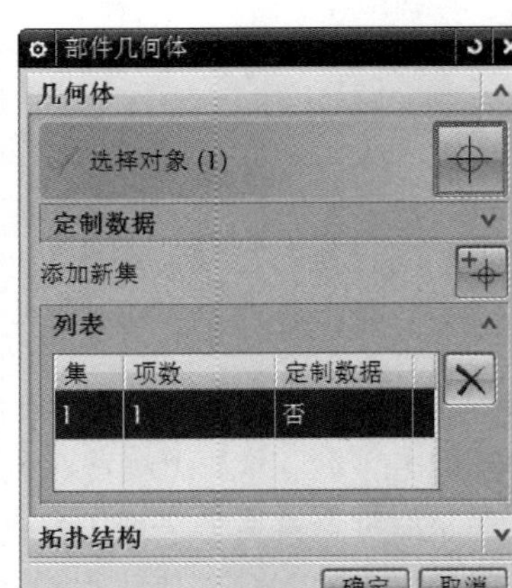

图 9-8 【部件几何体】对话框

在【工件】对话框中单击【指定毛坯】按钮，打开【毛坯几何体】对话框，在【几何体】下拉列表中选择【包容块】，如图 9-9 所示。按照图 9-10 设置毛坯尺寸，单击【毛坯几何体】对话框中的【确定】按钮，完成毛坯创建，并返回【工件】对话框。

图 9-9　【毛坯几何体】对话框

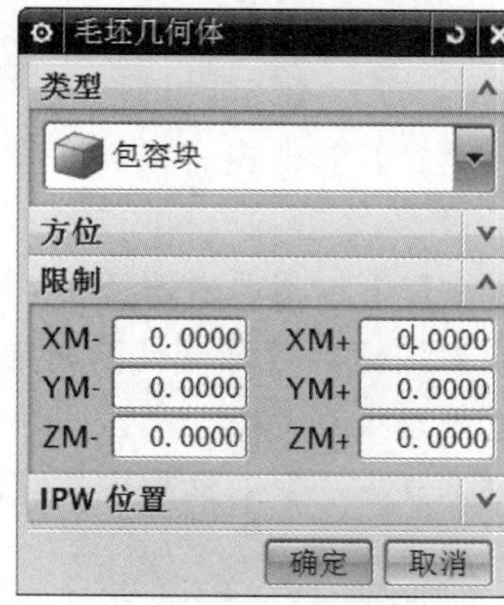

图 9-10　设置毛坯尺寸

单击【工件】对话框中的【确定】按钮，单击【创建几何体】对话框中的【确定】按钮，完成几何体的创建。

(4) 定义刀具

单击工具栏中的创建刀具按钮，打开【创建刀具】对话框，单击立铣刀按钮，在【名称】文本框中输入 d14，如图 9-11 所示。单击【确定】按钮，打开【铣刀-5 参数】对话框，在其中输入刀具参数，如图 9-12 所示，单击【确定】按钮，返回【创建刀具】对话框。

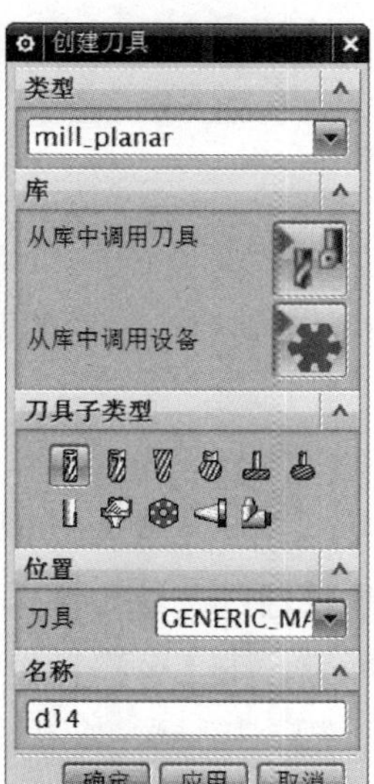

图 9-11　【创建刀具】对话框

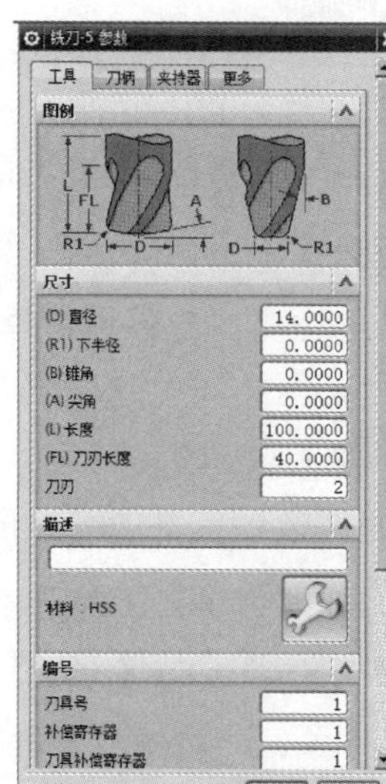

图 9-12　定义刀具参数

按照同样的方法定义精加工铣刀，定义其名称为 d10，在【尺寸】区输入刀具直径、长度、刀刃长分别为 10、100、40，在【编号】区输入刀具号、补偿寄存器、刀具补偿寄存器均为 2。

(5) 创建方法

创建方法的主要目的是为平面铣削定义部件余量和指定公差。部件余量指的是平面铣削区域侧壁的余量，指定公差可以控制表面加工精度。

单击工具栏中的创建方法按钮，打开【创建方法】对话框。在【方法】下拉菜单中选择【MILL_ROUGH】，在【名称】文本框中输入“cujiagong”，如图9-13所示。单击【确定】按钮，打开【铣削粗加工】对话框。在【铣削粗加工】对话框中的【部件余量】文本框中输入“1”，其他内容按默认设置，如图9-14所示。单击【确定】按钮，返回【创建方法】对话框。

在【方法】下拉菜单中选择【MILL_FINISH】，在【名称】文本框中输入“jingjiagong”，单击【确定】按钮，打开【铣削精加工】对话框。在【铣削精加工】对话框中的【部件余量】文本框中输入0，其他内容按默认设置，单击【确定】按钮，返回【创建方法】对话框。单击【创建方法】对话框中的【确定】按钮，完成方法的创建。

图9-13 【创建方法】对话框

图9-14 设置铣削方法参数

(6) 创建粗加工平面铣操作

创建操作的主要内容包括选择切削模式、定义部件边界、设置切削参数和非切削移动参数等。

操作步骤如下：

① 创建部件边界。单击工具栏中创建工序按钮，打开【创建工序】对话框，选择平面铣按钮，在【刀具】下拉列表中选择【D14（铣刀-5参数）】，在【几何体】列表中选择【WORKPIECE_1】，在【方法】列表中选择【CUJIAGONG】，在【名称】文本框中输入“cujiagong”，如图9-15所示。单击【确定】按钮，打开【平面铣】对话框，如图9-16所示。

在【平面铣】对话框中，单击【指定部件边界】按钮，打开【部件边界】对话框，在【选择方法】下拉列表中选择【面】，在【刀具侧】下拉列表中选择【内侧】，如图9-17（a）所示，用鼠标单击凹槽底面，完成面的选择。

在【平面】下拉列表中选择【指定】，点击图9-17（b）所示工件的上表面，在【距离】文本框中输入“3”，完成边界放置平面的定义。所定义的部件边界如图9-18所示。

图 9-15　【创建工序】对话框

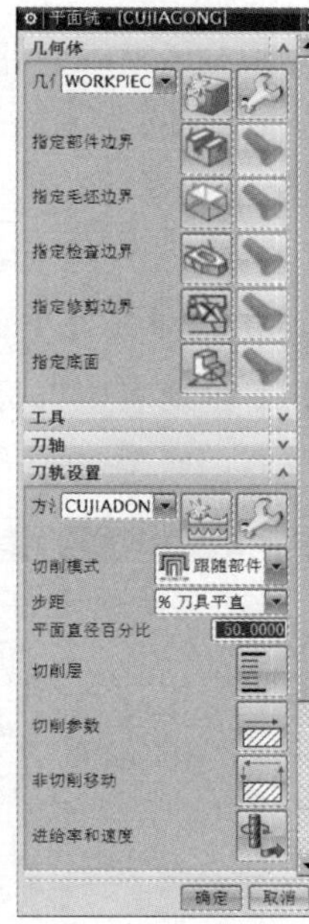

图 9-16　【平面铣】对话框

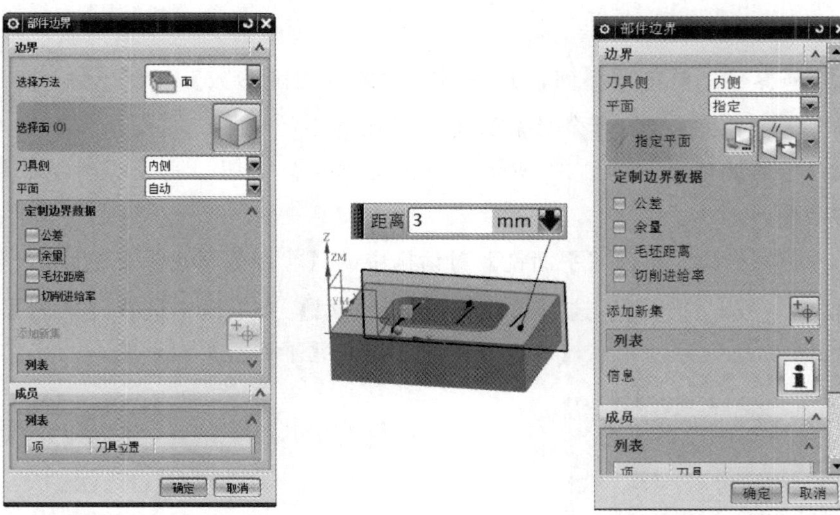

(a) 选择部件边界定义方式　　(b) 选择面并输入参数

图 9-17　【部件边界】对话框

单击【确定】按钮，完成部件边界定义，返回【平面铣】对话框。

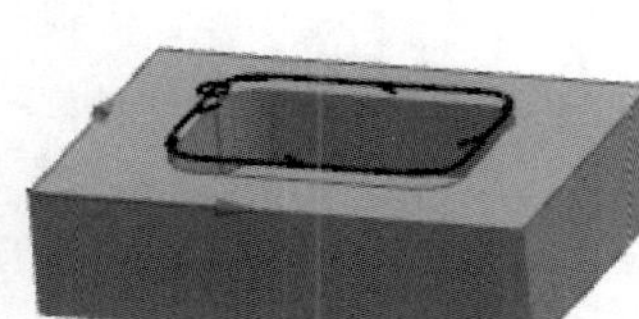

图 9-18　部件边界

② 指定底面。单击【平面铣】对话框中的【指定底面】按钮，打开【平面】对话框，单击零件凹槽底面，在【距离】文本框中输入距离值为 0，如图 9-19 所示。单击【确定】按钮，完成底面选择，并返回【平面铣】对话框。

③ 选择切削模式。切削模式决定了切削过程中走刀路线的形式。系统提供了多种切削模式，可以根据被加工工件轮廓特点、加工效率和质量要求进行选择。本例的粗加工选择

“往复”切削模式。

在【平面铣】对话框中的【切削模式】列表中选择【往复】，完成设置。

④ 设置步距。步距为往复式切削中相邻刀具轨迹之间的距离。在【平面铣】对话框的【步距】下拉列表中选择【%刀具平直】，在【平均直径百分比】文本框中输入 40，完成步距设置。

⑤ 定义切削层。单击【平面铣】对话框中的【切削层】按钮，打开【切削层】对话框。在【类型】下拉列表中选择【恒定】，在【公共】文本框中输入每刀切削深度为 9，其余选项采用默认值，如图 9-20 所示。单击【确定】按钮，返回【平面铣】对话框。

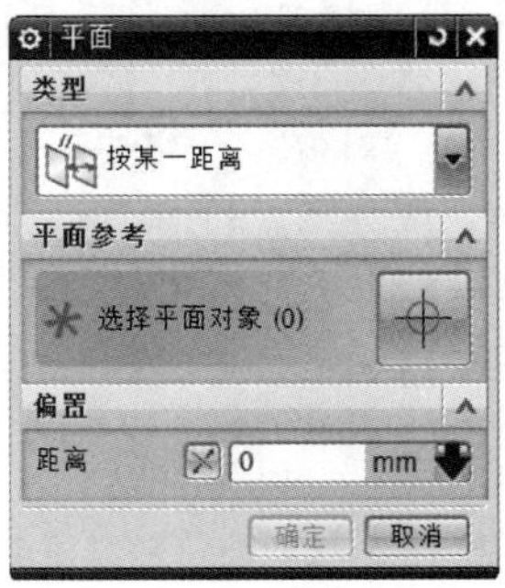

图 9-19 【平面】对话框

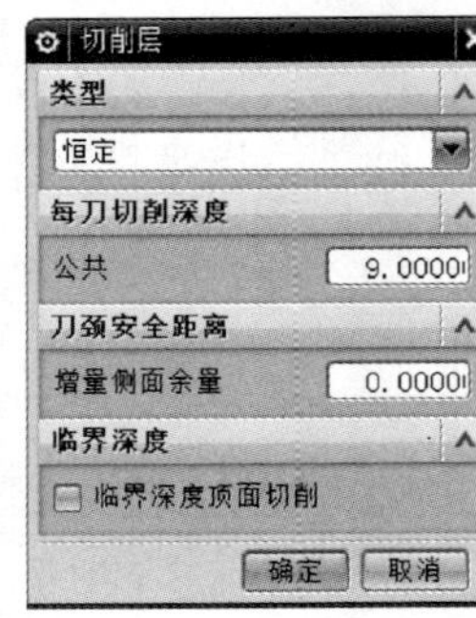

图 9-20 【切削层】对话框

⑥ 定义切削参数。单击【平面铣】对话框中的【切削参数】按钮，打开【切削参数】对话框。单击对话框中的【余量】选项卡，在其中的【最终底面余量】文本框中输入 1，其余选项保持默认值，如图 9-21 所示。单击【确定】按钮，完成切削参数设置，返回【平面铣】对话框。

⑦ 定义非切削参数。单击【平面铣】对话框中的【非切削移动】按钮，打开【非切削移动】对话框。打开【进刀】选项卡，在【进刀类型】文本框中选择【插削】，其余参数选择默认，如图 9-22 所示。单击【确定】按钮，返回【平面铣】对话框。

图 9-21 【切削参数】对话框

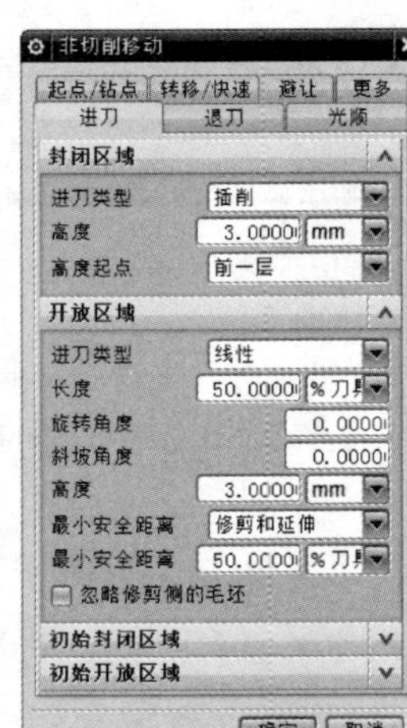

图 9-22 【非切削移动】对话框

⑧ 定义进给率和速度。单击【平面铣】对话框中的【进给率和速度】按钮，打开

【进给率和速度】对话框。勾选【主轴速度】选项，并在文本框中输入 800。在【进给率】的【切削】文本框中输入 40，如图 9-23 所示。单击【确定】按钮，完成进给率和速度设置，返回【平面铣】对话框。

⑨ 生成刀具轨迹。单击【平面铣】对话框下部【操作】区的【生成】按钮，生成刀具轨迹。如图 9-24 所示。

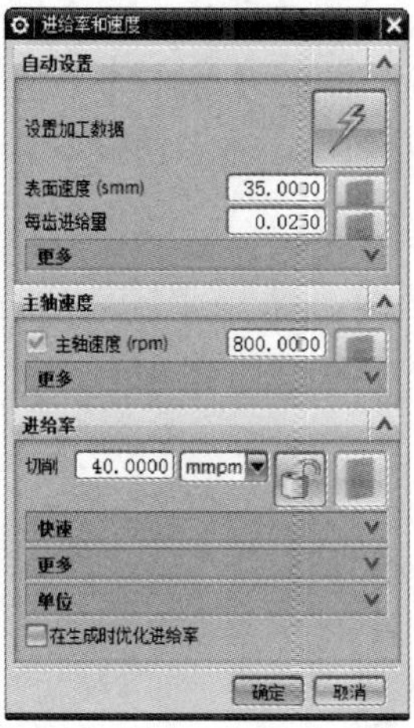

图 9-23　【进给率和速度】对话框

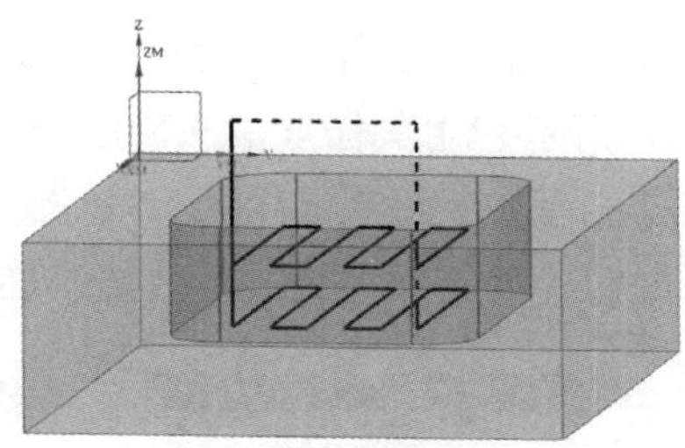

图 9-24　刀具轨迹

⑩ 刀具轨迹验证。单击【平面铣】对话框下部【操作】区的【确认】按钮，打开【刀轨可视化】对话框，如图 9-25 所示。在【刀轨可视化】对话框中进行设置，以【重播】或【3D 动态】方式模拟刀具的运动过程。可以通过对话框下方的播放按钮控制动态模拟过程，使用【动画速度】滑块调整动态模拟速度。

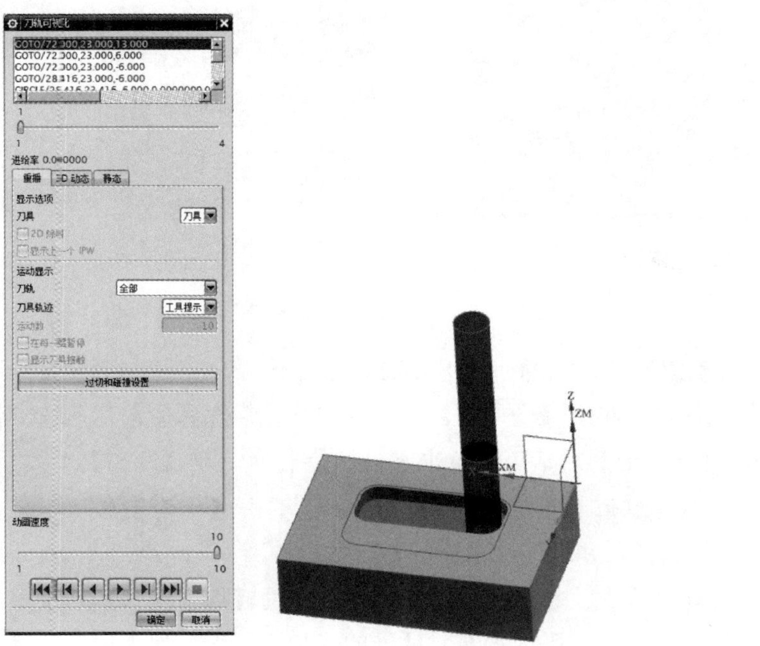

图 9-25　【刀轨可视化】对话框

在动态演示刀具轨迹后，单击对话框中的【确定】按钮，返回【平面铣】对话框。

⑪ 完成操作创建。单击【平面铣】对话框中的【确定】按钮，完成粗加工平面铣操作的创建。

(7) 创建精加工平面铣操作

操作步骤如下：

① 创建部件边界。单击工具栏中的创建工序按钮，打开【创建工序】对话框，选择平面铣按钮，在【刀具】下拉列表中选择【D10（铣刀-5 参数）】，在【几何体】列表中选择【WORKPIECE_1】，在【方法】列表中选择【JINGJIAGONG】，在【名称】文本框中输入“jingjiagong”，单击【确定】按钮，打开【平面铣】对话框。

在【平面铣】对话框中，单击【指定部件边界】按钮，打开【部件边界】对话框。在【选择方法】下拉列表中选择【面】，在【刀具侧】下拉列表中选择【内侧】选项，如图 9-26（a）所示，用鼠标点击凹槽底面，完成面的选择。

在【平面】下拉列表中选择【指定】，点击图 9-26（b）中所示工件上表面，在【距离】文本框中输入“3”，完成边界放置平面的定义。创建的边界如图 9-27 所示。

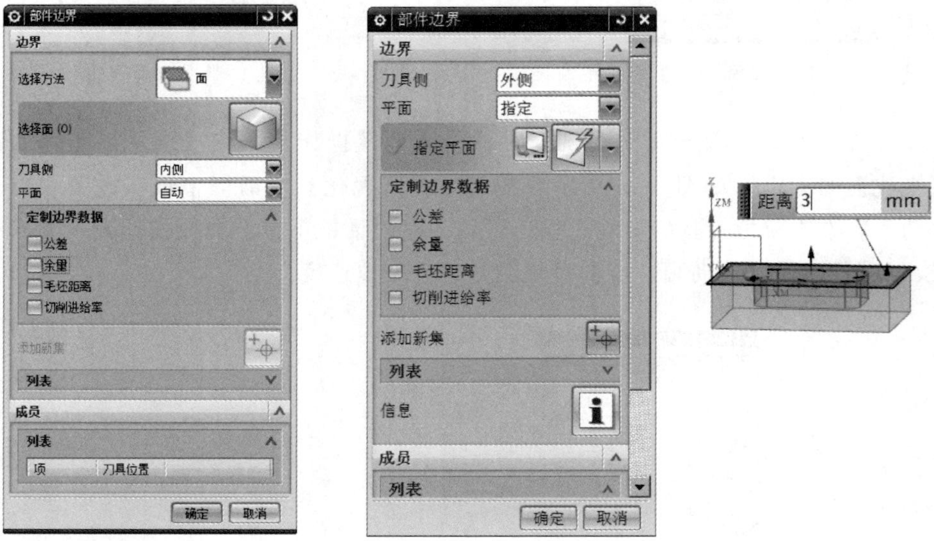

(a) 选择定义边界的方式　　(b) 选择面并输入参数

图 9-26　定义部件边界

单击【确定】按钮，返回【平面铣】对话框。

② 指定底面。单击【平面铣】对话框中的【指定底面】按钮，打开【平面】对话框，单击零件凹槽底面，在【距离】文本框中输入距离值为 0，如图 9-28 所示。单击【确定】按钮，完成底面选择，并返回【平面铣】对话框。

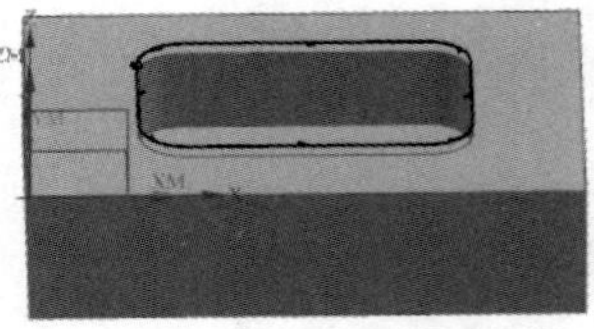

图 9-27　部件边界

③ 选择切削模式。在【平面铣】对话框中的【切削模式】列表中选择【跟随周边】。

④ 设置步距。在【平面铣】对话框的【步距】下拉列表中选择【%刀具平直】，在【平均直径百分比】文本框中输入 40，完成步距设置。

⑤ 定义切削参数。单击【平面铣】对话框中的【切削参数】按钮，打开【切削参数】对话框。打开对话框中的【余量】选项卡，在其中的【最终底面余量】文本框中输入 0，其余选项采用默认值，如图 9-29 所示。单击【确定】按钮，完成切削参数设置，返回【平面铣】对话框。

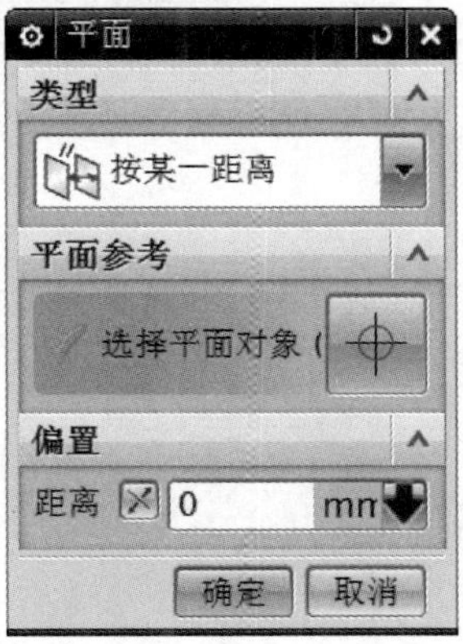

图 9-28　指定底面

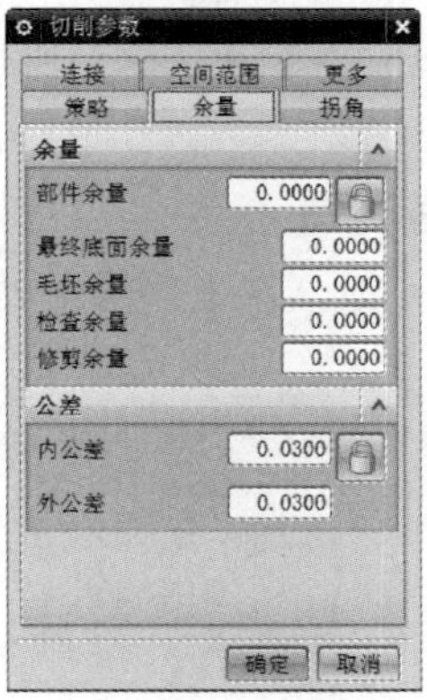

图 9-29　【切削参数】对话框

⑥ 定义非切削参数。单击【平面铣】对话框中的【非切削移动】按钮，打开【非切削移动】对话框。单击【进刀】选项卡，在【进刀类型】文本框中选择【插削】，其余参数选择默认，如图 9-30 所示。单击【确定】按钮，返回【平面铣】对话框。

⑦ 定义进给率和速度。单击【平面铣】对话框中的【进给率和速度】按钮，打开【进给率和速度】对话框。勾选主轴速度选项，并在文本框中输入 2500。在【进给率】区的【切削】文本框中输入 100，如图 9-31 所示。单击【确定】按钮，完成进给率和速度设置，并返回【平面铣】对话框。

图 9-30　【非切削移动】对话框

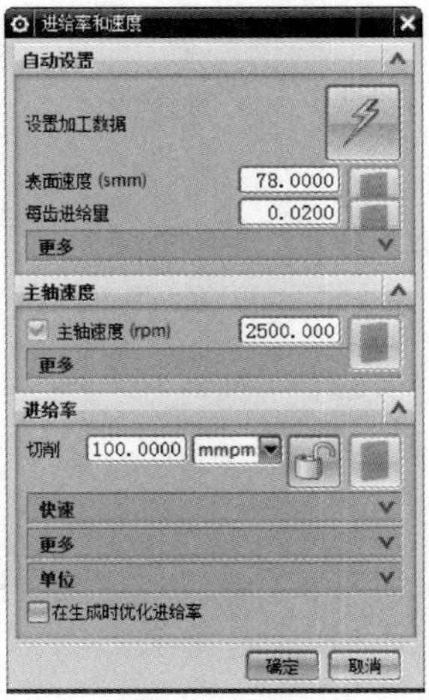

图 9-31　【进给率和速度】对话框

⑧ 生成刀具轨迹。单击【平面铣】对话框下部【操作】区的【生成】按钮，生成刀具轨迹，如图 9-32 所示。

⑨ 刀具轨迹验证。单击【平面铣】对话框下部【操作】区的【确认】按钮，打开

【刀轨可视化】对话框。在动态演示刀具轨迹后，单击对话框中的【确定】按钮，返回【平面铣】对话框。

⑩ 完成操作的创建。单击【平面铣】对话框中的【确定】按钮，完成精加工平面铣操作的创建。

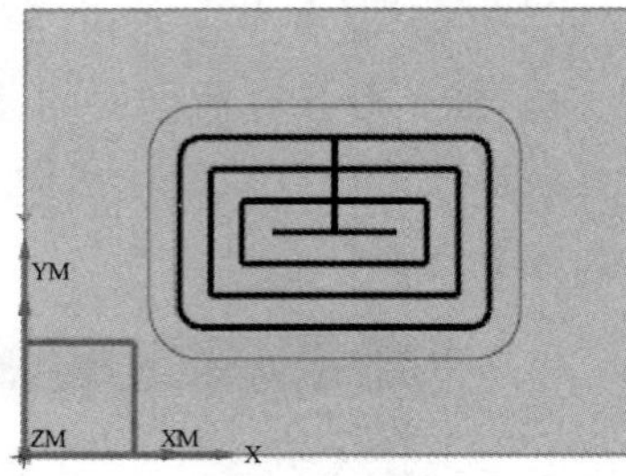

图 9-32　刀具轨迹

(8) 查看操作信息

将工序导航器展开，显示所创建操作的信息，如图 9-33 所示。

(9) 后置处理

按住 Ctrl 键，在工序导航器中选择所创建的两个操作。

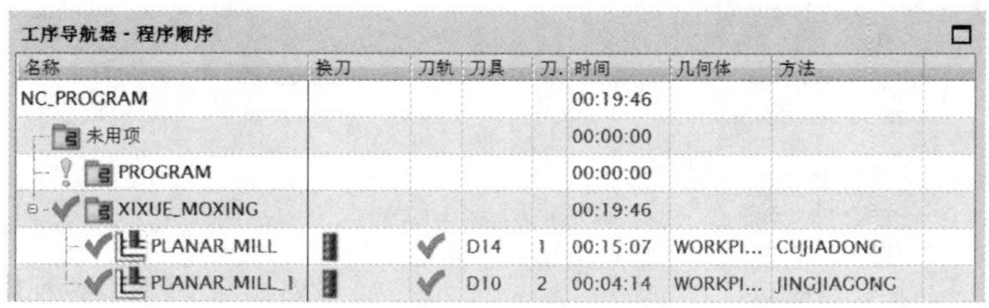

图 9-33　操作信息

单击工具栏中的后处理按钮，打开【后处理】对话框。在【后处理】对话框中选择【MILL_3_AXIS】后置处理器，如图 9-34 所示。单击【确定】按钮，进行后置处理。后置处理结束后，系统打开【信息】对话框，显示生成的数控加工程序。

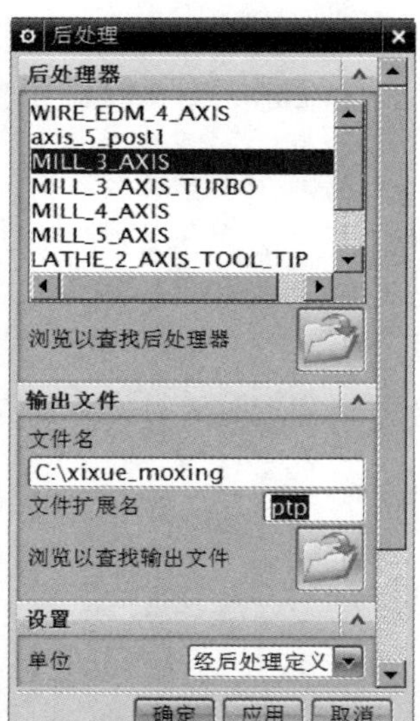

图 9-34　【后处理】对话框

生成的数控加工程序如下（程序段后的注释为作者添加）：

```
%
N0010 G40 G17 G90 G54 G71;               //建立坐标系等
N0020 G91 G28 Z0.0;                      //回参考点
N0030 T01 M06;
```

```
N0040 S800 M03;
N0050 G00 G90 X72. Y23. ;
N0060 G43 Z13. H01;                    //刀具长度补偿
N0070 Z6. ;
N0080 G01 Z-6. F40 M08;                //进刀
N0090 X28. 416;                        //N0090～N0370 程序段为粗加工走刀
N0100 G02 X28. Y23. 417 I. 001 J. 417;
N0110 G01 Y27. 8;
N0120 X72. ;
N0130 Y32. 6N0140 X28. ;
N0150 Y37. 4;
N0160 X72. ;
N0170 Y42. 2;
N0180 X28. ;
N0190 Y47. ;
N0200 X72. ;
N0210 Z-3. ;
N0220 G00 Z13. ;
N0230 Y23. ;
N0240 Z-3. ;
N0250 G01 Z-14. ;
N0260 X28. 416;
N0270 G02 X28. Y23. 417 I. 001 J. 417;
N0280 G01 Y27. 8;
N0290 X72. ;
N0300 Y32. 6;
N0310 X28. ;
N0320 Y37. 4;
N0330 X72. ;
N0340 Y42. 2;
N0350 X28. ;
N0360 Y47. ;
N0370 X72. ;
N0380 Z-11. ;
N0390 G00 Z13. ;
N0400 G91 G28 Z0. 0;
N0410 T02 M06;                         //换精加工刀具
N0420 S2500 M03;
N0430 G00 G90 X50. Y35. ;
```

```
N0440 G43 Z10. H02;
N0450 Z-10. ;
N0460 G01 Z-15. F100;
N0470 X60. ;                                //N0470～N0720 完成精加工走刀
N0480 X40. ;
N0490 X50. ;
N0500 Y40. ;
N0510 X35. ;
N0520 Y30. ;
N0530 X65. ;
N0540 Y40. ;
N0550 X50. ;
N0560 Y45. ;
N0570 X30. ;
N0580 Y25. ;
N0590 X70. ;
N0600 Y45. ;
N0610 X50. ;
N0620 Y50. ;
N0630 X28. ;
N0640 G03 X25. Y47. I0. 0 J-3. ;
N0650 G01 Y23. 4165;
N0660 G03 X28. 4165 Y20. I3. 4165 J0. 0;
N0670 G01 X72. 4559;
N0680 G03 X75. Y22. 544 I0. 0 J2. 544;
N0690 G01 Y47. 451;
N0700 G03 X72. 451 Y50. I-2. 549 J0. 0;
N0710 G01 X50. ;
N0720 Y45. ;
N0730 Z-12. ;
N0740 G00 Z10. ;
N0750 M02;                                  //程序结束
```

思考与练习

1. CAD/CAM 系统编程有哪些特点？适用于哪些零件的数控加工程序编写？
2. CAD/CAM 系统编写数控加工程序包括哪些步骤？
3. 使用 UG 编写数控加工程序时，定义部件几何体和毛坯几何体的意义是什么？
4. 如何理解后置处理的作用？
5. 安装 UG 软件，仿照书中实例编写零件的数控加工程序。

参考文献

[1] 刘万菊. 数控加工工艺及编程 [M]. 2版. 北京：机械工业出版社，2016.

[2] 朱晓春. 数控技术 [M]. 北京：机械工业出版社，2019.

[3] 韩建海. 数控技术及装备 [M]. 武汉：华中科技大学出版社，2016.

[4] 钱平. 伺服系统 [M]. 北京：机械工业出版社，2011.

[5] 张洪江. 数控机床与编程 [M]. 北京：北京大学出版社，2009.

[6] 卢红. 数控技术 [M]. 北京：机械工业出版社，2010.

[7] 王永章. 数控技术 [M]. 北京：高等教育出版社，2001.

[8] 王先逵. 机械制造工艺学 [M]. 北京：机械工业出版社，2019.

[9] 贾亚洲. 机械切削机床概论 [M]. 北京：机械工业出版社，2010.

[10] 于俊一. 机械制造技术基础 [M]. 北京：机械工业出版社，2009.

[11] 北京兆迪科技有限公司. UG NX12.0 数控加工教程 [M]. 北京：机械工业出版社，2019.

[12] 刘忈东. 特种加工 [M]. 北京：北京大学出版社，2022.

[13] 张耀满. 数控机床结构 [M]. 沈阳：东北大学出版社，2007.

[14] 裴未迟. 先进制造技术 [M]. 北京：清华大学出版社，2019.

[15] 王细洋. 现代制造技术 [M]. 北京：国防工业出版社，2017.

[16] 武文革. 金属切削原理与刀具 [M]. 北京：电子工业出版社，2017.

[17] 廖玉松. 数控加工技术 [M]. 北京：清华大学出版社，2018.

[18] 宋宏明. 数控加工工艺 [M]. 北京：机械工业出版社，2009.

[19] 蒋丽. 数控原理与系统 [M]. 北京：国防工业出版社，2011.

[20] 杜军. FANUC 数控编程手册 [M]. 北京：化学工业出版社，2017.